城市规划决策咨询理论与实践

赵艳莉　著

中国建筑工业出版社

图书在版编目（CIP）数据

城市规划决策咨询理论与实践／赵艳莉著；— 北京：中国建筑工业出版社，2017.2
ISBN 978-7-112-20250-8

I.①城… II.①赵… III.①城市规划—决策—咨询—研究 IV.①TU984

中国版本图书馆CIP数据核字（2017）第004841号

责任编辑：孙书妍
责任设计：谷有稷
责任校对：王宇枢　张　颖

城市规划决策咨询理论与实践
赵艳莉　著

*

中国建筑工业出版社出版、发行（北京海淀三里河路9号）
各地新华书店、建筑书店经销
北京京点图文设计有限公司制版
北京云浩印刷有限责任公司印刷

*

开本：787×1092毫米　1/16　印张：12¾　字数：242千字
2017年6月第一版　2017年6月第一次印刷
定价：40.00元
ISBN 978-7-112-20250-8
（29500）

序

城市规划在城市发展过程中发挥四层职能：城市发展规律的研究、城市未来目标的制定、城市实施途径的设计，以及城市运行政策的管理。

本书聚焦于城市规划的后两个职能，探索城市在制定战略目标之后，如何选择实现其发展目标的有效实施途径，如何在城市政府管理运行中发挥政策职能的行为模式，从政策视角研究规划决策的有效咨询运行机制。即从战略目标设定的技术文本向规划建设实施的公共政策转化过程。

这个过程研究的假设前提是，规划者在城市发展中并不是决策者，但对于城市的未来战略目标的实现又具有职业职责。如何在个人威权决策体系中，坚持在城市决策过程中完成专业咨询者的职业操守，在自觉地不断动态对比城市战略目标与城市现实之间的差异之后，创造性地提出政策议题、政策方案有效设计、政策决策精准选择等三个环节。

我国现代城市规划建构以来，上部需要系统积累城市发展规律研究成果；下部有大量规划师出身，又在政府系统和政府决策辅助系统就业，直接和间接参与城市规划实施途径决策设计的咨询实践，参与城市建设运行政策管理实践，亟需对他们的实践进行系统的总结梳理。对其工作的有效性的理论总结，不仅影响了城市规划的整体有效性，影响了城市发展的可持续性，也同时影响决定了规划师的职业成就与职业幸福度。

一个完整的规划工作体系必须包括政策转化，必然形成“政策议题设立、政策方案选择、决策前协同、正式决策、政策执行、政策评价”这一完整的政策决策链条。规划决策咨询要发挥作用，需要探索其中的运行机制。

作者穷其五年年华，专研于城市规划的政策咨询有效性的模式与理论研究，运用社会学的质性研究方法，触碰规划决策咨询的黑匣子，此于一工科背景的规划师极富挑战，也见证了作者在探索和研究过程中的艰辛与勇气。

作者从踏实肯干的态度开始，认认真真地完成基础调研底板，访谈了不同城市不同层级的规划实践人物，她的这些努力终于有所获得，本书反应了这样一个探索认知并科学研究的过程。从案例的研究到理论的归纳和思考，是城市规划学科实证研究的重要途径。

本书是规划师对规划师实践的理论性探索的一项最新开拓性成果，其出版有助于规划师在转型年代认清规划工作本质，提升对规划政策决策咨询职能的理论认识。本书开创性地搭建了规划决策咨询有效运行机制的理论解析框架，其中鲜活的实践案例为规划师提供了大量可供借鉴的方法，是一本可读、可用、可思的佳作。

欣然为序。

2016 年 10 月初稿

2017 年 4 月 16 日凌晨定稿

于北京通州

目　录

导　言

城市规划工作是一项事关城市整体发展和全局利益，具有很强的技术性、综合性和政策性的工作。城市规划咨询就是围绕城市规划建设的方方面面问题的政策咨询活动。宏观来讲，为决定城市未来发展方向和目标定位开展的城市发展战略咨询；中观层面如轨道交通建设专项规划技术咨询；微观层面对一个公共建筑的选址讨论也属于决策咨询。规划决策咨询就是一项服务性的社会活动，是辅助决策的重要手段，科学合理的决策离不开决策咨询，决策咨询成为现代决策体系中重要的环节。政策决策的科学化、民主化一直是国家政治改革的方向，中央和地方政府都高度重视城市规划决策工作机制的完善。近年来，广州（1996年）、武汉（2004年）、天津（2008年）、昆明（2009）等特大城市纷纷出台了《市人民政府重大行政决策程序规定》、《重大行政决策专家咨询论证办法》。《武汉市人民政府重大决策程序规定》指出，"不组织专家调查研究，不开展决策咨询，不经过咨询论证，不进行决策"。各大城市的重大行政决策内容都包括城市建设与城市总体规划[1]，还有不少城市专门出台了《城市规划项目专家咨询制度》。

在经济社会发展步入新常态的背景和形势下，优化规划咨询工作机制已经成为一个时代的命题，为适应新时期城乡规划转型的需要，存量规划、协同规划、社区营造、乡村建设，这些规划概念的出现标志着规划工作面临新的问题与矛盾，传统的思想方法和工作方法都需要转变。不断提高的社会治理水平和法治水平将是城市规划实践工作面临的社会环境，城市规划仅仅设计物质空间已经远远不能适应社会发展的需求，城市规划公共政策属性的凸显是发展的大势所趋，应该深刻认识到现代城市规划是专业技术和社会实践统一的政治决策。[2]

本书研究的是"城市规划决策咨询运行过程"，即从政策视角考察规划决策咨询建议如何从技术文件转化为公共政策的政策制定过程。研究目的是提高规划决策咨询运行的有效性。这个研究选题来自于我的博士生导师陈晓丽老师的建议，她长期在规划管理岗位的实践工作，积累了大量城市规划决策咨询经验。特别是

[1] 广州市规定的重大行政决策项目包括：区域经济与产业发展、工业经济发展、农业与农村发展、商贸与现代服务业发展、交通运输业发展、电子信息业发展、对外经济贸易、金融财税、依法治市、城市规划设计、城市建设与管理、科技教育与人才、劳动就业与社会保障、公共卫生。

[2] 孙施文．城市规划的实践与实效[J]．规划师，2000，(2)：78-82.

20 世纪 90 年代曾在山东省日照市主政城建工作，期间她主导的一系列政策咨询活动深刻地影响了日照城市的发展。尤其突出的是她领导编制的日照市总体规划（1994 年版）得到很好的贯彻实施，经过 20 年的历史检验，日照市取得了较为突出的城市建设成就，成为 2009 年我国获得联合国人居环境奖的唯一城市。联合国的颁奖词中提到：日照获奖是由于好的规划及实施。更值得称道的是，从 1992 到 2012 年的 20 年间，11 任市长严格执行 1 版规划，这在当今中国堪称奇迹。日照市案例说明了城市规划决策咨询对城市发展产生了重要的影响作用，然而更值得进一步探究的是：这些规划决策咨询建议是怎么生效的？相应的，我们看到太多被束之高阁的研究报告，大量不被决策采纳的失效咨询活动。这些现象引发我的研究兴趣？如何当好规划决策参谋一直是我们规划实践工作者们苦思无解的沉重话题，既缺乏理论指导，也缺乏有效的经验总结。

为什么要研究规划理论？规划理论是一个规划师角色反省的平台，是规划专业的方法论。康奈尔大学著名规划理论学者简·佛瑞斯特（J.Forester）说："为了反对、纠正传统规划行业中存在的一些误区；改变某些规划实践，有些问题在实践中有办法，但是在理论上却无法解释这些办法；也有些问题在理论上提出了解决的办法，但在实践中却无法实施。它们都需要研究，重构理论基础"。本研究希望将留存于优秀规划师头脑中的经验上升为理论概念，这些概念连接着规划理论与具体的实际工作，因此，从政策视角研究规划决策咨询的有效运行机制，具有理论及实践意义。

探究城市规划决策咨询有效运行的机制，要分析影响规划决策咨询有效运行的关键要素和内在运行规律。可以把规划咨询研究看作是对政策议题的方案建议，然后这些政策建议要获得政府决策的采纳，成为政府指导城市建设行动的文件，才完成了政策制定全过程。从政策理论视角来看，政策必须是符合社会公共意愿，经过公共决策后，政府所要采取的行动计划文件，因此，必须要符合 2 个原则：一是合理，二是合法。怎么算合理？这里不单指规划编制的科学性，而主要是指规划思想的社会传播过程，所提出的规划建议达到的社会分享程度，即得到社会的认同，达成价值共识，这是形成政策的前提基础。并且，城市规划不是规划部门的规划，而是全社会的规划，城市规划建议要转化为社会共同遵守的契约，还需要经过社会协同，也就是要实现合法化。怎么算合法？这里也不单是指符合法规，而是指得到社会大多数人的接受，从政策角度看，获得社会认可的规划才能得以执行，才是合法的，因此规划必须实现社会协同，在政策制定过程中，参与制定政策的各种力量形成政策网络，通过协商互动，形成共同遵守的行为准则，以统一的规划政策引领全社会的城市建设活动。

本书围绕“规划咨询有效运行”的问题，沿着“为什么失效——怎么才能有效——有效运行机制的设计”的逻辑主线展开论述。

为什么会失效？从失效的案例切入，运用政策过程理论模型分析规划决策过程，通过决策咨询失效案例事实的描述认清规划决策的环节和要素，看到决策咨询失效的直接原因。并进一步分析原因，通过问卷调查和访谈，寻找深层次的思想认识、行动能力和制度环境层面的原因。

怎么才能有效？从理论研究和事实研究两条线索展开研究。事实研究从失效的决策咨询案例研究切入，并把多个有效和失效的案例进行比较，结合对多位参谋者和决策者深度访谈，从中总结归纳我国城市规划决策咨询运行的关键要素和环节。深度访谈了20位决策者和资深规划师，设计了12个问题，包括决策咨询应该考虑哪些内容？怎么进行传播？等等，运用社会学的质性研究方法对决策咨询要素进行归纳。接着，选择了若干有效和失效的决策咨询案例进行要素影响力比较研究，探寻决策咨询活动过程最为关键的影响要素。分别从5个层面27个要素进行准量化评价，得到的结论是：在技术基础和知识共享层面，成功与失效案例的绩效差距不大；在沟通协调、社会协同层面，成功与失效案例的绩效差距很大。再通过正反案例的比较研究，归纳提炼出规划决策咨询有效运行的关键要素在于价值沟通和社会协同。

理论研究这条线：从宏观和微观两个层面寻求理论支撑。宏观层面把政策过程理论作为基础理论模型。社会协同理论则揭示了系统间协调对效率影响的原理；公共治理理论阐述了政府、市场和公众对公共事务共同管理的理论模式。微观层面用行为理论解释决策咨询活动中行为人的社会行为规律，本书借助了布坎南的公共选择理论和哈贝马斯的交往行动理论。之后，从认识论层面、行为分析层面和政策环境层面对基础理论进行体系化梳理。通过研究认为影响规划决策咨询社会协同效果的四个关键要素分别是：知识传播、价值沟通、协商网络和公共治理。“知识传播”主要研究咨询者的知识扩散和传播能力，“价值沟通”研究政策过程中咨询者与其他参与主体之间的思想沟通能力，“协商网络”主要考察政策参与者结成的联盟和行动逻辑，“公共治理”主要阐述社会治理结构的基础性作用。

在理论和经验研究基础上，建立了城市规划决策咨询有效运行的理论概念框架：作为政策的城市规划是以“价值共识”为目标，以“价值沟通”为核心行动的社会协同过程。社会协同是目标，公共治理是基础，知识传播和协商网络是支撑，核心是价值沟通行动。

决策咨询模式研究从我国决策模式的变迁引入，具体研究决策权力分布和政策制定过程中相关主体形成的网络关系，参与主体在政策决策博弈过程的行动逻辑，总结归纳出三种基本模式。并从政策压力视角对各种规划决策咨询模式进行适用性分析。从我国政策决策模式变迁的认识变化趋势：决策权力从集权到分权；参与主体从一元到多元；决策机制从统治到治理，研究城市规划决策咨询活动中咨询与决策的互动关系模式，决策的机制是影响咨询活动的关键决定性因素，城市规划决策的所有参与者因为权威、资金、信息和知识等资源相互依赖，结合成行动联盟，重点分析政府与其他利益者之间的关系，总结有三种基本模式：政府一元决策的单极说服模式，专家、部门参与决策的多极协商模式和社会主体参与决策的网络治理模式。单极模式体现了集权的政治结构，政策倡导者和政策决策者之间的信任关系成为关键性要素；多极模式展现了权力结构的变化，参与主体根据利益需要进行权力结合，寻求建立有利于自己的政策网络；网络治理模式中的主体受到网络中各种力量的钳制，也是权力互相强化的过程。上述三种决策咨询模式都有发挥效力的适用范围，什么情况下适用什么模式，主要看规划决策过程中的主体间权力互动的压力，这种推动权力偏移的压力来自于知识、权力、行政和舆论。

理论概念框架深入研究之后，选择日照、宁波和深圳开展实证。通过对案例项目多位当事人的访谈和工作笔记的解读，还原规划决策咨询过程，关注过程中具体的人和事，展示决策咨询活动的全过程，深度解析内在机制。

具体以 1992 年的日照市总规为例，这版总规是日照市升级为地级市后真正意义上的城市规划，发挥了指导城市科学发展的重要作用，日照市城市建设在总规的指导下取得令人欣慰的成就。这版总体规划前瞻性地确立城市发展目标和建设思路；构建了适应城市长远发展需要的空间架构；调整了对城市发展影响重大的钢铁厂选址；为市民保持了“万平口生活岸线”等建议。 这些咨询建议为什么能够得到决策者认同，是怎么取得的共识？在咨询活动的过程中有什么样的互动？通过对规划参与者的访谈和基础资料的整理，运用四要素理论分析框架进行解析。此外，又选择了宁波城市轨道交通规划和深圳法定图则规划进行实证分析。通过日照、宁波、深圳三个不同时期规划决策咨询案例的解析，从纵横两个方向考察了社会协同过程的机制。横向上，规划要转化为政策，需要知识传播过程，价值沟通过程和协商网络及治理结构的保障。三个案例都印证了政策转化过程的“四要素”必要性。纵向上，三个不同历史时期的案例，反映了规划决策咨询四项要素历史演进的特征，规划知识的传播由单向传输到知识共同体，进而发展到社会网络学习共同体；价值沟通由理性说服决策者发展到部门、利益集团、公众共同参与的价值协商过程；政策协商网络由规划师 – 政府单极网络到政府 – 企业 – 专家 – 部门的多极协商网络；规划决策由政府一元集权决策发展到社会力量共同参与的公共决策；城市规划政策的背景舞台也在发生转变：从政府集权的统治管理方式，发展到协商管理的公共治理方式。

有效运行机制的设计。为了更加直接地搭建理论和实践工作的桥梁，尝试提出城市规划决策咨询有效运行机制的设计。在分要素和分模式研究之后，用系统的思维去进行整体综合，完善作为政策的规划决策咨询活动的有效运行机制。从思想层面、制度层面、个体层面提出规划决策咨询有效运行的整体机制优化建议。重点建构一个“需求导向”的规划决策咨询全过程管理模型，面向决策需求深度挖掘规划目标，规划咨询活动从内向的产品生产为核心转向为外向的决策需求导向的协作生产过程，管理好过程中关键人物和关键环节，建立一个基于社会协同目标的“6C 规划决策咨询全过程管理模型”，6C 分别指：Customer（顾客）、Cost（成本）、Co-operation（合作）、Core-person（核心人物）、Connection（联络）、Communication（沟通）。

随着社会民主化改革进程持续推进，市民社会正在逐步形成，中国社会治理结构和治理水平将不断提升，城市规划决策咨询活动的内外部环境都趋向更为开放、包容和民主。城市规划部门作为城市发展的重要参谋部门之一，需要积极主动地提出关于城市发展的咨询建议，参与规划决策，影响规划决策；这对规划师社会活动组织协调能力也提出了更高的要求，需要做好城市规划的社会协同工作。

本书顺利出版首先要感谢我的博士导师陈晓丽女士和吴志强先生，他们为此书稿的形成付出大量心血；还要感谢宁波市城乡规划研究中心的领导和同事们，以及中国建筑工业出版社的孙书妍编辑，他们给予我很多修改建议和信念上的支持。限于笔者研究水平和投入的时间精力，本书难免存在谬误纰漏，还请读者不吝赐教。

第 1 章　城市规划决策咨询失效实践分析

1.1　规划决策咨询失效案例描述

决策咨询的主要目的就是为决策者提供有关城市发展战略和重大问题的政策方案建议，帮助决策者择优决策。咨询者都希望咨询建议得到决策者采纳。但是，现实中有很多失效的案例，那么到底是技术层面的原因，还是非技术层面的原因影响了最终结果？只有深入了解规划决策咨询活动的全过程，才能找到真正的原因。下面以宁波一项规划决策咨询为例剖析规划决策咨询活动的全过程。

（一）《宁波市三江口新江桥建设方案规划咨询决策》案例概述

新江桥位于宁波市三江口核心区，根据市委市政府关于加强“三江六岸”的规划建设，全面提升中心城市品质的战略部署，市规划局自 2010 年底开展“三江六岸核心区改造提升规划和城市设计”工作。通过方案征集、多方案比选、专家咨询、问计于民和方案综合等过程，市政府于 2012 年 3 月批复该规划。因为现状新江桥连接的道路紧邻江岸，压迫滨江空间，沿江的通过式交通割裂“城市”与“江”的联系，江厦街的商业功能逐渐衰落。因此，提高滨江空间活力，提升景观品质是主要的规划目标，提出了“还江于民，扩大滨江空间场”的总策略和若干举措，而新江桥西移重建是扩大滨江空间场所构建的关键工程。

图 1–1　现状三江口道路与滨江空间关系

图 1–2　三江口“滨江空间场”规划概念

这个规划咨询建议在总体概念规划阶段获得广泛的支持，市委、市政府、市人大、市政协一致赞成西移新江桥的方案，市政府批准执行该规划。这个方案也受到专家的高度评价，全国知名专家参与的评审会议认为：滨江空间场的概念很好。

但是，到了工程实施阶段，出现了不同的声音，既有来自于交通和建设部门的反对意见；也有来自于社会组织对于拆迁影都[1]的抗议；市民意见征求结果也没有压倒性的优势支持迁建方案。市长感受到来自多方面的政策压力，开始怀疑规划的可实施性。综合上述因素，市政府专题会议上，最终做出了原址重建新江桥的决策，放弃了最初的西移方案，这就宣告“滨江空间场”计划的失败，原来总体阶段的规划决策被否定。

（二）政策制定过程分析

——政策议题的提出。这个规划议题是在市委市政府提出“提升城市品质，重塑三江六岸”的战略部署下启动的，政策议题直接来自于市政府决策层，规划咨询任务目标明确。

——多方案政策选择过程。规划局关于新江桥建设方案一共提出了 7 个方案，方案技术方面考虑可谓详尽，认真考虑了配套的停车系统组织，周边道路的优化，以及二层步行道的建设。并且专门组织召开了两次交通规划专家论证会议，专家们对于方案也给予了肯定。进一步分析方案技术决策中不同主体考虑问题的角度，不同部门有不同的侧重点，方案选择考虑的要素有滨江空间、商业影响、交通组织、出行习惯、工程造价以及拆迁量。规划部门和交通，建设等部门对这些要素的重要性有着不同的考量。

供决策选择的 7 个设计方案综合比较　　表 1-1

	原址桥梁	原址隧道	先建设交通桥，后步行桥	开明桥（隧）	接车轿街	接日新街	接日新街和车轿街
滨江空间							
交通组织							
工程造价							
商业影响	无	无	无	无	有	有	有
出行习惯							
拆迁	无	无	无	无	拆“影都”	拆“影都”	拆“影都”
供决策选择的 7 组咨询方案的综合比较　差　一般　较高　好						推荐	推荐

交通部门重点考虑交通组织问题和出行习惯的改变程度；建设部门考虑造价及拆迁；规划部门更关注滨江空间场的设计和对商业活动的影响。因此，如果没有明确深入地价值沟通，那么大家还是各执己见，规划部门推荐的方案（最后两个方案）未能获得其他部门的一致支持。

[1]　宁波影都：宁波影都为一座知名的近现代建筑。

——规划决策过程回顾。

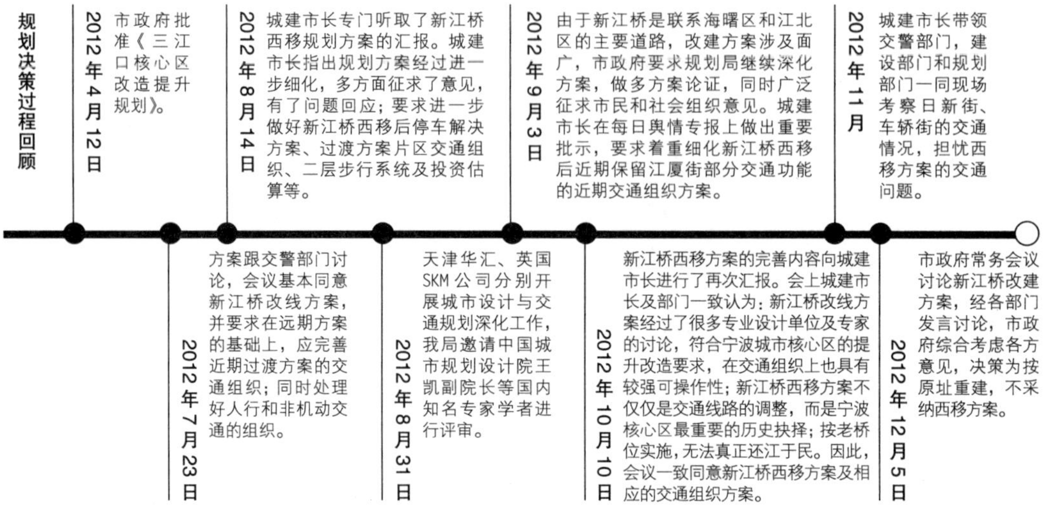

规划决策过程回顾

2012年4月12日：市政府批准《三江口核心区改造提升规划》。

2012年7月23日：方案跟交警部门讨论，会议基本同意新江桥改线方案，并要求在远期方案的基础上，应完善近期过渡方案的交通组织；同时处理好人行和非机动交通的组织。

2012年8月14日：城建市长专门听取了新江桥西移规划方案的汇报。城建市长指出规划方案经过进一步细化，多方面征求了意见，有了问题回应；要求进一步做好新江桥西移后停车解决方案、过渡方案片区交通组织、二层步行系统及投资估算等。

2012年8月31日：天津华汇、英国SKM公司分别开展城市设计与交通规划深化工作，我局邀请中国城市规划设计院王凯副院长等国内知名专家学者进行评审。

2012年9月3日：由于新江桥是联系海曙区和江北区的主要道路，改建方案涉及面广，市政府要求规划局继续深化方案，做多方案论证，同时广泛征求市民和社会组织意见。城建市长在每日舆情专报上做出重要批示，要求着重细化新江桥西移后近期保留江厦街部分交通功能的近期交通组织方案。

2012年10月10日：新江桥西移方案的完善内容向城建市长进行了再次汇报。会上城建市长及部门一致认为：新江桥改线方案经过了很多专业设计单位及专家的讨论，符合宁波城市核心区的提升改造要求，在交通组织上也具有较强可操作性；新江桥西移方案不仅仅是交通线路的调整，而是宁波核心区最重要的历史抉择；按老桥位实施，无法真正还江于民。因此，会议一致同意新江桥西移方案及相应的交通组织方案。

2012年11月：城建市长带领交警部门，建设部门和规划部门一同现场考察日新街、车轿街的交通情况，担忧西移方案的交通问题。

2012年12月5日：市政府常务会议讨论新江桥改建方案，经各部门发言讨论，市政府综合考虑各方意见，决策为按原址重建，不采纳西移方案。

图1-3　三江口新江桥建设方案规划决策过程回顾

从上述规划决策过程的梳理可见，新江桥规划决策的过程可谓“一波三折”，最终结果“急转直下”。最初总体概念规划阶段，市政府的决策意见是赞成西移方案的。但是，随着规划建设方案的深入，到了新江桥的工程实施方案阶段，不同的意见出现了。由于没有统一好其他部门的意见，最终在市政府常务会议决策阶段，规划局陷入孤军奋战的局面，最终市政府决策否定原来的西移方案，改为原址重建的保守方案。

三江口规划咨询方案工作阶段及主要内容　　表1-2

工作阶段	主要内容	决策结果
总体概念规划	以打造“国际知名三江口”为目标，提出了“滨江空间场”、“交通改善”、“区域轴线”、“改造提升潜力区块”、“城市地标”、“步行与绿色网络”、“三江口公园”等七大主要改造提升策略	赞成新江桥西移方案，扩大滨江空间
深化交通专项规划	通过城市设计与交通规划工作的互动测试和微观仿真模拟，对包括“新江桥西移”在内的主要交通改善措施进行了细致、深入的分析。 同时，我局也在同步跟进新江桥的规划深化工作，特别是对新江桥的南接线片区的交通组织方案进行了进一步的研究	交通、建设等部门反对新江桥西移方案
实施工程规划	具体新江桥建设的工程桥隧比较，工程线位，竖向衔接，拆迁费用，工程造价	决策按原址重建新江桥

（三）规划决策参与者的行动逻辑

城市规划是典型的公共选择事项。规划方案涉及各方利益的调整，既然规划是多元社会主体的共同选择，那么，我们就需要理解政策过程中的参与者的行动逻辑，大家都是依据什么规则去影响决策的，根据政治经济学的公共选择理论框架分析决策过程中各参与方的行动逻辑。

参与决策者在不同工作阶段的行动逻辑　　表 1-3

工作阶段	各方意见和态度			
	市政府	其他部门	市民	社会组织
总体概念规划	高度赞成还江于民的指导思想，赞成扩大滨江公共空间，提升滨江活力的对策。市政府批准《三江口核心区改造提升规划》	接受提升公共空间城市品质的总价值观，基本支持西移方案	对总体概念方案比较认可，市民参与度较高。对新江桥建设方案有不同的意见，没有绝对支持哪个方案	赞成支持三江口品质，提升改造的宏观策略都同意
交通专项规划	赞成交通规划方案，要求深化细化交通组织方案，补充新江桥西移后道路交通组织的近远期方案	基本同意详细交通设计方案，对工程问题比较担心	无参与	对改线方案要拆迁宁波影都引起较大反响，宁波城市科学会强烈反对拆迁影都
桥梁工程规划	态度审慎，多方征求意见，现场调查，最终改变决策，不采用西移方案	交通部门对交通组织有反对意见，建设部门对工程可行性提出质疑，工程造价和拆迁量较大，难以实施。反对西移方案	无参与	无参与

通过上表分析，各方在公共政策选择过程遵循统一的行动逻辑，即追求各自利益的最大化。下面具体分析各参与决策主体的利益风险。

市政府：在首长负责制的行政体制下，市政府决策实际为市长决策，决策者考虑的因素比较综合，包括经济利益，即决策方案的可行性、政府财力可承受度；政治利益，部门间的协调和利益平衡；社会风险包括社会舆情，市领导都相当重视社会舆情。一般进行重大规划决策时，市长需要听取相关部门的意见，如果意见非常不统一，则较难做出决策。在新江桥案例中，部门意见不一致，市民也不是大力支持，社会组织也有不同意见，在这种情况下，市长定会倾向于保守方案，降低他的政治风险。

交通部门：交通效率是他们最关心的事情，因此，如果采取西移方案，必然带来交通习惯的改变，交通流的稳态将被打破，而且西移连接的两条街道本来交通情况就不乐观，因此，加重拥堵风险是显而易见的，所以，交通部门肯定不愿意冒风险，而选择原址重建的风险是最小的，即使交通还是拥堵的状况，但是，市民已经习惯如此，不会有大的反应。

建设部门：西移方案涉及 3 处拆迁，其中宁波影都的拆迁建议已经引起社会反响，实施难度肯定很大。而且，从经济利益角度分析，原址重建方案也是最为经济的方案，在原址采用隧道形式的方案虽然最为理想，能够满足多个目标，但是经济投入巨大。

社会组织：社会组织的行动逻辑也是利益最大化，尽管很多社会组织是公益性的非营利机构。但是，任何组织和个人的社会行为动机都倾向于自利。新江桥案例中，同济校友会反对拆迁宁波影都，主要理由：一方面影都是宁波具有代表性的近现代建筑，拆迁补偿高达9亿元，而且这个建筑获得过国家奖，另一方面，设计师是同济建筑系毕业的背景也是一个因素。

市民团体：团体是一个模糊的概念，实际是由一个个市民组成的，每个人的价值观和价值判断不同，因此，市民集体的意见很难统一。住在三江口周边的市民和不住在三江口周边的市民对待这个方案的意见就大相径庭。个体行为更以自利为行为准则，对建设方案的支持与否都与自身利益增减有关。更多的市民不愿意改变交通习惯，因此支持原址重建方案。

（四）规划的社会协同过程分析

规划方案要成为社会主体共同的行动指南，需要最大程度做好社会协同的工作，仍以新江桥案例来分析社会协同过程。

1. 规划编制内部的技术协同尚可。

本项目邀请了4家国际著名的设计公司参与规划设计，规划编制技术力量过硬。特别是概念规划阶段西班牙规划大师提出的“滨江空间场”的理念得到了社会各个层面的广泛支持。深入阶段的工程设计方案也进行了多方案比较，每个方案的技术论证也基本做到了有理有据。规划方案编制过程内部的技术协调工作做得比较完善，召开多次技术研讨会和审查会，最终针对推荐方案还组织了全国知名规划专家和交通专家参加的专家论证会，与会专家对规划方案给予高度肯定。

2. 与相关部门的沟通协作失效。

规划思想的价值沟通深度不够，规划技术部门提出的“滨江空间场”理念还没有深入人心，成为各方行动决策的首要准则。因此交通部门依然从自身部门角度考虑问题，建设部门还是关注资金投入，这样的思维方式自然倾向于选择保守方案。其次，部门协作关系流于表面，非主要责任部门少有担当，在前期阶段参与规划编制方案并不积极，仅表达了浅层次的建议，缺乏对实施阶段可能遇到的问题和困难的深入考虑，甚至存在没有表达真实意思的可能。

3. 与社会利益群体协商博弈不充分。

方案中涉及的企业等相关利益群体的利益调整，利益博弈不充分，对规划实施的可行性考虑深度不够。缺少与相关利益主体的直接面对面对话和沟通，规划设想扩大滨江空间，提升城市品质，满足公共利益的理念宣传不充分，没能得到社会大众广泛的支持和理解，以至于遇到为公共利益需要拆迁个别建筑时，业主单位较少从公共利益角度考虑，还是从个体私利角度阻挠规划实施。

4. 与市民群体的社会协同不深入。

本规划开展了网络“问计于民”的活动，市规划局从2011年8月24日开始，通过电视、报纸、网络等多种媒介先后就“核心区交通改善方案”、“滨江空间场”、“核心区城市形象提升”等重点问题征求公众意见。市民普遍赞同“滨江空间场”和“还江于民”、“综合交通改善方案”等策略与措施。具体关于新江桥改线，市民有一些争论，分歧较大，赞成西移、原址、隧道或拆除不建的都有。收集到的意见中，赞同改线人数约占40%，其中大部分赞同改线方案二（新江桥改线接日新街/车轿街，日新街与车轿街组织配对单向交通）。不赞成改线的约占60%，其中大多数市民提出在原址走地下隧道，甚至提出拆除后不要再建新江桥了。但是，对市民意见的处理和分析工作较疏浅，未能很好引导会聚公众意见。

市民意见汇总，不赞同改线的主要理由和有关建议列举如下：

①从三江口的景观开阔性考虑，认为在江面上建造太多桥梁破坏江面整体性和三江口绿地景观，建议新江桥原址建步行桥，机动车交通通过地下隧道解决，甚至建议拆除甬江大桥、江厦桥，彻底解放三江口。

②从解决核心区机动车交通需求的角度看，认为新江桥是南北重要通道，若西移会大幅增加中山路、天一商圈的交通压力，而南向狮子街、君子街等存在一定交通瓶颈。从实用、稳妥、少折腾的角度考虑，建议利用现有桥梁，通过加宽、修缮或改建现有桥梁等方式来缓解交通压力。

③建议新江桥改为地下隧道方案，既解决交通，又能塑造滨江空间，还江于民。同时提出甬江大桥今后也改隧道，打造大三江口区域。

④从综合解决交通、增强三江口的标志性的角度考虑，认为应该建造一个连接老三区的集观光、标志性、功能性为一体的人车分层的桥梁，或者建议学习美国城市匹兹堡，让三江口江厦桥、新江桥隧道、甬江大桥、外滩大桥成为一个“环型”的交通系统，还有建议在三江口建造三足鼎立式的、集通车、停车、购物、娱乐、餐饮、观光一体的高层建筑。

1.2 规划决策咨询失效原因分析

规划决策咨询失效可以有多种理解，如规划咨询建议没有被决策采纳，或者决策咨询建议引发的城市建设实践出现不良后果，即城市规划决策咨询的直接作用结果和间接作用结果。咨询建议对城市建设活动产生的实质性影响是间接作用结果，影响城市建设结果的因素很多，也很复杂，既有建设主体意愿方面，也有建设机制方面，更受到制度环境的影响，间接作用结果的失效难以界定。因此，本研究将失效界定为直接作用结果，即规划决策咨询是否成功影响决策，转化为公共决策。如果建议没有被决策采纳，就界定为咨询失效。

一般情况下，我们把规划决策咨询失效原因归结为三个方面：

一是咨询方的原因。首先是本身咨询建议缺乏科学性和技术理性，提供的决策信息不齐全、不准确，不能满足决策需要。另外，可能好的咨询建议信息没能有效地传播给决策者及参与决策者，造成对规划信息的误读或片面了解，从而影响了决策咨询效力的发挥。

二是决策方的原因。由于决策者个人素质和价值观等原因，没有采纳咨询建议。

三是外部环境原因。决策背景条件和外界环境发生变化，咨询建议失去时效性。

以上这些原因还仅仅浮在事物表层，进一步从社会行为方面挖掘深层次的原因，主要归结于思想认知、行动能力和制度环境层面。

1.2.1 思想认知层面

（一）规划师自身参谋角色认知

通过与多位规划局长、不同层面的城市决策者、资深规划师的访谈，对规划部门如何担当参谋部职责，规划师个人如何当好决策参谋的问题有了一个框架性的认知。采用质性研究方法的语义分析法，把多位被访者录音访谈记录进行全文誊录，将相关语句段落进行摘录，根据同意句段的汇总，语段的主旨随着句段数量增加逐渐清晰，笔者做了保持原意的概括（即分类标题列），分类填入表格。并经过20位参与研究者（资深规划师）的独立判断、归纳，再提炼成为发挥规划参谋职能的基本要素，并根据他（她）们认为的要素重要度进行排序，得出综合值，经过这个共同研究过程，形成对规划决策参谋角色认知的“心理地图”。

决策咨询参谋内容主旨研究第一步：原意语句梳理 **表1-4**

参谋内容	访谈原意语句
规划师为决策者提出城市发展的咨询参谋建议，应该包括哪些内容	寻找城市发展原动力，包括经济、社会、文化、生态环境等（FT03[1]）
	决策咨询是决策者需要做什么就做什么，为决策提供咨询意见（FT01）
	决策咨询包括城市发展的大问题，比发展战略更宏观的东西（FT01）
	规划咨询影响的不是一个空间布局，是城市长远发展的可持续能力（FT03）
	规划应该考虑老百姓生活，应该为城市发展服务（FT02）
	城市发展决策咨询，要跳出物质规划，不仅是物质的，更是城市长远发展角度，考虑怎么提高城市发展的机遇、动力、发展可能性（FT01）
	城市发展单从物质形态是勾画不出来的，一定要考虑战略的、长远的，城市发展真正缺什么（FT03）
	研究城市问题，而不单单是规划问题。规划研究的目标不是城市空间而是城市发展。城市规划不仅仅只是设计，城市最主要的因素是人，最重要的是城市发展。城市是人类的聚居地，城市要可持续发展，让人们在其中安居乐业（FT04）

[1] FT01代表访谈记录，WJ01代表问卷。

决策咨询参谋内容主旨提炼研究第二步：参与研究者共同归纳 **表 1-5**

主旨归纳	标准化	问卷调查原始句段
战略：长远、整体、综合、宏观、系统	战略①、文化	物质规划、战略长远、社会文化（WJ01）
	战略①、前瞻、可持续发展②	城市战略 前瞻性 城市可持续发展（WJ02）
	战略①、系统、综合	决策咨询是战略层面的，不是战术层面的（WJ02） 决策咨询应该系统综合，超越物质规划
	可持续发展②、战略①	可持续发展，战略（WJ02）
	战略①、多维、长远	决策咨询是为城市长远发展考虑，不局限于物质规划范畴，还包括城市发展的多元要素，是战略性、长远性的建议（WJ02）
	宏观、战略①	宏观、战略、发展服务（WJ02）
可持续发展：经济发展、社会、文化多维平衡协调	可持续发展②	城市可持续发展（WJ02）
	长远、可行	考虑城市发展长远，可行性，跳出物质规划（WJ02）
决策者需求：近期目标清晰，可行，可实施	针对性、重点突出	针对问题，无须大而全（WJ02）
	发展动力、决策者需求③	为城市长远考虑，提高城市发展的机遇和动力，为城市近期考虑，决策者需要什么，提供咨询意见
	整体、历史、决策者需求③、择优	了解城市的特性、优点和问题。始终有一个世纪的，有历史维度的整体观念，解决探讨当前决策者关心的问题。不一定能完全解决，但可避免最坏影响（WJ02）

根据访谈原意的语句梳理和参与研究者的二次概括和归纳，得出规划师对于城市发展决策咨询参谋内容的共同认知。

第一是城市发展决策咨询是关于城市发展的宏观战略层面的综合系统研究和谋划，要有历史的思维和整体思维，寻找城市发展的原动力，做好城市发展关键时期的发展方向和道路的选择。

第二是考虑城市可持续发展。决策咨询工作的内容是超越物质规划内容的，需要考虑经济、社会、文化、生态等多维目标，特别是人的可持续发展。城市的幸福指数内涵远超越经济发展单维指标，城市宜居度提高了，本地居民人口增加，在旅游者心目中有美好的评价，领导和老百姓都对城市发展建设结果表示满意，才是城市可持续发展的简化评价标准。

第三是满足决策需求。决策是有目标的选择行为，所以城市规划决策咨询必须具有近期可实施性，以及评估城市财政能力的可负担性。一个不能实施的咨询建议毫无价值可言。

同样地，对规划决策咨询的其他要素进行了归纳研究，具体过程见附录 A，结论如下。

决策咨询角色认知与规划决策咨询参谋要素研究 **表 1-6**

层面	要素	结论
目标	咨询建议本身的目标	决策咨询建议应该考虑的是公共利益、城市可持续发展，以及决策者关注的综合因素
方法	咨询工作方法	调查研究、多方案比较、有理有据。咨询方案要增强可实施性的建议，需要落实到执行层面，制定实施计划

续表

层面	要素	结论
素质	参谋者的素质要求	参谋者个人素质：综合素质要高，知识面要广；善于发现问题，眼光长远，具有前瞻性；主动深入思考；沟通能力强，具有丰富的实践经验
能力	参谋者的工作技能	决策咨询建议有效传播需要参谋者讲究策略方法，思维方式缜密，考虑天时、地利、人和等因素。加强与决策者的沟通，减少信息传播受到的干扰，还要善于借助专家、市民、媒体等外力
关系	参谋者与决策者的信任关系	参谋者与决策者建立信任首先在于参谋要实干，要说真话、干实事，建议有实效，然后与决策者累积信任，形成良性循环 参谋者与决策者取得共鸣需要参谋者换位去思考，具有政治敏锐性，了解决策者关心的要素
环境	决策咨询的外部环境影响因素	包括社会政治环境、政府行政制度和决策机制等。政府行政架构中规划部门的序列及政府对规划部门责权利的安排等

（二）决策者视角的城市规划参谋作用认知

决策者对规划参谋作用的认知脱离不开社会历史环境中的城市规划行业的社会职能和地位，随着经济社会的发展，规划的社会职能在不断地演变，对城市规划作用的认知也在变化。

长期以来，城市规划被认为是一种技术性的专业行为，对城市的物质空间环境做出合理的设计安排。这种观点一方面来自于物质环境决定论的思想，另一方面由历史发展阶段的社会时代背景所决定。

◇ 1949-1984 年，新中国成立以后，一直到国家对外开放之前，城市规划都作为国民社会经济计划的延续和深化，城市规划的物质空间属性突出，规划咨询成果为蓝图设计；

◇ 1984-1996 年，随着国家经济政策的重大改革，1984 年设立沿海 14 个开放城市，1994 年下发《关于深化城镇住房制度改革的决定》，1998 年住房分配货币化，房地产异军突起，城市建设投资主体多元化，城市规划承担了各项建设的综合部署的职能，20 世纪 80 年代出现控制性详细规划类型，规划的政策属性加强，通过规划指标来引导约束城市开发建设；

◇ 1996-2003 年市场经济体制改革全面深化，国务院国发（1996）18 号文件，明确了城市规划是新时期国家对于经济与社会发展的重要宏观调控手段。城市规划从技术工具上升为政策工具，规划的属性发生重大转变。

◇ 2003 年至今，中央十六届三中全会（2003 年）提出科学发展观，强调全面协调可持续发展，保持代际公平，维护社会和谐，科学发展观的内涵与城市规划的宗旨高度一致，城市规划的公共政策属性更加明显，成为公共利益的保障工具。在这个背景下，城市规划的社会性和公共政策属性已为全社会所认同。

决策者对城市规划作用的认识除了受到上述社会历史环境影响外，还主要基于个人素质和工作经历对城市规划工作的社会职能进行认知，不同的城市决策者对规划作用的理解不尽相同，大部分决策者认为规划是专业性很强的专业部门，由于个人实践工作经历和偏好决定了对规划工作的重视程度。如果政府主要决策人对规划的职能不重视，则规划的社会功能地位就会下降；如果政府决策者对规划高度重视，则规划发挥作用的空间就大，规划的社会功能和作用就会提高。以下是政府决策者对城市规划作用的几种认识论：

（1）技术工具论。城市规划是一种技术工具，规划是对城市空间资源的分配，城市规划主要任务是物质空间的安排和落实。因此，大部分城市决策者把城市规划当成专业技术的工具，不属于综合部门，在项目立项之前的阶段很少让城市规划部门参与，而到了项目落地的阶段才会想到征求规划局的意见，规划局为了支持经济发展往往要“量体裁衣”。

（2）权力工具论。城市规划是一项很有用的权力，如果利用好城市规划，可以把城市发展的各方力量整合调动起来，也能够很好地作为政治砝码，去协调平衡各方面利益。把城市规划当作一种权力的决策者一般都十分重视城市规划，做任何决策都倚重规划，时刻把规划的权力抓在手上。市长管理城市主要靠经济政策和城市政策。但是，如果权力失去约束和监督，或者特意突出规划的权力属性，往往也会加大规划决策失误的风险。

（3）政策资源论。城市规划是一种政策资源，通过城市规划对城市空间的管理，可以很好地增值城市资产，为城市经济活动提供空间载体。好的规划能使城市综合竞争力提升，反之，可能起反作用，造成城市发展效率降低，土地资源浪费，甚至有市长称“城市规划就是生产力”，认为城市规划可以促进社会财富的增长。

据全国市长培训中心对 600 多位市长的调查，市长们对城市规划的主要看法的调查结论显示，市长们认为当前城市规划最主要的问题是规划的编制与规划实施相互脱节，编制阶段较少考虑实施问题，而规划实施问题是城市决策者极为看重的要点。因此，以形成政策决策为目标的规划咨询建议一定要考虑规划实施的经济性影响因素，还要包括考虑部门利益的平衡，媒体舆论、老百姓的评价等政治性因素。规划实施主要受到开发建设主体、土地指标、财政保障等要素制约。投资体制变化要求处理好控制与开发的关系，有时候过于理想化的规划方案到了实施阶段就要适应开发利益的要求而做出妥协，规划要做到既保护城市的整体利益，又使投资者得到合理的回报。

因此，从政策过程角度看城市规划，若想城市规划的政策作用发挥更好，需要转变思想方法和工作方法，从政策制定角度考虑规划政策建议制定内容的实施可行性和社会接受度。规划编制过程做好利益平衡，进行充分的博弈，即保证城市公共利益的增进，又能够获得决策者、部门、利益集团、老百姓的多方认同。决策者通过规划工具调配空间利益，调整权利关系，期望获得最满意的决策效果。这样，规划的综合协调作用就能得到发挥，也使得规划成为决策者所倚重的重要政策资源。

（三）角色认知的差异

城市规划不仅是技术行为，更是政府行为。市政府把城市规划看作实现其施政目标的工具之一，所以要求规划体现政府意志，像市政府一样考虑全市整体的经济、社会发展，通过规划促进综合发展。规划决策受到复杂的经济、政治、资本等非技术因素的影响，政府决策者把城市规划当作政府行为，而规划师把城市规划当作技术行为，这种认知差异使得不少咨询建议难以被政府采纳和实施（张庭伟，2000）。[1]

下面专门对规划的角色认知和规划咨询过程各环节重要程度进行了问卷调查研究，分别对20位资深城市规划师和20位城市决策者进行问卷调查。首先请参与研究者根据每项要素的重要程度进行评分（1-5，重要度最低值为1，最高值为5，幅度为1）。将问卷调查结果进行平均值统计分析，用雷达图表征规划师和城市决策者对要素重要度认识的差异。

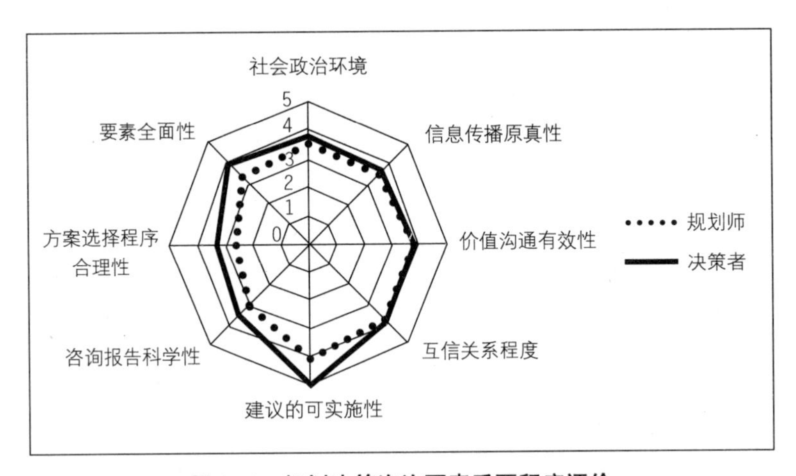

图 1-4 规划决策咨询要素重要程度评价

调查显示：规划师认为价值沟通的有效性和信息传播的原真性最为重要，其次是参谋者和决策者的互信关系程度和咨询建议的可实施性同等重要，而咨询方案本身的技术理性和方案选择程序属于次要的影响因素。

决策者认为规划是专业技术性很强的部门，城市规划必须要专业人员来做，要求规划师能够讲清楚建议的理由，可见，决策者还是非常看重规划的技术理性。同时，更为看重规划的可实施性，由于规划师自身的限制（知识、能力等），决策者普遍对规划师的建议抱有一定程度的怀疑态度，往往以“考虑问题的面比较窄”、“方案很难实施”等模糊的理由对规划师的方案提出质疑，决策者也同样认为价值沟通的有效性和信息传播的原真性较为重要。

对比规划师和决策者的认知差异，两者较为一致的重视价值沟通的有效性和互信关系的重要性，在建议的可实施性的认识度和考虑要素全面性方面的认识有一定差距。决策者认为规划是专业技术工作，职能范围在于城市空间资源配置，规划是从属于建设领域的专业部门，决策者对于

[1] 张庭伟．城市发展决策及规划实施问题[J]．城市规划汇刊，2000（3）：10-17，79.

规划作用有一定偏见和思维定式，规划师的工作思维和方法也不断强化这种偏见。迄今仍然有很多规划师并没有把自己当作城市发展重要的决策参谋，缺少政治敏锐性，缺少战略思维是规划师普遍的弱点。实际上，作为公共政策的城市规划绝不仅是纯技术的工作，城市规划首先表现为政府职能。[1]

因此，规划部门和规划师需要转变工作思维，改进工作方法。首先要突破“技术圈子”。城市规划具有较强的专业性和技能性，从工程类规划本科教育开始，就形成了较为普遍的“师徒制”见习传统。社会实践中也体现强烈的“干中学”的特征，因此，规划领域很容易形成“圈子”，产生“圈子文化”，如师徒、校友、同门等。圈子对规划技艺的传承起到积极作用，但是，不利于思想沟通和信息传播。作为公共政策的城市规划，最主要就是公正、公开的工作程序和方法，最要不得的就是用“技术圈”把自己囿于一地。咨询建议的出发点和落脚点都是公共资源的合理调配，增进城市公共利益，因此，没有任何理由把公众和其他团体隔离在圈子之外。规划师再也不要把规划当成自娱自乐的工作，规划是社会实践的一部分，成功的规划是能被所有政策参与者接受，接受度越高，达成思想共识的可能性越大，形成政策的可能性也越大。

（四）决策原则的差异

决策者所做的行政决策依据的基本原则和规划师所做的技术决策原则有一定的差异。

行政决策把方案可行性放在首要原则，一项正确的决策必须在现有的主、客观条件下能够顺利得以实施。决策是否可行是衡量决策是否合理的重要标志之一。行政决策是否可行主要取决于两个现实标准。一是生产力标准，即这个方案能否从根本上促进生产力的发展，只有适应并能促进生产力发展的决策，才是根本可行的决策。二是利益标准，即这一决策必须满足大多数人的利益需求。这一决策必须统筹兼顾长期和近期利益，国家、集体和个人利益的协调和规范。美国的相关研究显示，美国市政府决策首先考虑全体市民的利益；二是并非为赢利而做事，政府就应该做企业不会去做的事情；三是决策都有短期的倾向。每届政府决策的基础都是本届政府任期内能实现的任务和目标。[2] 尽管中国和美国的国情及政治体制完全不同，但是地方政府在城市规划决策时考虑的因素基本一致。

技术决策首要的原则是技术合理性。即所选择方案的技术可行性和目标最优化，规划师也会考虑规划方案的可行性，但不是把这条当作首要原则。追求技术理性是工程师们的文化基因。同时，城市规划的未来学属性，使得规划师更多考虑城市长远发展的需求，根据对未来发展趋势的预判做出规划方案，这个预判的基础是个人经验和对以往城市发展规律的总结，经验在规划技术决策中起到较主要的作用。

---

[1] 石楠．试论城市规划社会功能的影响因素兼析城市规划的社会地位 [J]. 城市规划，2005，29 (8): 9-18.

[2] 张庭伟．城市发展决策及规划实施问题 [J]. 城市规划汇刊，2000，(3): 10-17，79.

因此，决策者一般会认为规划师受到专业技术的制约，思维比较单一，视野比较窄，考虑技术层面的因素较多，忽视其他政治经济方面的因素。而行政决策需要系统、全面、综合的思维方式和方法。决策者会把政治风险放在第一位，包括政绩的效果，老百姓的反应，决策者最为担心的是决策后的实施效果。

1.2.2 行动能力层面

1. 行动主动性问题

目前，大部分的规划咨询工作都是以编制技术工作为核心，忽视政策制定过程的政治性。很少考虑其他政策参与者的利益偏好，更不用说置身于决策者、利益集团的角度去思考问题。而作为参谋需要换位思考，能从决策者的角度去思考问题，创造性地提出解决问题的办法，才有可能为决策者提出好的参谋建议，获得决策者认同。现实情况是很多规划师或规划局的行政官员对上级领导存在依赖思想和推诿心态，凡是重大问题、难题都等待上级的指令，缺乏主动作为的意识和积极性。第二，从政策过程视角考虑，公共政策一定是所有参与者共同制定的才有合法性，规划的实施才有思想基础。如果在规划编制过程中这个博弈过程没有充分开展，那么在规划实施阶段还是会暴露出问题，规划在实施阶段就会碰壁，需要调整修改规划，直到各个主体的利益得到满足。规划编制阶段实际上是提供了一个空间利益分配的讨论方案，这个方案最大的作用是给了利益相关者一个博弈的平台，大家在此基础上讨价还价，减少未来发展不确定性的程度，以及增进个体决策的理性。因此，规划师对于组织讨论博弈需要有积极的心态去对待，不畏难的态度去迎接挑战，需要在规划编制过程中主动去发现问题，主动寻找利益相关者，组织利益协调。规划建议的思想不会自动传播，自动获得认可。很多咨询机构认为规划做好技术决策，走完技术审查的程序就完成任务了，较少主动去推进技术到政策的转化工作。

2. 沟通有效性问题

存在不同的个体就存在不同的价值观，公共政策制定过程中有不同的参与者，要想达成一致的认识，有效的价值沟通就成为政策出台的必要条件。首先，在制定政策方案时，规划师会不自觉地以自己的价值观进行价值判断，提出建议的方案。同样，决策者对同一个政策议题也肯定有自己的价值判断，此外，还有市民公众，利益集团等都有自己的价值判断。如果没有很好的价值沟通，咨询者和其他政策制定参与者的价值判断不一定会刚好不谋而合。事实上，不一致的概率相当大。规划者与决策者的价值冲突主要表现为长远利益和近期利益的矛盾；局部和整体利益的矛盾；经济利益和环境利益的矛盾。因为规划师的基本职业价值观是维护社会公共利益。换到决策者立场，在其位谋其政，决策者受到政绩驱动一般会优先考虑经济利益，同时受到任期限制会非常关注咨询建议的近期实效。尽管，在中央提出科学发展、转型发展的战略要求后，地方政府发展导向的“GDP 崇拜”有所改观，但是，经济发展至上的路径依赖依然存在，政绩考核体系的改革滞后，使得关于城市发展的根本价值观矛盾依然存在。因此，规划决策咨询的建议如果与决策者行动价值观不吻合，就需要做大量价值沟通工作，围绕统一思想的目标做好各项工作，尤其需要高度重视沟通的方法、时机、策略。目前，规划决策咨询工作最薄弱的环节就在于价值沟通不利，也是规划咨询难以转化为政策的主要原因。

3. 传播失效性问题

在规划决策咨询运行过程中，规划信息的传播对决策结果有着决定性的影响。一个好的规划建议如果没能有效传递给决策者，或者决策者接受的信息不完全，抑或参与决策的其他主体没有很好地理解规划信息，都将对规划决策产生影响。现实中有种种信息传递不利情况：第一，信息与决策不对称。规划决策的信息往往掌握在编制设计人员或者规划局业务人员层面，以及规划所涉及的居民与群众的手中，他们参与规划决策的渠道和话语权有限，而真正做决策的领导不一定掌握完整的信息。形成“拥有决定权的人没有拥有必要的信息，而拥有必要信息的人却没有决定权”的不对称局面。第二，信息传递不充分。信息在传播中会损失，不会完全从参谋者转移到决策者，信息因遇到摩擦阻力而衰减、误传和失真的情况时有发生。信息拥有者所掌握的信息往往要层层上报才能传递给对决策有影响力和决定权的人，这无疑增加了信息损失的机会。传递过程中还可能遇到横向部门的阻碍，有些信息被某些要害部门屏蔽了，有些信息可能根本达不到决策者那里。第三，信息具有时效性，有些信息因为传播时机不合时宜。比如某个高速公路选线项目，规划局有很好的咨询意见，但是如果没能在交通部门的方案建议之前提出，而交通部门的建议已经汇报并深入影响了决策者，这就错过了最佳时机，再好的建议也没有价值了。第四，传递信息的途径选择不当。规划信息的传递途径有正式途径，如专项汇报、专题会议、领导小组会议、规划委员会会议、联席会议等途径；也有非正式途径，如私人会谈、交换意见、借机吹风等形式。而且往往在正式会议决定之前，很多决策意见已经基本形成，会议只是最后的表决程序。也就是说，非正式途径有时候对决策的影响力更大。特别是涉及一些调整局部地区利益的事项，尤其需要与主要决策者事前沟通，争取市级领导的支持，这样才有可能协调好区级政府的利益。第五，信息传递介质形式错位。一般来讲，规划信息可以通过口头汇报、文件报告、图纸等形式来承载。图纸是规划专业的利器，也是规划专业的技术特色，有时候文稿不便清楚阐述的时候，一张图纸可能一目了然。但是，有时候我们的技术报告篇幅过长，不利于领会中心思想，这时候简明扼要的策略建议报告就更为有效。此外，如果是非正式途径，可能需要将专业化的规划思想转化为口语表达，通俗形象，简单易记，起到的影响力更大。选择正确的形式可以产生事半功倍的效果，但是，如果形式选错，则事倍功半，甚至无功而返。

1.2.3　制度环境层面

1. 城市规划决策的制度设计差异

当前我国行政决策体制下的城市规划决策关键的影响因素有两个方面：一是决策者对规划专业的重视程度。城市规划作为政府的行政管理职能，其在政府框架下能够发挥多大的作用，取决于城市决策者对城市规划作用的认识和重视程度。如果把规划作为综合协调的职能部门，对城市规划的行政职权和人事安排上赋予相应的高度；如果只是作为建设系统的建设管理职能，那么相应的责任权力也是限制于此范围内。城市规划受到重视的城市，城市规划决策咨询发挥的作用较大，反之，决策咨询难以发挥作用。二是规划决策制度的设计。如果一个城市的规划决策制度不完善，决策者拥有的规划决策权力过大，过于集中，缺少必要的约束，那么就完全取决于决策者个人的政策偏好，使决策者凭借个人（或小范围团体）的主观意识来左右城市发展。如果决策权力相对分散，设立了城乡规划委员会，那么城市规划受决策者个人因素影响会减弱，就会减少决策失误。[1] 当然，决策权力的分散机制设置取决于市民社会的基础和社会治理水平。

2. 横向政府部门的协同机制不健全

城市规划在政府行政组织架构中的地位有历史渊源。计划经济体制下，以项目计划安排为主要工作任务的计委是城市经济社会发展的综合协调部门，城市规划最早设在计委下面，后来成立国家建委才划入建委系统，由于分散化的规划行政管理体制，建设系统所辖城市规划职能只负责城市局部的具体性建设规划。而现在随着社会经济体制改革带来的建设主体变化，建设活动运行模式变化，政府如何引导多元建设主体的有序建设活动，城市规划就成了政府调控市场的有效工具之一，城市规划承担了更多的综合协调职能。依附于城市土地和空间使用上的利益关系和多种利益之间的矛盾直接反映给了规划部门，但是，规划部门缺少相应的地位，缺乏必要的权力砝码来进行调解。

以地方层面的城市空间规划体系为例，发改委、国土、环境、规划等部门都有各自独立的规划，对同一个城市空间资源进行分配和管控，规划项目林立，名称繁多，造成行政效率的低下和空间管理失控，而真正建立“多规融合”存在很大的技术和行政障碍，最大的阻力是来自于部门之间的权力纷争和部门利益，单纯依靠技术协调很难实现多规真正的融合。

3. 政策制定过程中各方力量博弈不充分

通过上述案例的政策参与者分析，我国的社会民主基础薄弱，公民参与公共决策的能力较低，相应的保障制度缺乏。由于参与力量相差过于悬殊，利益博弈很难组织起来。宁波新江桥的案例组织了“问计于民”活动，但是，效果也不是很理想，市民参与阶段仅限于总体概念规划阶段，后面的工程实施规划阶段也没有征求市民意见。目前，我国公共政策决定权掌握在政府领导和利益集团手里，与专家一起构成“政策铁三角”。比如，城市拆迁中的社会矛盾突出反映了这个问题，当居民看到自家墙上的“拆”字时，离决策“拆”的时候已经过去一年半载了，政府规划部门和土地管理部门早就已经决定把这块土地拍卖，居民连知情权都没有，更不用说参与权了。在社会组织和社团力量如此弱小的情况下，即使组织了公众参与，也是不能有效展开真正的博弈。

还有一个问题是博弈不充分，而政策制定过程的博弈不充分，很容易出现参与主体的态度反

[1] 杜立柱，刘德明 . 基于心理分析的规划决策体制改革策略 [J]. 规划师，2008，(6): 74-76.

复。就像新江桥案例，由于前期其他部门参与规划编制不深，对笼统提出的大概念大理念都是能够接受的，方案中隐含的交通问题讨论不深入不彻底，埋藏了隐患。到了后期工程真正要实施时，其他部门才提出反对意见，给决策者造成困惑，难以决策，最终导致规划咨询失效。类似案例还很多，比如在控制性详细规划中涉及土地使用性质改变用途，或者拆迁现有建筑，如果与相关利益者没有充分沟通，进行讨价还价，而规划师擅自给出容积率指标，往往到了规划实施阶段无法操作，实施主体还会提出修改控规指标。 因此，政策制定过程必须组织各方力量参与进来，并且进行充分有效的博弈，经过这个过程的公共政策才会有效。

4.缺乏促进参谋作用发挥的激励制度

规划师主观积极性不够，缺乏对城市发展重大问题的主动思考和超前预测的能动性。这主要是由于规划咨询研究机构的体制造成的，制度设计缺乏激励政策。从参谋者个体理性选择角度很容易解释参谋者行动逻辑。咨询机构的研究人员为什么要积极出谋划策呢？既没有制度约束规划师一定要作为，也没有正向的激励制度鼓励参谋行为。政策参与者如何决定自己的政策态度？取决于两方面风险的权衡：即政治风险和业务风险。一般来讲，参与者都是理性的风险厌恶者。只愿意承担与收益相对等的风险水平。由于存在政治上和业务上的双重风险，因此，任何一种风险过高，或者两种风险均高，都会导致政策参与者采取较为保守的政治态度。政治风险和业务风险之间具有此消彼长的关系。激进的政策态度，引发激烈的矛盾冲突和人际关系的恶化，被认为是“政治上不成熟”的表现，从而失去上级的庇护和底层的支持。消极的政策态度，如放弃规划理想和主张或默许异议者的主张，被认为是缺乏专业技能和管理能力的表现，从而面临业务风险的挑战。因此，政策参与者总是处在政治风险和业务风险的两难境地，小心翼翼地处理政治支持和职业能力的微妙平衡。有一个形象说法：“规划局长就是犹如走钢丝的杂技演员。”因此，从“经济人”角度，除非有重大回报收益激励，一般来讲，理性经济人会选择稳妥的保守行为，一般也不会积极主动的提出建议。只有政治上有抱负，同时技术业务水平又过硬的情况下，政策参与者才会采取较为积极的态度。

第 2 章　城市规划决策咨询有效运行理论框架

2.1　政策视角的理论基础研究

2.1.1　政策理论

政策科学到底是研究什么的科学？政策科学是研究政策过程及政策过程中的知识。现代政策科学创立人拉斯韦尔在《政策科学：范围和方法的最新发展》中，德洛尔在政策三部曲：《公共政策制定检讨》、《政策科学构想》与《政策科学进展》[1] 中，都认为政策科学是超级学科。

拉斯韦尔把政策科学定义为“以制定政策规划和政策备选方案为焦点，对未来的趋势进行分析的学问”[2]；德洛尔认为，政策科学核心是把政策制定作为研究的对象，包括政策制定的一般过程，以及具体的政策问题和领域。在《政策科学》中，拉斯韦尔指出：“政策科学一方面指向政策过程，另一方面指向政策中的信息需求”。[3] 陈振明则将两者结合起来，指出：“政策科学为一个综合地运用各种知识和方法来研究政策系统和政策过程，探求公共政策的实质、原因和结果的科学，改善公共决策系统，提高公共决策质量。”[4]

过程与内容研究两部分是政策研究体系主要内容。政策过程研究围绕政策制定和实施的政治过程来界定，主要关注的对象是政策过程的行为主体，譬如政策制定者、政治精英、利益集团等，研究旨在发现问题和总结规律；集中探讨影响政策的政治、经济与社会等因素，分析政策变迁原因。[5] 而政策内容研究分属于不同部门，由部门内部的专家设计和提出备选方案，需要不同的专业知识，没有通用的知识和方法。拉斯韦尔认为政策科学的研究基点是政策过程，政策过程的“阶段模型”由此确定。拉斯韦尔的阶段模型极大地影响了后来的研究，一直到 20 世纪 80 年代末，政策过程阶段模型的地位才开始面临质疑和挑战，很多研究者发展一些新的替代性解释框架：包括制度理性选择框架，间断—平衡框架，多源流分析框架，支持、联盟框架，政策传播框架，因果漏斗框架等。[6] 这些可以看作是镶嵌在阶段模型母体的补充理论模型。

---

[1] 张敏．拉斯韦尔的路线：政策科学传统及其历史演进评述 [J]. 政治学研究，2010，(6): 113-125.

[2] 陈振明．论作为一个独立学科的公共政策分析 [J]．中国工商管理研究，2006，(10): 60-63.

[3] Lasswell H D. The Policy Orientension. in Lerner, Lasswell H D. The Policy Science. Standford: Standford University Press, 1951: 3 -15.

[4] 邱续毅．论中国公共政策价值取向的发展变化及原因分析——以“三农”问题的分析为切入 [D]. 重庆：重庆大学．2005.

[5] 张海柱等．促进民主的公共政策：政策设计与社会建构理论述评 [J]．甘肃理论学刊，2011，(1): 136-140

[6] 梁莹．公共政策过程中的 "信任 "[J]. 理论探讨，2005，(5): 122-125.

政策过程包括一系列政府活动所构成的连续的变化，不同于政府体制、决策机制等较为稳定的制度性、结构性因素。尽管制度规定了政策过程的法定程序和执行机构，但是冲突的条件和复杂的解决方案几乎全都处在变动的常态。城市规划政策制定过程也是一样，充满着矛盾和冲突，解决问题的方案也有多种方向，我们以往比较关注政策的结果，但是不太在意政策制定的过程，而从正式的、显见的组织机构和决策程序还不能完全解释政策的竞争性结果。政策过程是动态的，是各种权力力量相互作用的结果。与政策过程相近的两个概念是决策过程和政府过程。决策过程指政策过程中的一个或多个环节，如陈振明认为："政策制定从发现问题到政策方案的出台的一系列的功能活动过程，包括建立议程、界定问题、设计方案、预测结果、比较和抉择方案以及方案合法化等环节。"[1] 狭义的"决策过程"仅指政策过程中"抉择方案"的环节。也有文献认为决策过程仅指最终"拍板"的组织和制度安排。决策本质上是指在众多预案中做出特定的选择，而政策却明显带有过程特征[2]。政府过程有两种理解，广义而言，政府过程意味着在特定的政治共同体中获取和运用政府权力的全部活动，几乎是"政治"的同义词。狭义的政府过程一般被理解为政府决策的运作过程，主要包括政府的政策制定与执行等活动及其权力结构关系。[3]

1. 公共政策制定过程理论范式

要深入地分析公共政策的制定过程，必然要涉及价值目标、行为过程和参与主体三个要素。政府、利益集团、公民、社会组织等相关的政策主体的互动关系，以及外部社会环境的变化形成了不同的政策过程理论范式：多元主义、法团主义、网络主义三种。[4] 政策过程是政策主体围绕政策议题的目标，交换资源、价值偏好和解决方法的互动过程[5]。建立共同目标，实现集合行动是政策成功的衡量标准。公共政策主张必须经过价值分析、利益分析、规范分析、事实分析和可行性分析[6]，才能接近政策目标。

公共政策制定过程理论范式　　表 2-1

	价值目标	参与主体	行为过程	作用模式
多元主义	多元、平等、自愿、竞争	国家、政府、官僚机构、利益集团	讨价还价	不同利益主体与政府之间较量
精英主义	哲人政治	精英分子、政府、官僚、公民	精英意识和思想征服	精英影响决策

[1] 陈振明 . 政策科学 [M]. 北京：中国人民大学出版社 . 2005.

[2] [美] 詹姆斯 E 安德森，谢明等译 . 公共政策制定 [M]. 北京：中国人民大学出版社 . 2009.

[3] 胡伟 . 政府过程 [M]. 杭州：浙江人民出版社，1998.

[4] 任勇 . 多元主义、法团主义、网络主义：政策过程研究中的三个理论范式 [J]. 哈尔滨市委党校学报，2007,（1）: 61-64.

[5] 侯云 . 政策网络理论的回顾与反思 [J]. 河南社会科学，2012，20（2）: 75-78.

[6] 严荣 . 利益分析——公共政策研究的一个新视角 [J]. 理论探讨，2003,（2）: 93-95.

续表

	价值目标	参与主体	行为过程	作用模式
法团主义	协调平衡	国家、政府、利益集团、社会机构（如工会）	利益集团与政府是公共治理关系	利益集团和政府双方相互合作、妥协
网络主义	多元、网络、互动、制衡	行政人员、国会议员、专家学者、公民、利益团体等	人际间关系和网络互动关系的微观治理结构	多元主体交换相关问题的定义、价值偏好与解决方法、目标实现与资源的互动过程

2. 政策决策过程中的公共选择理论

政治家在政策制定过程中的行为逻辑是什么呢？不同的政治学理论有不同的解释，其中，布坎南和塔洛克把经济学的分析方法用于政治过程分析和集体选择分析，将政治制度视为政治市场，将政治过程视为交换过程。用交换范式重构政治过程，用交易理论解释政治过程，他们认为政治过程就是拥有权力者之间的利益交换。[1]

公共选择理论的基点是个体的经济人假设，所谓“经济人”假设，即个人本性都是追求个人利益的最大化。同时，公共选择理论把人在经济市场和政治市场上的行为“重新纳入一个统一的分析框架”[2]，认为政治家在政治市场和经济市场的行动目标是一样的，都追求自身利益的最大化，公共选择理论揭示了人的利己本性。政治家、官僚及其他政府代理人，他们在公共决策中均以追求“个人利益最大化”为目标，政治家与政党的利益最大化，就政治家个人而言，就是个人的政治前途。尽管行政官员是由权力机关任命的，这些官员同样按照“经济人”动机行事，他们的公共行为包含了自利动机，追求个人行政职位、薪金。而且，部门领导还需要努力扩大自己部门的规模，以此来扩大权力，提高部门地位和个人晋升机会。[3]

利益集团是指任何一个试图影响公共政策的组织，其活动就是为了在再分配的公共决策中取得或保护其垄断地位。民众作为一般经济人，由于信息缺乏而有厌恶风险和追求短期利益的特征，在规划决策中更为直接的表达个人利益的增益。引入交易来观察政治和集体选择过程，就可以把政治看作一个复杂的涉及很多人的交易或契约系统。[4] 公共政策制定过程实际是社会主体对利益调整方案的集体选择过程[5]，个人聚集在一起探求某些问题，通过利益博弈，并最终达成协议，非博弈不合作，合作发生的基础是个体预期会有获益。[6]

[1] 陈振明．政治与经济的整合研究——公共选择理论的方法论及其启示[J]. 厦门大学学报（哲学社会科学版），2003（2）: 30-38.

[2] 申屠莉，夏远永．解读公共选择理论中的“经济人”范式[J]. 浙江学刊，2010，（5）: 171-177.

[3] Dennis C.Mueller, Public Choice Ⅱ, Cambridge: Cambridge University Press, 1989, pp.247-276.

[4] 李婉．论公共选择理论中的两种市场观[J]. 生产力研究，2003，（16）: 10-12.

[5] 孔德静．公共政策制定中的利益群体分析——以怒江水坝计划为例[J]. 社会科学论坛，2011，（1）: 206-215，246.

[6] 缪勒．公共选择理论[M]. 北京：中国社会科学出版社，1999.

2.1.2　决策理论

现代管理学的“决策”是在 20 世纪 30 年代由西方现代管理理论的社会系统学派创始人巴纳德提出，认为“决策是正确判断行动目标，从若干方案中选择最优方案，直至实现预期目标的过程”。美国著名行政学家、科学管理学创始人西蒙曾提出“管理就是决策”。什么是决策？有决定论和过程论两种理解，决定论认为“决策就是做决定”，即对需要解决的事情做出决定。过程论则遵循巴纳德的决策思想，从广义角度将决策作为一个独立的系统看待，认为决策是包含调查、分析、研究等一系列活动的复杂选择行为，是一个动态的完整过程。根据广义决策概念理解，按决策条件（如目标、选择结果）认知的确定性程度可分为确定性决策、风险性决策和不确定性决策；按决策是否按照一定的程序和常规办法可分为程序化决策和非程序化决策；还有个人决策和群体决策。这几种决策类型在城市规划决策中都存在，并相互交织，而且由于城市的复杂性、多样性、变化性，导致城市规划决策往往是不确定性决策、非程序化决策、群体决策。

因为决策的目标就是提高管理效率，以古典经济学理论为基础的理性决策理论一直占据主导地位；直到 20 世纪 60 年代，西蒙的有限理性和林德布洛姆渐进决策理论才向传统理论提出挑战。

1. 有限理性决策理论

“有限度的理性”和“令人满意的准则”是有限理性决策的两个原则。城市规划决策中有限度理性体现在：第一，人们对城市发展规律认知的不完备性，影响城市发展的信息不可能完全掌握，这是参谋者和决策者先天的缺陷；第二，受到时间、知识、资源等因素的影响，参谋者无法准备全部的备选方案，也无法预测所有备选方案的后果。第三，时空局限性。参谋者和决策者对客观事物的认知都会随着时间而改变，同时，也受到时空的限制，只能在可行的时空选择。第四，受到多元价值影响。决策过程中的备选方案所反映的价值是多元和繁杂的，在多元价值影响下我们的选择必然是有价值倾向的。

城市规划的满意决策原则体现在规划方案的选择是集体的选择，追求“满意”而不是“最优”。规划方案的选择并不一定是最优方案，而是各方都能接受，符合大多数人利益的，所有参与决策者。

信息、权力、沟通、培训、认同等行为都对决策结果产生影响。信息是决策的源泉，没有决策需要的综合信息就无法决策，获得信息是成本很高的活动，决策者凭借掌握信息获得更大优势，有更大的发言权和影响力；权力是指导他人行动的强制权，规划师在规划决策中的权力来自于知识，知识产生力量；决策者在决策中的权力来自于行政职权，以行政职权促使别人遵从他的意志。沟通在决策中起着相当重要的作用，沟通分为正式信息沟通和非正式信息沟通，非正式沟通往往起到更大的决策影响作用。培训向受训者传播信息，并指导其行动，也是影响决策重要的形式；认同则是价值理念一致基础上的认知统一，对决策结果必然产生重要影响。[1]

[1]　胡娟 . 旧城更新进程中的城市规划决策分析——以武汉汉正街为例 [D]. 武汉：华中科技大学，2010.

2. 渐进决策理论

西蒙的决策理论依然从理性角度出发进行探讨的，但是理性分析并不能解决所有问题。对于复杂决策问题，如城市发展战略方向的选择，首先需要分析的方面和内容十分广泛，不可能无穷尽地分析，也不可能无休止地分析下去；其次，决策选择必然受到价值观的影响，所有人的价值观差异也难以依靠理性分析去消弭。

林德布洛姆（Charics Lindblom）提出的渐进决策模式则是从社会政治角度理解决策行为的。认为决策过程只是决策者基于过去经验对现行政策的修改完善，政策制定不可能是一个纯粹理性的过程。客观上，决策过程会面对无穷尽的、复杂的、不充分的信息，并受到时间上、财力上的限制，难以完全掌握决策所需的客观信息；主观上，决策必然受到决策者价值偏好，个人认识限制以及决策者对备选方案的了解限制，还与决策相关的社会、组织的政治经济状况相关。[1]

林德布洛姆认为权力虽然带有强制的含义，但更强调一种关系力。与福柯的微观权力观主张一样，认为权力在相互关系中体现，权力是无中心的、多元化的、来自各个方向的，整个社会都处于权力网络的交织和支配之下。[2] 王宝治提出，“在社会关系中，民间组织和各种诸个人集合以其所拥有的社会资源对社会所产生的影响力也是权力。”[3]

城市规划决策咨询是基于城市发展现状，运用城市发展规律，对城市发展战略方向以及具体的城市建设活动制定和选择方案的过程[4]。这些决策需要对区域和城市的现状及其发展趋势进行综合研究和考虑，需要综合协调各方面、各有关部门的信息。但是，城市发展决策需要的信息量无法全部掌握，情况变化又是相当复杂，也受到决策者个人的认知能力所限，因此，城市规划决策必然是有限理性决策。同时，林德布洛姆的渐进决策思想在城市规划的决策分析上有相当大的价值。首先，渐进决策以尊重历史为前提，城市规划建设都是在现状基础上发展的，城市规划不可能完全忽视现状和超越现状，规划决策都在特定的历史时空下做出，任何一项决策都与历史背景等因素有关。其次，将决策视为连续的、循环的过程，即是一个渐变的、从量变到质变的过程，后一个决策必然受到前面决策的影响，后面的决策也必须在前面决策基础上修正。城市的未来都是建立在现状的发展基础之上的，每一个现时的物质存在都是未来物质环境的组成部分。城市规划建设具有不可逆的特性，规划决策一旦做出并执行，建设后果就成为一种固化的物质空间环境，也必然对今后的发展产生深远的影响。最后，渐进主义意识到决策过程是多方社会力量权力博弈的结果，权力体现在多元主体的相互作用的关系之间。从政策有效性视角来看，技术精英和政府做出的理性规划不一定比多元公众参与的满意规划更有效率，技术理性价值远不如民主理性价值

[1] 华鲞婷 . 决策理论研究方法论的比较——基于西蒙和林德布洛姆决策理论的比较 . 科技信息，2009（5）: 126-127.

[2] 徐国超 . 权力的眼睛——马克思和福柯权力观比较研究 [D]. 长春: 吉林大学，2013.

[3] 王宝治 . 社会权力概念、属性及其作用的辨证思考——基于国家、社会、个人的三元架构 [J]. 法制与社会发展，2011（4）: 141-147.

[4] 彭震伟等 . 新世纪我国城市规划决策机制的思考 [J]. 规划师，2001，17（4）: 27-29.

来得重要。

2.1.3 传播与沟通

1. 传播过程与效果

大众传媒系指在传播路线上用机器做居间以传达信息的报纸、书籍、杂志、电影、广播、电视、因特网等诸形式。[1] 传播学以人类社会信息传播活动为研究对象，起源于美国 20 世纪 30 年代，有重要影响力的学者是拉斯韦尔和卡尔·霍夫兰。拉斯韦尔是传播学之父，他在《社会传播的结构与功能》一书中阐述了社会传播的过程、结构及其功能 [2]，并提出了经典的“5W”模式。

Who	Says what	In which channel	To whom	With what effect
谁	说什么	通过什么渠道	给谁	取得什么效果
传播者	讯息	媒介	受众	效果
控制研究	内容分析	媒介分析	受众分析	效果分析

图 2-1　拉斯韦尔的“5W”模式

卡尔·霍夫兰侧重心理学研究，他在 1946 年到 1961 年间领导“耶鲁传播与态度变迁计划”，一共完成了 50 多项心理学实验，研究成果《传播与说服》于 1953 年出版，描述了说服与态度的关系。[3] 研究发现态度是可以改变的，但是态度改变多是短期的，经过一段时间会反复；这项研究表明说服工作的难度，需要规划师持续的努力跟进。研究还揭示恐惧或威胁对改变态度的效果，适度使用可能有效，程度过大使用反而适得其反。这个研究结论可以指导规划说服过程的方法和技巧；听众反应的研究结论是主动参与的听众比被动参与的听众容易改变态度，因为他的心理是开放接受的态度 [4]；有集体归属感的听众，不大容易接受与本集体价值观和行为规范相违背的建议；不轻信他人的人不容易受影响。霍夫兰对说服与态度的研究对传播有重要指导意义。[5]

大众传播媒介对政策制定的作用极为显著，通过大众传媒的影响所形成的政治舆论是不可低估的政治力量，传播学的奠基人之一，美国传播学家施拉姆指出：“媒介很少能劝说人怎么想，却能成功地劝说人想什么。” [6] 事实上，大众传播媒介是实现政治社会化的主要手段。规划决策

[1] 沙莲香 . 传播学 [M]. 北京：中国人民大学出版社，1990：115.

[2] 熊澄宇 . 传播学十大经典解读 [J]. 清华大学学报（哲学社会科学版），2003，18（5）：23-37.

[3] 传播学 . 百度百科，http：//baike.baidu.com/view/41084.htm?func=retitle.

[4] 熊澄宇 . 传播学十大经典解读 . 百度文库，http：//wenku.baidu.com/view/908c1dc608a1284ac8504358.

[5] 传播学 . 百度百科，http：//baike.baidu.com/view/41084.htm?func=retitle.

[6] [美] 威尔伯·施拉姆，威廉·波特 . 传播学概论 [M]. 北京：新华出版社，1984：276-277.

咨询若要实现社会协同，必须要经过社会传播过程，这种传播的目的是统一思想。各种信息资料经过规划师的处理，生产出规划方案，承载着一种新的信息，这种信息经过有效传播，获得社会大众和决策者的了解和认同，才有转变为政府决策的可能。因此，借鉴传播学的某些理论和研究成果，提高规划信息传播的有效性，增强规划的说服力，对于发挥规划的社会作用具有重要作用。

信息是传播的材料，传播就是为了传送分享信息，影响受众。信息是能减少不确定性的事物。[1]信息的结构和内容也是传播效果的重要影响因素。在结构方面，正反两面并陈的信息有效，清楚的结论较有效。传播关系涉及的是分享信息符号，传播关系是一种扩大了的双向交流关系，信息符号是共享的，尽管每个参与者对信息符号的理解不尽相同，但随着交流的继续进行，理解结果会趋同。同时，随着交流的进行，肯定会出现新观点，新观点还必须通过进一步的交流来消除[2]，以"会聚过程"来形容这个过程很吻合，城市规划的思想传播和价值沟通过程同样具有这些特征。

2. 交往行为理论

德国哲学家哈贝马斯提出的"交往行为理论"是新的认识世界的哲学方法论，他阐明社会的发展不仅表现为技术理性和功能理性的增长，更重要的是体现在交往理性的发展过程当中。哈贝马斯提出交往行为有效性的四个前提：

（1）当 A 与 B 交流时，A 设想他所说的是 B 能够理解的。[3]

（2）A 必须确定他表达的情况是真实存在的。

（3）A 必须是真诚的，绝无欺骗的意图。

（4）A 必须肯定，他所说的是恰当的、正当的或合法的，是在 A 和 B 两人共享的某些道德准则和惯例的背景框架内的。

如果这 4 项前提条件没有取得，那么真正的交流就不会发生。这个理想模式是在既定的背景下，参与者之间的所有交流事实上应该是可理解的、真实的、真诚的、合法的。在公共领域中，交往行为者以语言影响彼此的行为，话语就是一种权力，语言通过交往行动而得到开发、动员，并在社会化进程中得到释放，实现人们共同治理的理解和沟通的基础。[4]

交往行为分哪几个阶段呢?

一是信息转译阶段。这个阶段的主要目的是保证信号尽可能正确地被接收（或复制）。因此必须关注技术或语法，与此相对应的第一种信息概念称为"技术信息（或语言信息）"，即认为信息是物质属性的反映。其次和语言的意义有关，保证能够理解所接收到的信号、语义的含义。与

[1] ［美］威尔伯·施拉姆等著，何道宽译．传播学概论［M］．中国人民大学出版社：2010.

[2] ［美］威尔伯·施拉姆等著，何道宽译．传播学概论［M］．中国人民大学出版社：2010.

[3] 廖德明．话语交流中跨语境的共享内容：批判与捍卫［J］．中南大学学报（社会科学版），2011，17（2）：161-165.

[4] 何修良．公共行政的生长——社会建构的公共行政理论研究［D］．北京：中央民族大学，2012.

此对应的信息概念称语义信息。它强调信息的语义逻辑，认为信息是反映相对于外部世界的某种知识。[1]

二是行动阶段，即把信号变为行动，行动也包括“信码化了的和符号化了的行动系统”，即“谈话和书写的语言”。它从逻辑——现实主义观点出发，强调信息的效果，把信息看成为价值性、有利性、经济性及其他特性方面的知识。

他的理论使我们能够批判性地考查和评估现实生活中的规划过程，尽管这些规划过程宣称已经容许利益相关各方的真正参与。在城市规划共同建构共识的沟通中，容易出现“非理性的质疑”和“专业化隔离”倾向。很多时候，还没有开始真正的对话，规划就被隔离为专业领域的专业化术语，失去对话交流的机会；利益集团的参与目的与动机也往往受到多方的质疑。

随着社会的发展，各社会主体参与规划讨论将成为趋势，这也是知识共同建构的过程，规划师、管理部门的行政人员和市民通过争辩，思想相互启发，讨论形成对规划问题的新的认识和理解，这就是知识双向建构过程。建构过程的平等性非常重要，平等性体现在主体地位平等、表达权利平等，平等的政治话语交流有助于打破政治集权，形成正确的社会共识。

如何运用话语交流以达到交往目标呢？首先，要有理性的语境，自由民主的说话空间，这个语境才能够自由民主地探讨规划问题，表达真实想法，真正的政策对话要针对特定事件、特定语境下的行为，不是空谈；如果交往过程是单方面的强权话语，就失去了沟通的意义。比如某些规划“可行性论证”的会议成了“论证可行性”，规划专家和政府决策者角色互换，领导讲专家的话，专家讲领导的话，这种对话除了导致行政强权之外，还可能导致虚假的民主和公众的冷漠[2]，而公众参与是规划决策科学化的前提。

其次，倾听与理解是交往真实性的保障。倾听是真实话语的一部分，是分享的开始，善于倾听是良好沟通的开始，不善于倾听的人，会造成很多误解，规划师在沟通协调过程中，倾听是一项重要技能，特别是要能够通过倾听决策者和老百姓的话语，真正理解他们的意愿。理解文化也是话语真实的一个变量，理解不同的文化情境，互相尊重，是沟通的前提，规划师需要理解决策者、企业家、市民不同的价值观和政治文化差异，并在相互理解中建立新的认识，改变以自我为中心的价值观和思维方式。

第三，建立理性批判的话语模式。在规划思想传播过程中，过去普遍的功能目标是说服，说服模式在过去的社会实践中发挥主导作用，今后也还将持续发挥作用。那么，影响说服效果的主要因素有哪些呢？根据亚里士多德的修辞学三角理论，要想说服别人需要满足三个诉求要素：信誉诉求、情感诉求、逻辑诉求。[3] 即首先传播思想的人具有可信度，通过他的专业学术地位、敬

[1] 朱志康．对术语"信息"的本质定义的探讨 [J]. 术语标准化与信息技术，2004，(4)：32-33.

[2] 井敏．公共行政的新思维——后现代公共行政理论的理论贡献 [J]. 行政论坛，2006，(5)：5-7.

[3] 何雨鸿等．亚里士多德修辞学三要素在广告英语中的应用 [J]. 辽宁经济职业技术学院·辽宁经济管理干部学院学报，2008，(1)：116-117.

业的品德等方面建立自身的可信的人格，使得听众愿意相信他，认为他有能力提供听众关心问题的解决方案。情感诉求指演讲者和听众之间的情感联系，两者之间建立了互相理解和尊重的相互关系，听众认为演讲者了解他，对所做的事情充满热情，演讲者认为获得尊重，愿意全力为此付出智慧和劳动。逻辑诉求指支持所传播思想的推理和数据支撑，言之有理有据，才能令人信服，这就是规划方案的技术理性基础所在。今后，理性批判的话语模式不是简单的"注入一征服"模式，而应是一种"选择一诚服"模式。[1]规划师不是简单地把专业知识和个人理想强加给社会其他成员，不是靠强大的逻辑说服受众，每个人都有表达自己思想的机会。对话与交流不仅讲给听众，或者说服别人，而且双方都有收获，各自也有自我反思过程，每个参与者都在对话中说服和发展自己。

2.1.4 协同与治理

1. 社会协同

协同论是系统科学的重要分支理论，协同学研究系统的各部分之间互相协作，演进和发展形成新的结构和特征。[2]协同是一种状态，显示为部分之间的合作性和匹配性、自组织性；协同更是一种结果，是子系统通过协同产生整体效应和新的结构。[3]

协同论多用于解释管理领域现象。管理系统是复杂开放系统，由人、组织和环境三要素组成，管理系统就是在不断地接收信息和输出信息的过程中向有序化方向发展。内部各子系统的协作方式和协同效果决定了系统效应。如果一个管理系统内部，人、组织、环境等各子系统内部以及他们之间相互协调配合，就能产生好的协同效应。反之，如果管理系统内耗增加，应有的功能都难以发挥。[4]

城市是复杂的巨系统，城市规划通过城市空间资源调节着经济、社会、文化、政治等诸多城市子体系的平衡和冲突[5]，城市规划是城市巨系统的一个子系统[6]，好比社会大机器上的一个零部件，规划目标的实现需要依靠整个社会各系统的协同运转。城市规划的空间方案为社会选择提供一个未来目标和行动措施的框架。规划绝不是少数人和少数部门的工作，规划目标的实现必须依靠所有社会主体的共同努力，规划决策的各方处于平等的地位上共同参与决策，在平等的平台上共同协作。各子系统的协作、配合，才能改善城市系统的整体效益，推动城市经济、社会、文化、政治、生态全面可持续发展。

城市规划的社会协同还体现在规划系统内部和外部。规划编制的技术决策过程需要技术人员

[1] 何修良．公共行政的生长——社会建构的公共行政理论研究[D]. 北京：中央民族大学，2012.

[2] 程述，白庆华．基于协同理论的政府部门整合决策[J]. 同济大学学报（自然科学版），2009，(5)：699-703.

[3] 李辉，任晓春．善治视野下的协同治理研究[J]. 科学与管理，2010，(6)：55-58.

[4] 李彬．管理系统的协同机理及方法研究[D]. 天津：天津大学，2008.

[5] 刘磊．浅谈城市倡导规划与生态城市规划的实现方法[J]. 黑龙江科技信息，2009，(28)：封三．

[6] 杨帆．让更多的人参与城市规划——倡导规划的启示[J]. 规划师，2000，(5)：62-65.

内部达成协同，互相配合编制最优化的方案；规划的政策决策还需要进行社会协同，即规划部门与其他部门、社会团体等外部的思想行动协同，完成政策的合法化过程。按照协同对象和协同内容可以分为 5 个层次，分别为技术协同、思想协同、行动协同、行政协同和社会协同。技术协同是最基础的层面，主要为规划技术和理念的内部协调，规划技术负责人和编制技术人员以及专家之间都需要充分的沟通，形成一致的规划理念和技术方案。各技术工种之间也需要密切配合，协同一致，形成互相支撑的统一的技术方案。思想协同主要指规划思想的对外传播扩散，多元社会价值观下的对规划理念的认识需要进行价值沟通，统一思想，达到协同一致的思想状态；行动协同指在思想统一的前提下，还必须达成步调一致的行动，特别是具体的城市建设活动中，有很多需要协同的建设行为；行政协同指政策执行过程的协同，特别是政府部门之间贯彻政策的目标任务、推进策略以及监督考核指向等也需要协同，比如推进新型城市化的战略需要发改部门和农业部门以及其他规划、建设、产业部门政策的协同，推进战略行动方向一致，尽管每个部门可能有各自的职责和目标，但是政令一出，都要按照最高行政指令协同行动，以达到最佳政策绩效。社会协同指社会各个子系统的协同运转，各主体对城市发展建设目标的高度认知，利益集团和社会组织能够自觉依据规划指引行动。规划部门也需要做好规划思想的宣传，规划咨询的社会分享，争取获得最大多数的社会力量的支持，实现规划决策的民主化和合法化。

2. 公共治理

20 世纪 90 年代以来，“治理”（Governance）日益成为公共管理的热点研究主题，在公共管理领域，治理一词在很多地方取代了公共行政和政府管理。Governance 一词也被香港学者翻译为“管治”，实与“治理”一致。1989 年世界银行首次使用治理危机一词，学者们对公共治理的定义尚未统一。“治理”的定义有多种，有人认为治理是“在管理国家经济和社会发展中权力的行使方式”；有人认为治理是“确定如何行使权力，如何给予公民话语权，以及如何在公共利益上做出决策的惯例、制度和程序。”[1] 相对较为广泛认同的是全球治理委员会在《我们的全球伙伴关系》的报告中的定义：“治理是各种公共的或私人机构管理其共同事务的诸多方式的总和。”[2]

西方国家研究“治理”的背景是经济由传统的福特主义转向后福特主义转型，大政府带来行政效率低下的问题，20 世纪 70 年代末西方各国开始质疑官僚行政的有效性，关注公共部门对公众的回应能力。[3] 此外，全球化和分权化的社会趋势极大地改变了公共管理的生态环境。全球化使得世界经济生产方式的空间特性发生彻底变化，经济活动组织结构是多元、分散、网络型的，经济管理强调控制和协调。同时，社会关系日益复杂多变，社会主体相互依存度提高。西方国家重新探讨适应其民主政治要求的新管理模式。

[1] 宋茵 . 我国政府决策机制优化研究 [D]. 西安：长安大学，2012.

[2] 孙施文 . 关于城市治理的解读 [J]. 国外城市规划 [J]. 2002，（1）：1-2.

[3] 顾朝林 . 发展中国家城市管治研究及其对我国的启发 . 城市规划 [J].2001，（9）：13-19.

再通过辨析“治理”和“统治”的概念，进一步深入理解治理的内涵。治理与统治都需要借助公共权力维持社会秩序和处理公共事务，但二者在实现公共利益的过程上不同。[1]

统治和治理的区别　　表 2-2

比较项目	统治	治理
管理的主体	政府	政府、企业、社会团体、个人
管理的客体	公共问题，公共资源	对象更多，范围更广，除了公共问题外还处理人群较少的集体事务
管理的手段	强制性方式	协商性方式
管理的机制	依靠政府的权威，官僚组织自上而下单向度的管理	网络制衡管理，由公共行动者在互动过程中的非强制性权力协作
管理的重点	强调国家和官僚组织	以满足公民的需求为出发点，强调政府、市场、公众的合作

公共治理主体不限于政府，包括社会组织、非政府组织、企业组织、个人等，为社会和经济问题的公共事务进行协商对话，过程中存在一定的权力依赖。治理不是无政府，而是强调各种机构团体的合作，共同的管理。治理强调过程，治理的建立以合作协商为基础；治理既包括迫使人们服从的正式制度和规则，也包括各种非正式的规则[2]。

公共治理的模式有三种（任声策，陆铭，尤建新，2009）[3]：多层级治理、多中心治理和网络治理。多层级治理主要描述区域、国家、地区和地方政府之间的合作协商模式；多中心治理主要描述政府与市场、公共组织和社会个人的关系，如王锡锌、章永乐研究的专家和大众在中国行政规则制定过程发挥的作用和影响[4]。网络治理是网络组织理论与治理理论结合的结果，围绕治理中主体间相互关系等方面的问题展开研究。孙柏英、李卓青（2008）专门讨论了政策网络治理模式，认为网络提供了行动者之间的互动及利益协调框架，人们在网络中互相尊重和共享学习而受到激励。[5]

西方的理论和实践有借鉴意义，但是，治理是实践性极强的领域，中国的治理实践经验需要认真总结，中国需要结合自身实践的特殊理论视角。中国共产党十八届三中全会明确提出全面深化改革总目标是完善和发展中国特色的社会主义制度，推进国家治理体系和治理能力现代化。[6] 即建立管理国家和公共事务的制度法规，并运用一系列制度管理社会公共事务的治理能力。

[1] 蔡全胜．治理：合作网络的视野 [D]. 厦门：厦门大学，2002.

[2] 滕世华．全球治理进程中的政府改革 [J]. 当代世界社会主义问题，2002，(2): 76-89.

[3] 任声策，陆铭，尤建新．公共治理理论述评 [J]. 华东经济管理，2009，(11): 134-137.

[4] 王锡锌，章永乐．专家、大众与知识的运用——行政规则制定过程的一个分析框架 [J]. 中国社会科学，2003，(3): 113-127.

[5] 孙柏英，李卓青．政策网络治理：公共治理的新途径 [J]. 中国行政管理，2008，(5): 106-109.

[6] 中国共产党十八次全国代表大会报告 .2013.

正确处理政府与市场、政府与社会的关系，由指令性型的控制管理模式转变为治理型的协商合作模式。[1] 推动政府与公民对公共生活的合作管理，建立政府与公民之间的合作与互动关系。[2]

但是，我们也要辩证地看到，治理并不是万能的，治理注重进行横向协调及协商规范，但缺少通盘权衡。勒卡认为，治理无法考虑政治权力的特殊性。正如科林所说，技术治理在短期内可以改进某些领域的政策实施，但从长期看，它不大能够解决社会及经济等治理危机[3]，尤其对于像中国这样的发展中国家，政府对社会资源分配的控制还是十分必要的。因此，在城市规划领域引用"治理"理论，需要平衡政府和非政府的权力，合理控制政府权力的使用强度和方向，引入非政府组织共同参与到城市规划事务的决策管理，政府承担着建立指导社会主体行为准则的重任，规划的公共服务属性和规划产品的公共利益特性，强调政府与公共部门和私人部门之间的合作互动。规划政策的制定过程不能偏废政府在政策制定过程中的主导作用，也不能忽视私人部门的作用。寻求计划与市场结合、集权与分权结合、正式组织与非正式组织结合，即不同于政府管理视角的新公共管理和善治的途径，也不同于公民社会的自组织网络途径，而是"合作网络治理途径"，即非政府部门与政府部门联结为网络关系，就共同关心的问题采取集体行动。[4] 这个定义承认一个负责、高效、法治的政府对治理的重要意义，又确立了多中心的公共行政体系论，政府与其他主体是平等伙伴关系，需要通过对话协商管理规划事务，合作网络治理途径综合考虑了政府和非政府主体的资源和能力。

在价值观多元的社会环境，针对发展的矛盾和不确定性，规划的政策制定过程应当允许社会各方进行谈判、讨价还价，经过沟通的规划才能真正达成共识，在沟通过程中，社会积累了理解、信任、包容、协作，社会治理能力得以提升。

2.1.5　基础理论的体系化梳理

理论的体系化梳理是要提供一个能够将几个关键要素和分析工具整合在一个体系中的框架，以便能形成对事物的合乎逻辑的把握，凝练成一个简明有效的理论解释框架，前文引介的政策理论和决策理论提供了认知研究对象的理论基础，即从政策视角考察规划决策咨询过程，认识政策制定过程涉及的要素和环节的影响机制。社会协同理论则揭示了系统间协调对效率影响的原理；公共治理理论阐述了政府、市场和公众对公共事务共同管理的理论基础和模式。而传播和沟通理论关于社会行为机制的解释理论则提供了剖析决策咨询活动中主体互动行为的理论解释。

基于研究主题，并以这些理论概念为基础，构建出分层次的理论体系。

---

[1] 周红云 . 社会资本与社会治理——政府与公民社会的合作伙伴关系 [M]. 北京：中国社会出版社，2010.

[2] 胡祥 . 近年来治理理论研究综述 [J]. 毛泽东邓小平理论研究，2005 (3)：25-30.

[3] 张京祥，庄林德 . 管治及城市与区域管治——种新制度性规划理念 [J]. 城市规划，2000，(6)：36-39.

[4] 史伟锋 . 政府治理理论研究综述 [J]. 江西行政学院学报，2008 (11)：19-21.

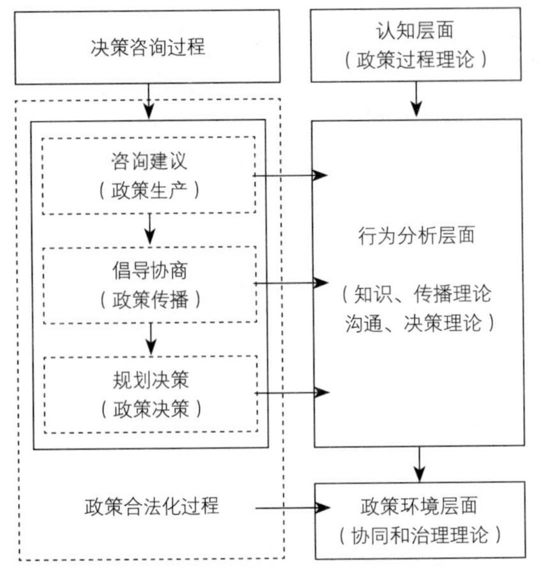

图 2-2 对规划决策咨询活动的理论解析关系示意

第一层次:认识论层面。从政策视角重新认识城市规划决策咨询活动,基础理论工具是"政策理论",用政策过程理论全面考察规划政策制定过程的环节,政策转化的关键影响要素。

第二层次:行为分析层面。运用传播、沟通和公共选择理论剖析规划决策咨询活动过程中的参与主体行动逻辑以及主体间的互动机制。

第三层次:政策环境层面。用协同和治理理论分析规划决策的"社会协同"过程。

通过这样三个层次的理论解释框架,能够还原规划决策咨询有效运行的内在逻辑过程,即咨询建议从产生到生效的全过程:生产-传播-决策。

2.2 规划决策咨询案例的经验研究

2.2.1 从咨询活动运行层面进行跨案例研究

以规划决策咨询建议是否被决策采纳作为评判有效与否的标准。本课题选择了6个案例,有效的案例有A1-A4:日照市城市总体规划(1992年编制)、日照市万平口海滨公园规划控制及实施(1992-2005年)、宁波轨道交通线网规划及实施(2001-2008年)、宁波第一次战略规划(2001年);失效的案例有B1-B2:宁波第二次战略规划(2011年)、宁波三江口公园及新江桥规划咨询(2011年)。通过同类案例比较和正反案例对比研究,来分析决策咨询有效性的影响因素和关键环节。具体案例详细情况见附录B、C、D,这里展示主要内容。

从5个层面梳理规划咨询活动生效的相关层面,分别为技术基础、知识共享、沟通协调、社会协同、外部环境。并且就5个层面分别选择了一些可比较的指标,如评审会议次数、专家和技术人员职称、部门会议、公众参与次数,据此给予量化评价基础(具体参见附录F),得出相对客观的比较结果,根据结果去探究为什么失效?为什么有效?找到关键的影响因素。

规划决策咨询案例的基本情况 **表 2-3**

项目编号	咨询项目案例名称	编制单位	影响决策有效性	主要决策机构和决策者	参与决策部门和个人	决策模式
A1	日照市总体规划钢铁厂选址(1992)	中国城市规划设计研究院	有效。 修正了原来的选址决策,保证了城市健康发展的空间	党委政府(市委书记、市长)	城建市长 编制单位专家 国内规划专家	首长负责制权威决策

续表

项目编号	咨询项目案例名称	编制单位	影响决策有效性	主要决策机构和决策者	参与决策部门和个人	决策模式
A2	日照市万平口海滨公园规划控制及实施（1992-2005）	中国城市规划设计研究院、北京林业大学深圳分院、美国规划师协会	有效。 滨海公共岸线很好地得到控制，10年后开始建设开发，现在成为城市地标区域，奥林匹克公园	党委政府（市委书记、市长）	城建市长 建委主任 美国规划专家	委员会制决策（2003年成立规划委员会）
A3	宁波轨道交通线网规划（2001）	北京中城捷轨道咨询有限公司、宁波城市规划设计研究院	有效。 推动宁波做出建设轨道交通的政策决策	党委政府（市委书记、市长）	规划局长 国内技术专家 编制单位专家	首长负责的集体决策
A4	宁波第一次战略规划（2001）	中国城市规划设计研究院	有效。 引导宁波大都市的空间结构优化、提出建设东部新城；指导总体规划修编，做大经济总量，拉开城市框架的建议很好地得到贯彻实施	党委政府（市委书记、市长）	规划局长 编制单位专家 国内规划专家	首长负责的集体决策
B1	宁波第二次战略规划（2011）	中国城市规划设计研究院	失效。 由于城市决策者调任，战略规划思想缺乏充分的传播。总体规划修改调整内容衔接不够紧密。市域空间结构得到贯彻	党委政府（市委书记、市长）	编制单位专家 国内规划专家	首长负责的集体决策
B2	宁波三江口公园及新江桥规划咨询	美国、荷兰、西班牙等多家境外设计公司、宁波市规划设计研究院	失效。 由于规划咨询建议未能与建设实施及交通管理部门达成一致意见，最终决策者采取保守方案，未采纳规划局提出的建议	市政府（市长）	国外规划专家 其他部门领导 交通专家	首长负责的集体决策

1. 技术基础层面

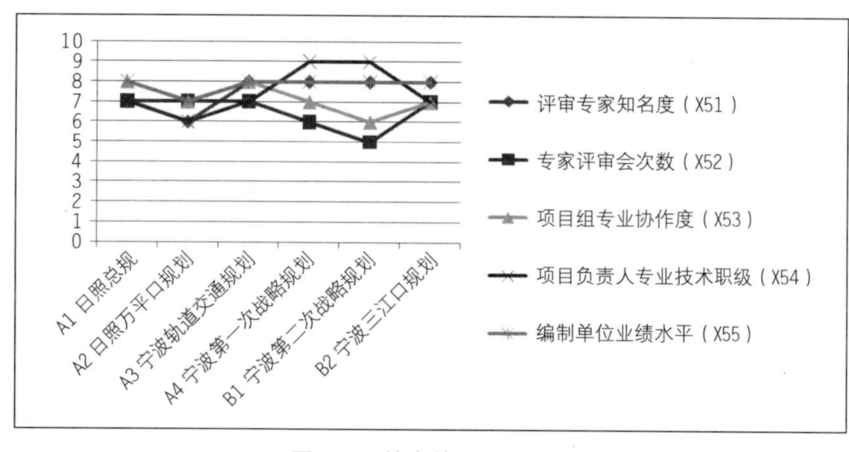

图 2-3　技术基础层面比较

比较结果显示：技术基础层面无论从编制单位水平、项目负责人专业技术水平，还是专家评审会议次数和评审专家知名度的角度看，6个案例专业技术水平接近。一方面反映了我们规划领域技术理性的特征，始终追求技术最优化。另一方面，也说明了技术基础并不是影响决策结果的唯一决定性因素。

2. 知识共享层面

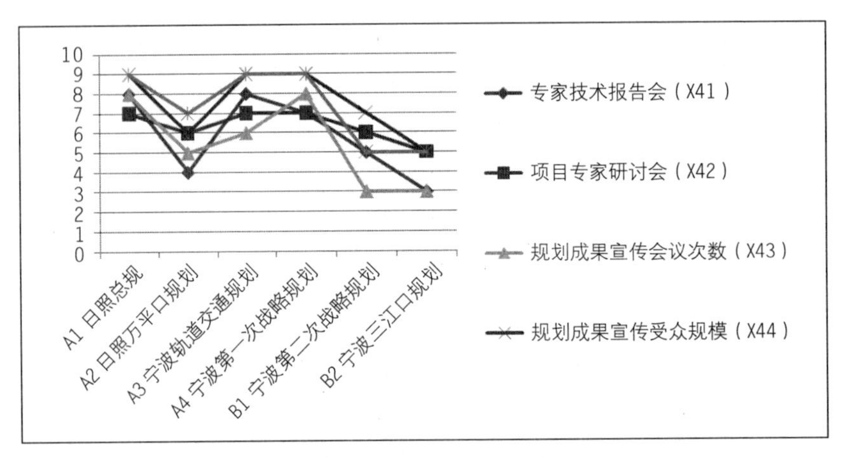

图 2-4　知识共享层面比较

比较结果显示：知识共享层面与参与规划学习的领导级别和人数规模相关；有效案例日照总体规划和宁波第一次战略规划都很好地进行了规划思想传播，成果宣传会议次数多，规格高，规模大，参会领导级别高，对规划思想的宣传效果有很大影响。专家报告会也是很有效的宣传规划知识和规划思想的形式。

3. 沟通协调层面

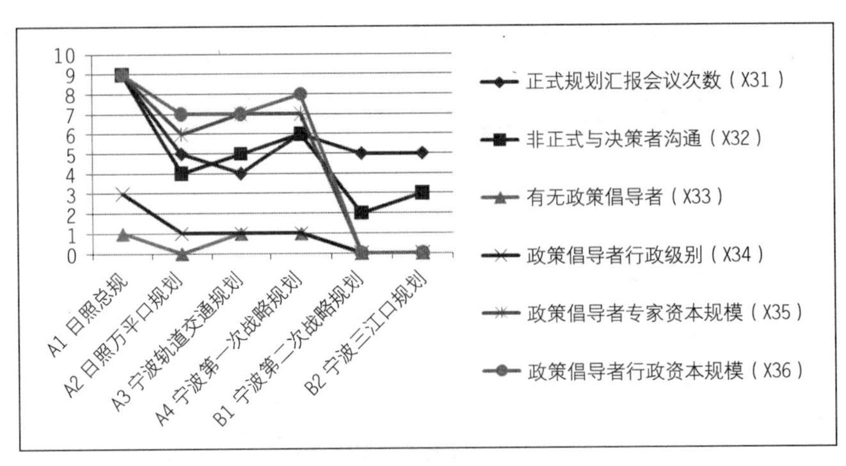

图 2-5　沟通协调层面比较

比较结果显示：沟通协调层面最大的区别是有无政策倡导者，有倡导者的规划咨询都有效，反之无效。而且政策倡导者的社会资本规模也有重要的影响力，与决策者沟通形式也有较大差别，有效的案例都较无效案例有非正式沟通。可见，沟通协调的主要推动者是政策倡导者，倡导者的社会资源影响力，沟通的形式对沟通效果有重要影响。

4. 社会协同层面

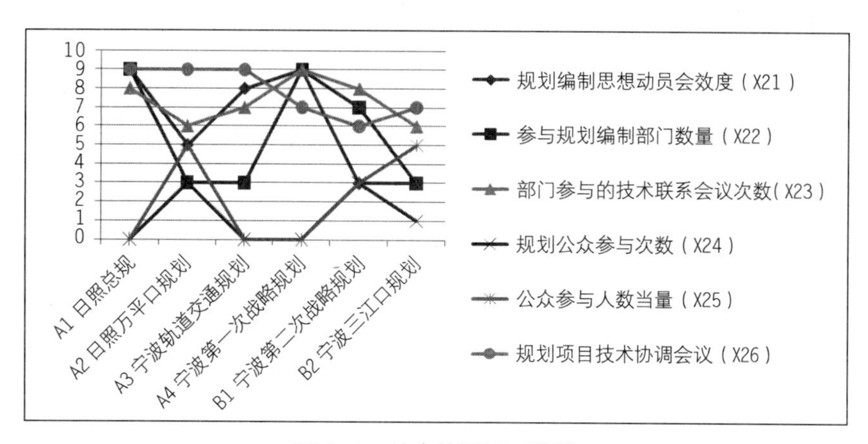

图 2-6　社会协同层面比较

比较结果显示：部门在社会协同中的地位和影响力十分突出，有效的案例都与部门开展了深度协作，部门直接负责规划专题研究，或者深入参与规划编制技术讨论，编制过程中的沟通协调次数较多，讨论问题较为深入，最终对问题的认识容易达成一致。但是，与之对比的是，公众参与的规模次数与最终结果没有直接相关性，失效的案例也开展了规模不小的公众参与，但是对决策结果影响不大。这说明了目前我国规划领域的公众参与还没有发挥真正的决策影响力。

5. 外部环境层面

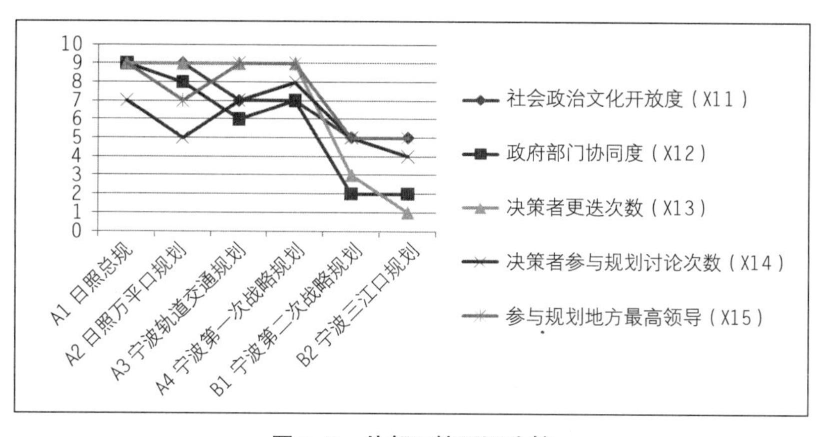

图 2-7　外部环境层面比较

比较结果显示：社会政治文化的开放度和决策者个人对咨询结果影响力最大，参与规划的领导行政级别越高，越重视城市规划，参与规划讨论次数较多，对规划咨询的影响越大，这一方面说明了现阶段决策者仍然是规划决策最大的影响力量，同时，也看到积极与决策者沟通协调的机会增大，如何提高沟通效果是规划师需要努力改善的方面，如果做好规划的思想价值沟通，也有利于规划咨询发挥效力。社会政治文化的开放度体现为社会对规划的尊重、理解与包容，尊重专家，重视技术的城市社会环境，有利于城市规划咨询发挥作用。

6. 综合评价

根据综合得分排序（见附录F），按照从高到低的顺序排列为：日照市城市总体规划 > 宁波第一次战略规划 > 宁波轨道交通线网规划及实施 > 日照市万平口海滨公园规划控制及实施 > 宁波第二次战略规划 > 宁波三江口公园及新江桥规划咨询，与定性判断的有效和失效案例吻合。进一步通过同类案例比较和正反案例对比研究，能够归结出决策咨询有效性的关键影响因素。

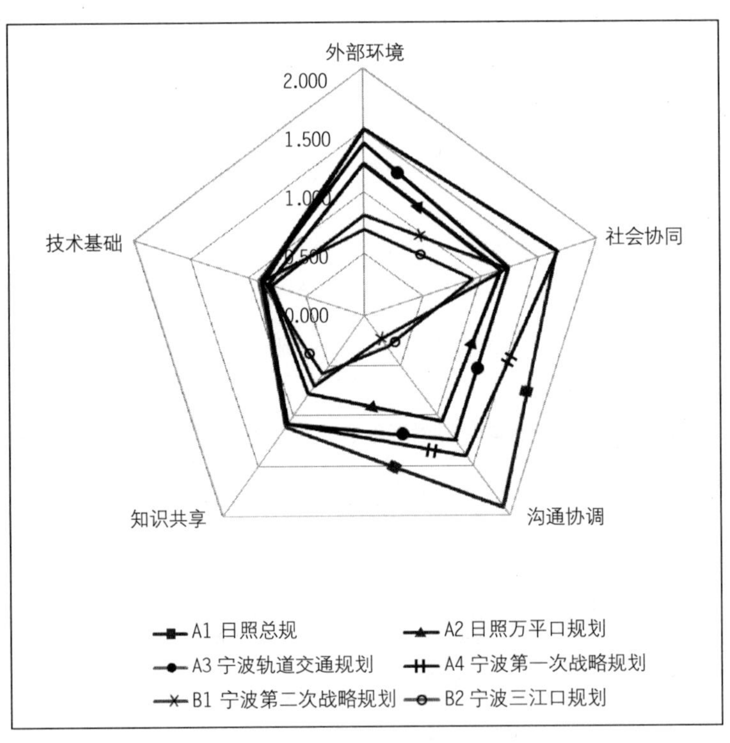

图 2-8　规划决策咨询案例效果比较

成功的决策咨询案例共同的特点是沟通协调工作做得有效，取得较好的社会协同效果；相反，失效的案例都是在这些环节出现问题。而外部社会环境也是重要的影响因素，特别与决策者及参与决策的部门协调和行政协作的开放度密切相关。在技术基础和知识共享方面，成功与失效案例的绩效差距不是很大。通过5个一级指标的权重运算结果，也显示了沟通协调和社会协同环节的重要性。

2.2.2　从影响因素作用效果角度进行比较研究

根据上述案例 5 个层面的分析比较，得到了影响决策咨询效果的宏观层面的认识，即知识共享、沟通协调、社会协同层面对结果有重要影响作用。

下面将几组案例作进一步比较，研究这个层面之下的关键要素，通过对决策链中相同要素和不同要素的比较，进一步深入认识规划决策咨询有效运行的关键要素作用效果。

规划决策咨询的几组案例研究的重点　　表 2-4

第一组类比研究	第二组对比研究	第三组对比研究
A1：日照总体规划	A4：宁波第一次战略规划	A2：日照万平口滨海地区规划
A4：宁波第一次战略规划	B1：宁波第二次战略规划	B2：宁波三江口核心区规划
研究重点：分析决策链中的关键人和事，通过相同要素和不同要素比较，分析归纳出规划决策咨询有效运行的关键要素和关键环节。		

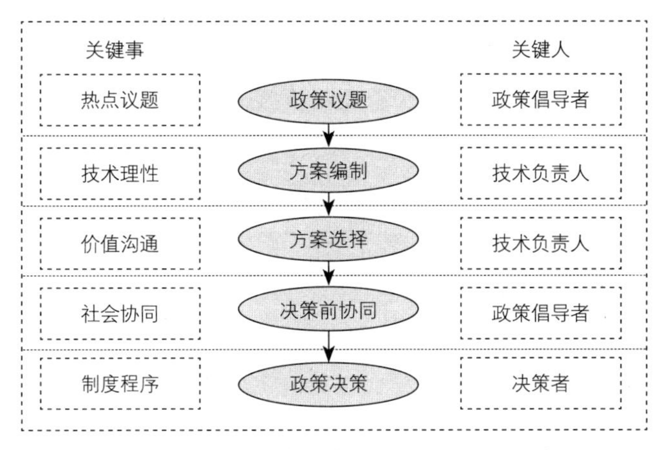

图 2-9　规划政策决策链中关键人和关键事

1. 第一组类比研究

类比案例：日照市城市总体规划（1992 年）和宁波第一次战略规划（2001 年）

案例基本情况：都是成功的决策咨询案例，对决策产生了重要影响。日照总规重新论证了钢铁厂的选址，修正了原来已经确定的决策，调整了钢铁厂位置，保住了日照建设海滨花园城市的生态环境优势，20 年后，取得显著城市建设成就。宁波第一次发展战略规划提出了构建大都市框架的战略思想，具体建议启动建设轨道交通项目和搬迁行政中心，建设东部新城，这两项建议都得到贯彻实施，发挥了重要的规划引领作用。

表 2-5 分别从决策咨询工作的技术基础、工作程序和方法以及关键环节和影响因素（包括

决策者重视程度、政策倡导者、外部环境、规划宣传、专家支撑、部门互动、公众参与）具体描述案例实践过程。

案例基本情况　　　　表 2–5

		A1：日照市城市总体规划（1992 年）	A4：宁波第一次战略规划（2001 年）
技术基础		编制单位为中国城市规划设计研究院和日照市建委。技术方法以理性分析和系统研究为主	编制单位为中国城市规划设计研究院，联合北京大学等做了 8 个专题。技术方法以理性分析和系统研究为主
工作程序和方法		工作组织以政府组织、专家领衔为主，部门合作较为深入，没有公众参与。规划编制经过现状调查、方案编制与初步审查、部门征求意见、专家审查，最后提供市政府决策	工作组织以政府组织、专家领衔为主，部门合作较为深入，公众参与不多。规划编制经过现状调查、方案编制与初步审查、部门征求意见、专家审查，最后提供市政府决策
关键环节和影响因素	决策者重视程度	高度重视。市委书记、市长多次听取汇报，城建副市长全程参与规划编制	高度重视。专家审查会议市委书记全程参加。规划局长全程参与规划编制
	政策倡导者	城建副市长	规划局长
	外部环境	社会政治环境好，高度重视规划。总规组织动员到位，上下思想统一。决策者尊重专家、尊重人才，高度重视专家建议	外部环境高度整合。进行了很好的组织动员，召开 4 次领导小组会议，与总体规划修编密切衔接，社会各界比较关注规划，由于市主要领导的重视，带动部门县区也高度重视，参与态度热情积极
	规划宣传	邀请多次专家讲座，对全市领导干部普及规划知识，获得建设部领导专家的支持，参与钢铁厂选址论证工作。市领导参与规划，主动听取汇报，善于听取专家意见；部门沟通也较为顺畅	开展了多种形式的宣传，与市领导通过听取会议汇报、中心组专家讲座、非正式会议汇报等形式多次沟通。部门通过合作统一规划思想，社会大众通过媒体报纸获得规划信息
	专家支撑	建设部专家领导大力支持。多次专家研讨会、评审会	建设部领导专家，全国知名规划专家参加 2 次评审会。多次专家研讨会、审查会
	部门互动	认真走访各部门。当时，其他部门参与规划还处于被动状态。规划主要与计委、港务局沟通互动较多，落实计委重大项目	主要专题由部门参与共同编制，规划思想在编制过程中多次与部门沟通
	公众参与	当时没有公众参与	报纸进行公众告知

案例分析：上述两个案例有什么共同的成功要素？

从图 3–9 可见，这两个成功案例有较多的共同要素，首要是规划思想的社会共享程度较高，进行了有效的思想价值沟通；其次是规划决策的外部环境整合较好，形成了很好的社会政治生态环境，为规划思想取得了社会共识奠定基础，社会协同的效果明显。

第一，规划思想的社会分享较为充分。

日照市城市总体规划从开始修编的动员大会开始，组织了 10 多次的专家报告会和研讨会，日照总体规划在方案编制过程中影响并修正了钢铁厂选址，优化了城市格局，专题对钢铁厂选址的问题进行方案研究，专家咨询，并多次向市领导汇报，说服决策者改变观念，最终修正了决策。

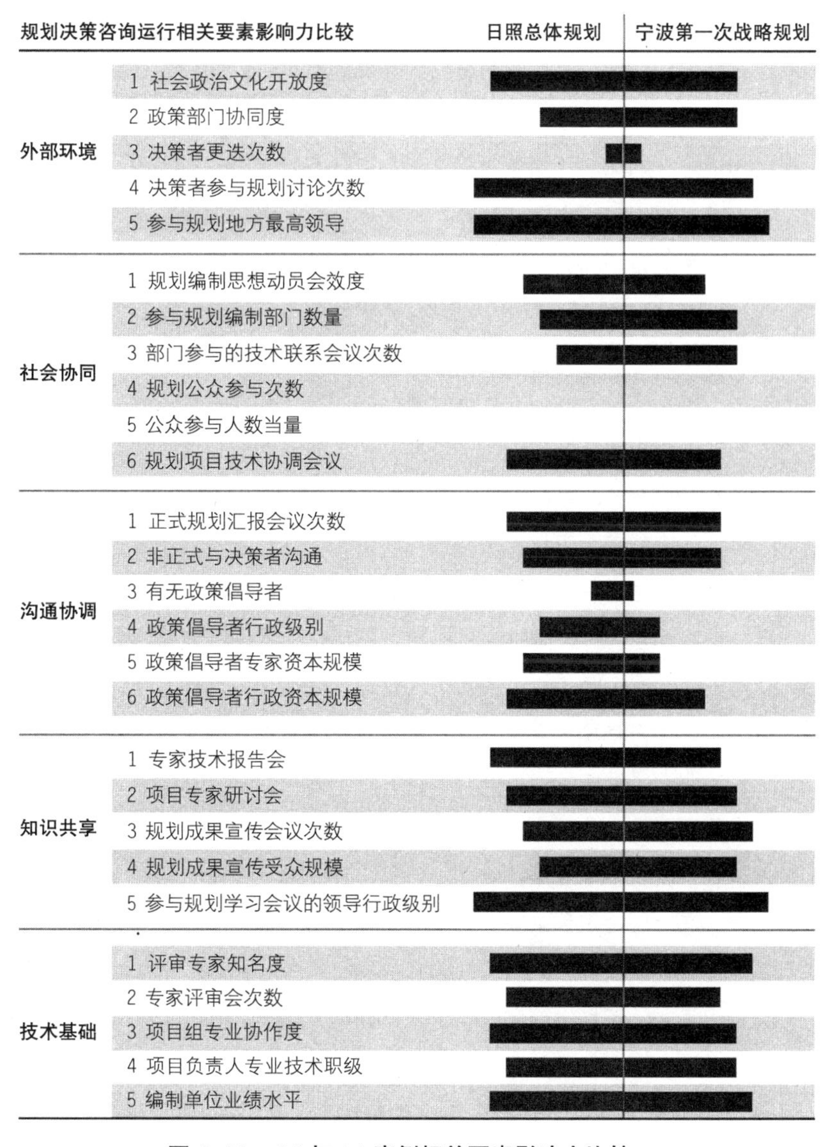

图 2-10　A1 与 A4 案例相关要素影响力比较

总体规划的主要内容在编制过程中已经向部门和决策者广泛传播，规划的专业知识也在多次的专家讲座和报告中分享，潜移默化地扩散到社会中。首要是政府行政机构的领导和工作人员接受了规划思想，逐步理解了规划理念，进而认同规划方案。

宁波首轮战略规划也是进行了充分的规划思想传播，战略规划的启动就召开了全市所有部门参加的思想动员会议，引起全社会的关注。在项目编制过程中，首先邀请专业部门一起合作，将规划思想在编制过程中就进行了沟通和分享。组织召开了多次专家研讨会，请决策者一起讨论行政中心选址等重大问题。最关键的是在成果宣传阶段的大力推广，战略规划成为市委扩大会议的学习材料，专题讨论，深刻领会规划思想。市委书记的高度重视，全程参加学习，引领县市区各级领导的重视和响应，实现了全社会的总动员，规划思想得到充分的社会分享。

第二，规划思想的价值沟通过程有效。

思想观念和价值观的认同才是真正的认同，规划的政策转化过程中规划思想的价值沟通更为关键。对于决策者、部门行政人员、社会公众来讲，不同的参与决策主体都有各自的价值观，有着对于城市发展问题自己的见地，或者这些观念是相同的，或者是不同的，大多数情况存在差异，这时候，规划师如何与所有主体进行价值沟通，这需要态度、能力和技巧。从这两项成功案例来看，规划师都进行了有效的价值沟通。以日照案例为例，一开始决策者认为钢铁厂对日照来说十分重要，是经济发展的重要基础行业，而且省计委已经同意了初步的选址意见。面临这种情势，城建副市长带领的总规编制小组从城市长远发展角度，本着对历史负责的精神，还是明确提出钢厂的负面影响，以及选址的不当之处，这首先是态度问题，积极的、负责任的态度才会有积极的行动。紧接着的沟通协调工作就是看工作方法和技巧。首先总体规划项目组做好方案比较的工作，深化了5个选址方案研究，进行有理有据的理由阐述，并且给出解决问题的妥善方案，供给决策者进行选择。技巧方面有两点：一是借助专家领导力量，先后邀请建设部领导和专家进行论证，提出客观评价，从第三方的专家角度影响决策。二是非正式途径的沟通汇报，城建副市长专门就这个钢厂问题与市委书记进行辩论，大家把立场观点讲出来讨论，决策者首先必然看到的是直接的经济利益，带来的就业岗位的增加；规划师则看到了长远的生态环境优势，城市发展的核心竞争力；看到了钢厂带来的城市污染，而且钢厂还会附带来物价问题，引发的对近海水产养殖的影响问题，这些并不全是有利于城市经济发展的方面。并且，钢厂属于央企，税收上交国家，对于城市的直接贡献十分有限。经过城市规划师的一系列分析，逐渐引起决策者的反思和深思，再加上专家的建议，决策者最终改变了决策，认同了规划师的思想观念和技术方案。

第三，政策倡导者的积极态度和社会资本起到很大作用。

在这两则案例中，从政策过程的视角来看，都会发现有一个重要的角色：政策倡导者。在日照案例是城建副市长，是副市长首先提出要重新论证已经获得批文的钢铁厂选址，之后的坚持和努力也是取得价值沟通成功的关键。副市长还是与决策者对话的直接行动者，说服城市决策者改变决策。在宁波案例中是规划局长，从战略规划的发起到总体规划的修编，都是规划局长一直在积极推动。他看到了宁波城市即将进入大都市的发展阶段，城市发展需要明确新的战略目标方向，因此，邀请中国城市规划设计研究院开展城市发展战略研究。同期还开展了宁波市轨道交通线网规划，这些战略性、前瞻性的建议都是责任心所致。“规划师对城市发展负有历史责任，为城市发展提供科学的参谋建议，规划可以大有作为”，是他的口头禅。正是这些恰当其时的政策建议的提出，推动了宁波轨道交通的建设决策和东部新城的启动，对宁波迈向大都市走出关键的一步。

此外，还有一个共同的因素是两位政策倡导者都是建设部派出来的技术干部，具有很强大的社会资源。有些决策需要获得上级行政主管部门的支持和专家的技术支持。日照总规过程中多次邀请专家做技术讲座，钢厂选址论证过程中，技术专家的支持起到决定性的作用。宁波战略编制过程中编制单位的专家团队和审查阶段的全国知名专家的参与；轨道交通线网规划的顺利开展与北京轨道专家的大力支持密不可分。特别是城市规划专业技术知识的普及和传播，给市政府领导的汇报都是依靠编制单位技术专家的知识权威。

第四，外部社会环境整合有利于规划的社会协同。

社会环境和制度是政策的背景舞台，对政策决策具有重要影响作用。特别是规划方面的决策更是需要良好的社会政治环境。如果社会不信任规划，领导不尊重专家，那么再好的规划思想建议也得不到支持，难以发挥政策的作用。在日照案例中，领导非常重视规划，尊重专家意见，决策者和参谋者建立了很好的信任关系，这是思想价值沟通的前提基础。而且，日照市的社会政治生态环境也非常有利于建立规划共识，社会普遍认为规划有用，规划对经济社会发展起到积极的作用。在政府行政部门中，规划的地位也相当重要，形成了关心规划、重视规划、尊重规划的良好风气。宁波在首轮战略规划的时候，市委书记也高度重视规划，带动了部门和社会的重视。书记担任城市发展战略规划领导小组组长，对规划成果宣传也十分重视，亲自主持市委中心组理论学习，专题学习《城市发展战略规划》，这一时期形成的良好的社会环境，非常有利于规划思想的社会传播，有利于规划的社会协同工作开展。

小结：这两个同为成功案例的研究说明，规划思想的社会协同程度决定了决策咨询的效用结果，社会协同包括规划知识的社会共享和有效的价值沟通两个方面。那些因素影响到知识共享和价值沟通效果呢？知识共享的首要基础是方案本身的技术理性，项目负责人的技术权威，其次是规划知识的宣传力度，技术讨论和专家讲座都是很好的分享形式，规划的知识共享过程也伴随着规划思想的价值沟通。有效的价值沟通需要富有负责心的政策倡导者，政策倡导者在上级行政主管部门行政人脉资源和专家技术资源网络规模越大，其影响决策的能力越大。规划思想向决策者传播要充分到位，专家是可以借助的重要外部力量；同时，外部社会环境要整合，重视规划，尊重专家的社会政治文化环境是重要基础。

2. 第二组对比研究

对比案例：宁波第一次战略规划（2001）和宁波第二次战略规划（2011）

案例基本情况：两次发展战略规划都是同一家编制单位编制，对决策产生了的影响程度确不一样。宁波第一次发展战略规划提出了构建大都市框架的战略思想，具体建议启动建设轨道交通项目和搬迁行政中心，建设东部新城，这两项建议都得到贯彻实施，发挥了重要的规划引领作用。第二次战略规划提出了城市品质是竞争力的核心，提出建设“山海宜居城市”目标；空间上强调整合，规划内容加强可操作性，提出实施战略目标的具体行动计划。在规划技术上，第二次战略规划相比更为精湛，但是，由于规划宣传和政府决策层的人事变动等等原因，这些策略建议的执行打了折扣，规划的战略引领作用发挥不足。

A4与B1的对比研究 **表2-6**

		A4：宁波第一次战略规划（2001）	B1：宁波第二次战略规划（2011）
技术基础		编制单位为中国城市规划设计研究院，联合其他科研单位如：北京大学等做了8个专题。技术方法以理性分析和系统研究为主	编制单位为中国城市规划设计研究院，联合其他科研单位如：北京大学、香港大学、东南大学、长城战略经济咨询公司、世联地产咨询公司等多家单位做了12个专题。技术和研究方法更为成熟完善，空间分析还采用空间句法技术
工作程序和方法		工作组织以政府组织、专家领衔为主，部门合作较为深入，公众参与不多。规划编制经过现状调查、方案编制与初步审查、部门征求意见、专家审查，最后提供市政府决策	工作组织以政府组织、专家领衔为主，部门参与不够深入，公众意愿做了调查。规划编制程序基本一致：经过现状调查、方案编制与初步审查、部门征求意见、专家审查。只是，由于书记、市长调换等原因，最后没有进行政策决策
关键环节和影响因素	决策者重视程度	高度重视。专家审查会议市委书记全程参加	重视不足。专家审查会议主管城建副市长全程参加
	联络者	规划局长	规划部门
	外部环境	高度整合。进行了很好的组织动员，召开4次领导小组会议，与总体规划修编密切衔接，社会各界比较关注，由于市主要领导的重视，带动部门县区领导也高度重视，政府行政人员参与学习态度积极	未充分整合。部门组织动员不够深入，领导小组会议形式大于效果，规划思想只在意见征求会上有所表达，与部门、县区的沟通不深入。整体参与、信任规划的气氛不明显，认为2030年是过于长远的事情，参与态度不积极
	规划宣传	开展了多种形式的宣传，市领导通过正规会议汇报、市委中心组专家讲座、非正式会议汇报等形式多次沟通。部门通过合作过程形成统一的规划思想，社会大众通过媒体报纸获得规划信息	与市领导的汇报较少，都是正式会议进行的成果汇报。部门获得规划信息都在意见征求会上，2010年底前往宁波各市县区征求意见。社会大众通过网络和问卷获得规划信息
	专家支撑	北京建设部领导专家，全国知名规划专家	2010年9月29日举行的宁波2030城市发展战略研讨会，邹院士领衔的全国知名规划专家参会
	部门互动	主要专题由部门参与共同编制	部门没有参加专题编制
	公众参与	成果通过报纸进行了公众告知	组织了市民意愿的问卷调查，成果在规划局网站公示告知

案例分析：宁波前后两轮战略规划都是中国城市规划设计研究院同一个项目组编制的，而且，第二轮规划采用了较多的技术分析模型工具，从技术角度看有不小的进步，但是，为什么与首轮战略相比，第二轮战略规划的影响广度和深度不及第一轮战略规划?

深入分析产生不同结果的原因，主要有以下几个方面。

第一，决策者重视程度不一样。

首轮战略规划市领导高度重视，市委书记亲自担任规划编制领导小组组长，关心规划的编制进程，全程参加专家评审会，听取专家意见，认真听取规划部门的汇报和相关建议。在市委中心组织理论学习，组织专题学习发展战略规划内容，对规划思想的宣传起到重要推动作用。第二轮战略规划市领导明显重视不足，尽管启动战略规划的批示是市长办公会议决策的，但是后来市长调任到省里。因此，只有城建副市长一直关心过问此事，参加了专家评审会。战略规划编制完成

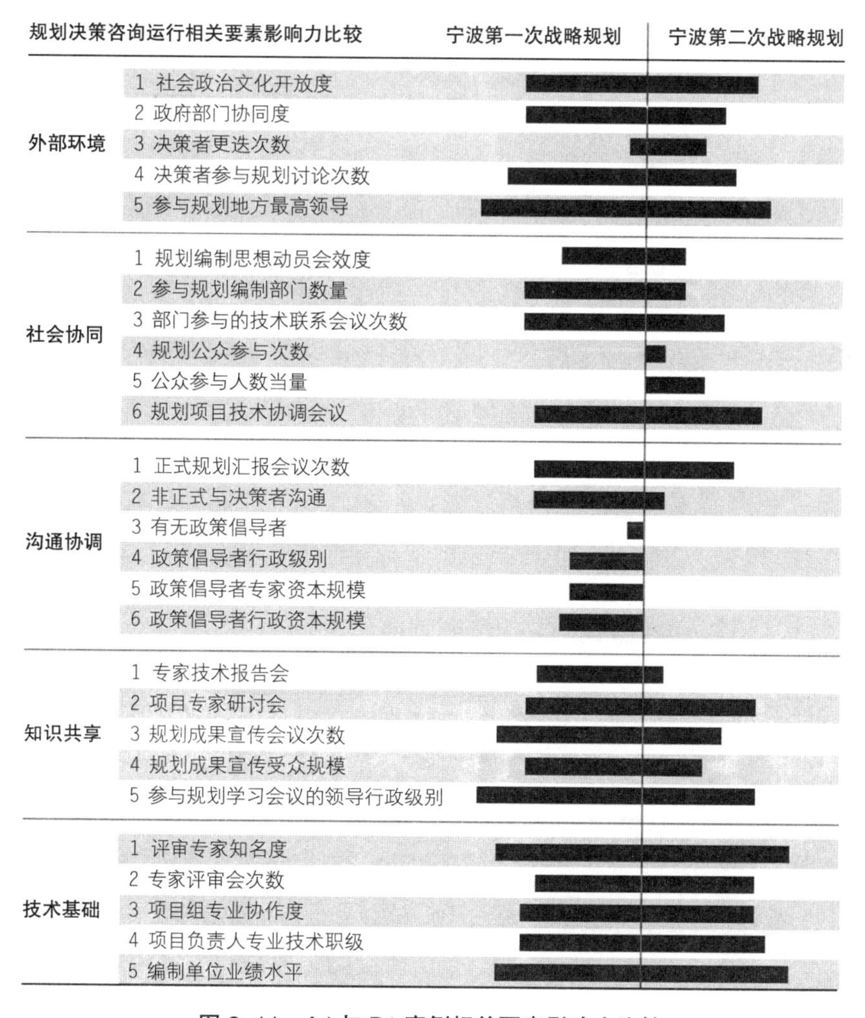

图 2–11　A4 与 B1 案例相关要素影响力比较

之后，规划部门一直未能找到向书记汇报沟通的机会，整个编制过程缺少与决策者小范围深入沟通思想的机会。直到 2011 年 12 月，战略规划成果向王辉忠书记参加的市委扩大会议做了专题汇报，但是，之前编制阶段一直是毛光烈市长主持参与的。在 2011 年到 2013 年的战略规划编制期间，宁波市委书记、市长换了两任，书记：巴音朝鲁、王辉忠、刘奇；市长：毛光烈、刘奇、卢子跃。规划思想信息传递缺乏连续性。

第二，部门的参与互动深度不够。

规划是一项社会实践，规划对城市的发展设想只有融入社会活动，才能成为现实。首轮战略规划经过广泛深入的社会动员，并且在市领导的带动下，各部门和县区、管委会政府高度重视规划，主动积极参与规划编制，发改委、交通委等主要部门直接承担了相关专题研究。而第二次战略规划的动员不够深入，部门和县区、管委会政府参与规划较为被动，专题编制是规划编制单位独立承担的，部门仅仅提供基础资料，对研究初稿提些建议，没有深入参与合作编制，形成了一种规划部门单独作战的局面，部门由于缺乏深入参与，对规划的理念和思想理解都不深，难以将战略思想落实到其他部门的专项规划中去。

第三，规划的社会动员程度不同。

战略规划对城市发展的引领作用必须通过形成政府决策才能发生作用。要支持规划，首先要了解规划，因此，规划思想的宣传非常重要。首轮战略规划能够发挥较好的作用与充分的规划思想传播有密切关系，当时，宁波市委中心组专题集体学习了《宁波市城市发展战略规划》，对统一各级、各部门领导的思想起到重要作用，之后，紧接着开展了总体规划的修编，发起了全市总动员。总规编制过程中，多次给各级政府、各部门汇报规划思路。在规划编制的过程中，实现了社会互动学习，对城市发展的理想逐步达成统一认识，最终才会在城市建设中形成自觉的贯彻行动。宁波首轮战略规划发挥作用另外一个重要原因是与总体规划的互相支撑，由于总体规划是法定规划，也是规划公共政策属性最强的规划，宁波首轮战略规划思想的社会宣传也是借助于总体规划编制过程完成的。

宁波战略规划和总体规划的工作时间序列 [1] **表 2-7**

时间	工作事项
2000 年 1 月	宁波市规划局委托中国城市规划设计研究院开展了《宁波市城市发展战略规划》的编制工作
2001 年 6 月	宁波市委中心组集体学习《宁波市城市发展战略规划》
2001 年 7 月	宁波市启动编制《宁波城市总体规划（2004-2020）》

第二轮战略规划缘起于宁波市城乡规划研究中心 2009 年 10 月开展的“宁波 2030 城市发展战略预研究”，并随后召开了有全国知名规划专家参加的大型战略研讨会，引起市领导的重视，之后，宁波市政府第 68 次常务会议决定，开展城市发展战略研究。2010 年 4 月 12 日，宁波市政府组织召开了第一次领导小组会议，第二轮战略规划研究正式启动。

为提高研究成果质量和水平，宁波市规划局于 2011 年 4 月组织召开了专家评审会，5 月份举行了第二次领导小组会议，于 2011 年 8 月提交宁波市政府审议。但是，由于市领导人事变动，直到 12 月底才向市委常委（扩大）会议作了全面汇报。最终的宣传和影响范围是市委扩大会议，远没有第一次专门组织的市委中心组理论学习的影响力大。

小结：这个对比案例说明了规划知识的传播和社会分享效果对决策结果起到决定性作用。尽管两次战略规划的编制技术水平相差无几，甚至第二次战略技术手段高于第一次战略规划。但是，由于规划知识和思想的传播沟通力度不同，规划知识的社会共享程度不同，造成了截然不同的结果。究其原因，首先，决策者是否重视规划对规划的传播效果有着重要的影响作用，决策者的重视能够带动社会和政府部门的共同重视，形成有利于规划思想传播的社会环境。其次，部门的参

[1] 赵艳莉；郑声轩；张卓如．从战略规划与总体规划关系探讨两者技术改革 [J]. 城市规划，2012（8）：87-96.

与互动对规划政策决策的形成也具有重要影响作用，部门是政府政令执行的机构，也是行业发展专项规划编制的主导机构，对城市发展的理想价值需要在专业发展规划中体现和落实，如果规划的社会分享与部门的协同没做好，规划成为规划部门的规划。第三，规划社会动员程度和效果对决策结果也有很大影响，同样做了思想动员，开会学习，但是如果传播的人群范围不一样，内容的宣传不到位，影响的范围和程度大不相同，结果也可想而知。

3. 第三组对比研究：

对比案例：日照市万平口海滨公园规划控制及实施（1992–2005）与宁波三江口公园及新江桥规划咨询的比较。

案例情况：两者同为城市中心地区的城市公园规划。日照案例坚守十年规划控制，最终成功实现规划目标。宁波三江口公园放弃了扩大滨江空间的理念，实施了保守的新江桥的建设方案。

A2 与 B2 的对比分析研究（成功与失败案例）　　表 2–8

		A2：日照市万平口海滨公园规划控制及实施（1992–2005）	B2：宁波三江口公园及新江桥规划咨询
规划咨询建议技术基础		编制单位为美国规划师协会组成的设计小组编制的概念规划。之后北京林业大学深圳分院深化详细规划设计	编制单位美国、荷兰、西班牙等多家境外设计公司、宁波市规划设计研究院深化交通工程设计
工作程序和方法		工作组织以政府组织、专家领衔为主。美国规划师协会规划师组织了公众参与。规划编制经过现状调查、方案编制与初步审查、部门征求意见、专家审查，最后提供市政府决策	工作组织以政府组织、专家领衔为主，部门合作一般，有公众参与。规划编制经过现状调查、方案编制与初步审查、部门征求意见、专家审查，最后提供市政府决策
关键环节和影响因素	决策者重视程度	高度重视。市委书记、市长多次主动听取汇报。从打造为日照的“金名片”的高度关注万平口地区	重视程度一般。专家审查会议城建副市长参加。对提升三江景观品质的总体理念上认可，但实际指导行动的价值观有分歧
	联络者	规划局长传播规划思想建议	缺乏传播规划思想的联络者
	外部环境	社会政治氛围好，社会组织动员充分，从 1994 年总体规划提出规划控制为市民共享的海滨公园，期间一直坚持规划理念，抵住开发诱惑，从市领导到部门的规划法律意识很强。2003 年成立规划委员会，对提高规划权威性有重要制度保障	外部环境不整合。建委、交通等部门有不同的想法，思想沟通不够深入，导致最终建设方案阶段思想难以统一，规划较理想的景观塑造理念难以得到贯彻，决策采取了保守的方案 规划决策制度不健全，当时还没有成立规划委员会
	规划宣传	采取全方位的宣传，通过报纸、电视进行规划宣传。在方案编制开始阶段就组织公众参与，请老百姓写出心目中期待的公园景象。市领导通过正式和非正式会议了解规划思想，部门参与规划较为深入	主要以会议和网络问计于民的形式进行规划思想的宣传。市领导和部门通过正规会议听取汇报，缺少非正式沟通汇报。社会大众通过网络平台参与规划方案评价和提出建议
	专家支撑	专家领衔编制，同济大学资深教授等全国景观规划专家评审	全国景观、规划专家评审会两次
	部门互动	部门参与比较主动，规划可行性提高	交通和建委等部门参与方案审查，方案编制过程的沟通不够深入，参与不多
	公众参与	有公众参与	有网络平台的公众意见征询

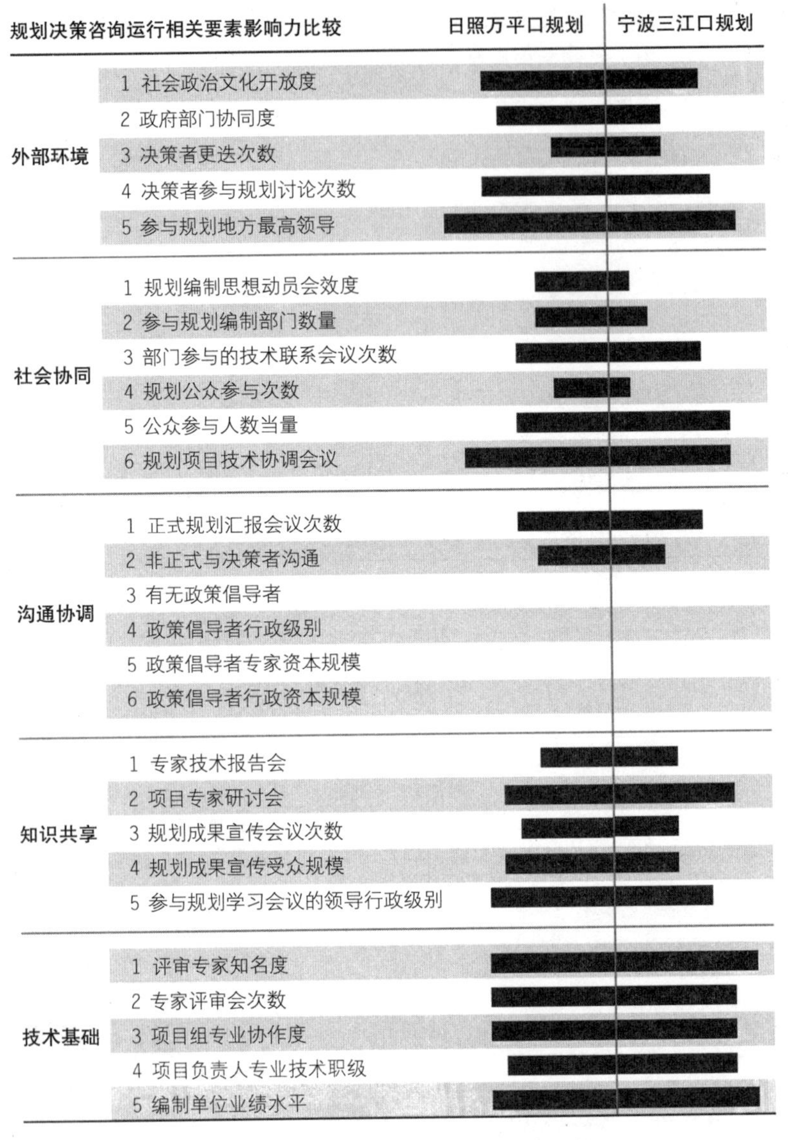

图 2–12　A2 与 B2 案例相关要素比较

案例分析：

这则成功与失败案例的启示也是引人深思的，从编制的技术角度都开展了积极有效的工作，邀请了国际设计团队和国内知名专家的参与，在工作程序和方法上也基本相同：都有部门合作和公众参与，但是最终结果还是完全不同。

问题出在哪里？经过分析认为，主要是规划思想的价值沟通成效不同。尽管都进行了价值沟通，但是沟通的目标、沟通方法、沟通的深度决定了结果的有效性。下面深入分析这些差距。

第一，明确的价值目标是沟通的前提。

价值沟通难就难在目标的探明，有些失效的沟通就是因为还没有搞清楚对方的价值目标，就开始沟通行动了，结果往往事倍功半。因为价值目标是藏在思想深处的，需要挖掘和辨明。在沟通之前，必须摆明各自的价值观。比如在日照案例中，决策者和部门通过总体规划的思想宣传，已经认可“万平口就是日照的眼睛”的理念，一定要保护好，建设好，要把万平口建成日照的金名片，确立了万平口地区高于其他地区的地位。因此，在后来规划实施过程中面临的相关决策难题时，就比较容易进行价值比较和选择。而宁波的三江口地区虽然地理区位同然重要，但是由于10 年前已经进行了建设改造，目前的景观形象尚好。现在是要做功能品质提升，这就是比较模糊的目标，什么是提升了？绿化景观升级是提升？公共空间扩大了是提升，还是交通改善了是提升？并且这些目标还是有冲突的，如果前提没有辨明，我们真正追求的品质提升是什么？在实际行动的决策阶段就容易混乱摇摆。因此要认识到价值目标是分层次的，有理念目标和行动目标，对于目标必须不惜力气深入挖掘，甚至展开公开讨论和辩论，目标不辩不明，搞清楚价值目标才能进行沟通行动。

第二，价值沟通的对象要区别对待。

价值沟通的对象有政府决策者、部门、企业、市民公众。针对不同的沟通对象需要了解对方的需求，有针对性的解决疑惑，采取不同的沟通方式。决策者关注的是总体目标和总体思路，大家首先要在理念价值上取得一致认同，同时，决策者关注的是实施可行性，既包括部门意见的统一，社会民众的反应，也包括财政上的可支持性。因此规划师在这些方面都要给予积极的回应。如实反映民情民意，并积极与部门进行协商，争取谅解和协同，在经济方面，尽可能利用技术手段优化方案，提出即符合发展目标，又经济可行的综合优选方案。与决策者的沟通可以采取正式会议途径，也可以通过非正式途径，而且需要多次的汇报，事前、事中都要汇报，及时了解思想动态和价值观的变化。沟通的时间节点也很重要，需要把握影响决策的有利时机。与部门的沟通需要深入和密切，调动起部门的责任心，对政策议题从部门角度深入研究思考，提出相关部门意见，决策前希望把不同意见充分表达，大家可以进行沟通协商，共同找到更好的解决办法。所以与部门的沟通关键在于深度参与，用心参与，互相谅解的态度去寻求共识。与公众市民的沟通关键是信息要公开，在方案编制的全过程向公众公开规划信息，前期先征求意愿，初步方案征求意见，最终方案公示。并且我们要认真对待公众意见，有不同意见需要沟通解释，这也是进行规划知识分享的过程，在网络信息如此发达的时代，市民、网民完全可以做到充分和深入的参与。最关键是规划师的态度，是否真正尊重市民意见。网络舆情对决策者的影响力已经成为不可忽视的力量，这也将是规划必须重视和依靠的新兴力量。

第三，价值沟通的深度是决定沟通效果的关键。

同样做了价值沟通，但是沟通深度不同，成效也不同。以日照为例，万平口地区最初是作为钢铁厂的选址，当时能够修正决策改为海滨公园，是因为与城市决策者进行了深入的价值沟通，达成了真正的思想共识。几任市领导都十分看重这个地区，并坚持规划控制。10 年的规划控制也不是一无波澜（详见附录D），之间也经历了要建设省人大疗养院，当地农村小企业的建设，以及房地产开发的诱惑，但是规划部门都坚持了规划原则，在与政府权力、市场主体的抗争过程中，也是进行激烈的思想价值观碰撞的过程，更加明确和坚定了万平口地区必须作为城市公共空间，必须进行高品质的开发建设的决心。通过思想价值观的论辩，规划坚守的行动更为坚定，深度地价值沟通取得了卓有成效的沟通结果，价值沟通的深度是决定沟通效果的关键。

小结：

通过上述案例的对比分析，可见价值沟通行动效果是有很大差别的，不同程度的沟通会产生不同的成效。因此，若要达到有效沟通的效果，必须首先辨明价值目标，价值沟通目标越明确，沟通才能够有的放矢；其次，根据沟通对象不同采取不同的沟通策略，沟通对象区分的越清楚，沟通的行动越有效。而且，价值沟通的深入程度决定了沟通效果，对规划思想认知是需要一个时间过程的，沟通不排斥异己之见，正是因为有不同的主张才需要进行价值沟通；沟通需要辩论，有些思想观念是在沟通辩论过程中得到消解。因此，价值沟通不能走形式，必须深入到思想价值观领域，才能取得真正的认同和理解。

通过上述三组案例的比较研究，可以归纳出，决策咨询能否发挥效用取决于多方面因素：技术基础、知识共享、沟通协调、社会协同、外部环境。规划方案的技术合理性是政策合理化的前提基础；但是，城市规划作为全社会集体选择的公共事务，还需要政策合法化过程，这个过程中，共享和协同是关键的环节，知识共享决定了规划思想影响的人群范围，沟通协调决定了规划思想共识能到达的深度；外部环境则是社会协同过程的环境和制度基础。社会协同即是规划社会实践活动的目标，也是过程。有效的城市规划决策咨询都是实现了社会协同目标，也完成了社会协同过程。

2.3 城市规划决策咨询有效运行的理论解析框架

运用社会建构方法论，分析政策制定过程的要素，根据事实案例的研究和深度访谈的经验分析，在政策过程理论、沟通和传播理论、协同和治理理论的基础上，认为：有效的政策设计必须考虑政策所依靠的那些个人或群体的政治、社会、经济和文化条件，并激励个人参与政策相关的行动。在城市规划决策咨询的案例研究中，已经证明了政策倡导者的重要作用，并且，规划师的积极沟通行动对决策咨询发挥起到关键作用。按照美国学者安妮·施奈德（Anne Schneider）和海伦·英格兰姆（Helen Ingram）政策设计的逻辑体系，政策设计中两种重要构成要素：目标群体和知识社会建构的要素，即规划决策咨询为谁而做，以及规划知识的社会建构有哪些要素。

规划作为一种特殊的公共政策，既有公共政策的共同基本属性，也有特殊的知识特征。规划政策的内涵表面上是对城市土地使用和空间的管控，实际是对空间里的人群社会关系的调整，包括经济的、社会的多重关系。规划政策的专业特征要求必须由政策倡导者和规划师共同推动从技术文件到公共政策的转化，以及进行思想价值观的社会沟通。

因此，构建城市规划决策咨询有效运行的理论解析框架包括三个层面：一是目标层面，即作为政策的城市规划的价值目标，规划是公共政策，所以首要目标是必须增进公共利益，回答了规划为谁而做的问题。二是行为层面，规划是全社会的公共事务，规划政策制定过程也是社会协同过程，核心是参与规划决策的主体间达成价值共识，即以价值共识为目标的知识传播和价值沟通行动，以及政策参与者之间的互动协商。三是社会层面：研究规划决策的社会政治文化基础和制度性要素，即社会的公共治理水平和规划决策制度。

2.3.1　政策合法化的“社会协同”过程

城市规划作为公共政策的合法化过程可以看作城市规划的“社会协同”过程。城市规划作为一种社会实践活动，只有整合了社会系统的共同目标，才能获得合法性。城市规划的社会协同包括不同层面的协同，从协同对象可以分为政府内部协同和政府外的社会协同。政府内部的协同依靠的基础是权力制度化和组织机构合法化。社会政治制度通过法律法规确立了城市规划在政府行政结构中的位置，通过政府组织机构内部合法化协同政府其他部门，遵守行政组织系统内部的正式的组织规范和非正式的约定俗成的惯例，使其行动取得政府内部其他部门及其成员的支持与赞同。城市规划的社会合法化的基础是城市规划的社会价值，城市规划是社会发展的内化机制，全社会的共同行动建构了城市社会空间。按照协同对象和协同内容可以分为 5 个层次，分别为技术协同、思想协同、行动协同、行政协同和社会协同。技术协同是最基础的层面，主要为规划技术和理念的内部协调，规划技术负责人和编制技术人员以及专家之间都需要充分的沟通，形成一致的规划理念和技术方案。各技术工种之间也需要密切配合，协同一致，形成互相支撑的统一的技术方案。思想协同主要指规划思想的对外传播扩散，多元社会价值观下的对规划理念的认识需要进行价值沟通，统一思想，达到协同一致的思想状态；行动协同指在思想统一的前提下，还必须达成步调一致的行动，特别是具体的城市建设活动中，有很多需要协同的建设行为；行政协同指政策执行过程的协同，特别是政府部门之间贯彻政策的政策文件、推进策略以及监督考核指向等也需要协同。社会协同指社会各个子系统的协同运转，各主体对城市发展建设目标的高度认知，利益集团和社会组织能够自觉依据规划指引行动。

城市规划的社会性要求城市规划必须与城市社会实践活动相适应、相协调，城市规划本身也是社会活动的一部分，城市规划的实施不是靠规划部门自身去执行，需要各部门去贯彻执行，只能依靠社会多方力量来共同完成，因此，规划能做的是努力去引导社会力量，规范社会行动尽可能符合规划目标要求。城市规划的引导既不能过于超前，也不能滞后，否则社会机制就会自动调节城市规划的作用和职责，强化或削弱城市规划的社会作用。城市规划在我国的发展实践历史已经说明，只有城市规划适应当时的经济社会发展需要，才能发挥更大的对城市发展引导和控制的作用。

城市规划建设是一项复杂的社会实践过程，这个过程包含若干子系统，规划活动也是一个不断与外界交换信息和输出信息的过程。这一点和协同论的内涵一致。城市规划要想实现目标，需要协同好内部各子系统之间的关系之外，还需协同外部一切可以协同的力量，包括横向其他政府部门、企业和公众、媒体等等。也就是说，城市规划的有效运行需要处理好系统内部和外部的关系，需要与社会大机器中的其他机构建立良好的信息和能量交流，保持和整个社会的协同运转，使规划能够发挥更大的社会功能。

公共政策的基本属性是集体选择的结果，政策出台的基础是达成社会共识，规划思想要成为全社会的共识，才能有效影响决策。规划理想目标的实现必须经过社会化转化，除了技术层面的工作外，需要加强政策的社会倡导工作，包括知识传播，价值沟通等，规划一定要处理好与部门，以及市民和社会组织的协同关系，争取最大多数的政策同盟，否则规划建议很难成为政策决策。

2.3.2 政策合理性基础是“价值共识”

城市规划是一种公共政策，更确切地说以空间资源分配为核心任务的公共政策，不同于一般的公共政策，空间技术是规划政策基础，但是，政策属性在规划决策过程中更为突出。公共政策若要出台，必须满足两个条件，一是合理性，二是合法性。所谓合理性指规划咨询建议本身的技术理性和科学性。[1]“合法性”指社会公众接受度。政策制定的过程就是思想达成“共识”的过程，政策决策能够做出的前提基础必须是“共识”。没有共识就形不成政策，没有共识就不可能采取行动。因此“共识”即是政策目标，也是政策过程。

什么是共识？共识就是不同的主体对客观事物产生一致的认知和判断，简单讲就是意见一致，我国的政府体系将共识视为政策目标，用政策方案的“可批性”代替决策合法化。[2] 在城市规划领域，规划思想的共识目标有几方面理解。

价值共识：指基本价值观层面的共识，在不考虑权力压力下的状态下，城市规划社会实践的参与者们对城市规划思想价值观达到意见一致。比如把生态文明和可持续发展作为城市发展的基本价值理念，一般来说都没有异议，这样就达成了价值共识。价值共识受制于时代发展阶段普世价值观影响。工业经济时代，社会价值观普遍追求效率优先，经济至上；而进入后工业时代，追求公平逐渐成为主流价值观，近年来，城市规划对生态环境和社会和谐更为关注。

行动共识：行动共识指大家同意采取一致的行动。城市规划建设的过程非常复杂，即使在基本价值观认同的情况下，真正实施规划的行动时，不同的政策参与者可能有各自的行动逻辑，对规划方案的利益选择会产生分歧，比如一个拥有海岸线的海滨城市，总的原则大家都认可城市要可持续发展，但是对具体每一段岸线的使用，是作为生产岸线？还是作为生活岸线？就会产生意

[1] 科学性和有效性的关系，科学是有效的前提基础，本研究假设前提是规划提出的咨询建议是科学合理的技术成果。由于“什么是科学的规划方案”是另一个更为复杂的问题，本书不做讨论，

[2] 陈玲．官僚体系与协商网络：中国政策过程的理论建构和案例研究 [J]. 公共管理评论，2006，(12)：46-62.

见分歧，而海岸线的空间布局涉及利益的调整，原有的海岸线拥有和使用单位就会倾向于自身利益最大化的方案。比如交通部门希望有更多的岸线作为港口码头岸线使用，所在地政府希望留作生产岸线。在规划过程中形成不同的意见，规划就要帮助相互依赖的对手们形成对共有利益的共识，在规划方案的反复讨论过程进行利益博弈，政策制定参与者不断地沟通协调，意见逐步达到统一，这一过程伴随规划方案的多次修改，只有政策方案获得所有政策参与者接受，才能得以通过，即达成行动共识。只有行动目标达成共识，政策才有可能得到执行，城市规划也才能转化为政策。

因此，作为政策的城市规划过程必须要满足所有政策参与者的选择目标，也就是说集体做出的公共选择。而不同的行为主体如何才能达到共同的选择，这就需要不断的沟通和妥协，促进思想的统一，促进达成共识。当利益相关者成功地在开放、协作的规划制定过程中参与，共识就自然能够在过程中达成。“共识”意为集体的观点、普遍同意或一致，具有两个特性：一是过程性，通过这个过程在一段时间之后让利益分歧的人们达成普遍同意，不像单纯的商议的表决形式达成一致，而是必须经过一段时间多次会议协商来统一意见。在政策过程的实践中，共识诉求甚至超越单纯的理性目标，达成共识的过程更重要；二是参与性，规划建设一般都包含代表不同观点的人群的意见，当事人必须积极参与，一起研讨条件与趋势、确定解决问题的机会、了解彼此的利益、集体讨论解决方案、设定优先、评估选择，并一致同意如何行动。共识过程鼓励参与者依照其他参与者的需求及利益重新考虑自身的目的，并权衡执行共同协定的代价，一个协定不是任何一方的胜利，而是对共有利益的共识。[1] 简·弗瑞斯特（Forester）在研究美国城市规划实际运作过程的著作中提出，城市规划想要成为合理的，就要成为政治的判断[2]，规划系统与社会系统相互作用的过程实质是权力的运作过程。[3]

公共行政过程中不同的个体通过沟通、交流，自愿改变自我的价值认知，从而实现了彼此之间一致的同意[4]。这个过程就是一个知识与意见的偏好建构的过程，主体间的相互认识与妥协的过程中，自我的偏好就会发生转换，改变只顾眼前利益的意见，经过持续不断的讨价还价，使得社会民意有效聚合，达成事实、意见与认识上的一致同意。

2.3.3　建构理论解析框架

作为政策的城市规划是一个以价值共识为目标的社会协同过程。城市规划决策是个满意决策过程，政策形成的基础就是达成共识，没有共识形不成政策，只有参与决策过程的各主体适度放弃各自原有的期待，互相妥协之后，达到各方可接受的满意度，才能形成最终决策。因此，沟通

[1]　[美]国际城市（县）管理协会，美国规划协会著．张永刚，施源，陈贞译．地方政府规划实践 [M]. 北京：中国建筑工业出版社 .2006：424-438.

[2]　“政治”的一种解释就是基于利益权衡的权力交换，蕴含“妥协、合作”的意义。

[3]　孙施文．城市规划的实践与实效——关于《城市规划实效论》的评论．规划师 [J].2000，(2)：78-82.

[4]　朱圣明．抽样民主与代议民主的结合——一种新型的基层民主形式 [J]. 中共南京市委党校学报，2009，(4)：49-57.

和信息传播，思想交流就成为形成满意决策的重要前提。需要内因和外因共同作用。内部变量有哪些？内部变量包括知识运用能力和价值沟通能力。外部变量有哪些？外部变量包括协商网络和公共治理。参与规划思想讨论的各行动主体在政策制定过程因资源相互依赖而结成了动态利益关系，这些主体影响决策的力量、强度不同，形成不同的协商网络模式。规划政策是社会公共政策的一种类型，规划的社会实践必然需要保持与整个社会的协同，而社会的公共治理结构和政府的治理能力决定了政策出台的基础。我国的政治决策机制、行政组织架构和社会力量参与政治决策的制度设计都是影响决策结果的重要变量。

综合建构解释规划决策咨询有效运行的理论分析框架。如果把“有效运行”设为一个目标函数，那么，这个目标与内外两方面因素都有关系，有 4 个变量和 1 个常系数。表达式为：F=K[f1（a,b）+f2（c,d）]。F 为规划决策咨询有效运行的目标函数。f1 函数表示内在因素，包括知识传播能力和价值沟通能力变量；f2 函数表示外在因素，包括网络势能和结构势能。4 个变量分别是：知识传播能力（a），价值沟通能力（b），协商网络势能（c），治理结构势能（d）；常系数 K 是参谋者与决策者信任关系，K 取值为（0 或 1）。[1] 常系数的含义是参谋者与决策者互信关系，这个是非常重要的系数，如果信任关系为零，即决策者完全不信任咨询者，不听取咨询者的建议，则咨询者的任何努力都等于零。

图 2-13　城市规划决策咨询有效运行理论解析框架

从政策过程的阶段理论分析，决策咨询从议题的设立，规划方案的编制，到规划成果的宣传过程，影响政治决策，最终形成政策，是一个实现技术决策成果被社会认可的政策合法化过程。假设把规划方案的技术内容看作“信息流”的话，信息流从规划咨询者一方传播给所有政策制定参与者，特别是达到最有决策权力的决策者一方，需要经过传播，而信息的传播依存于规划知识共享和价值沟通，特别是与决策者和其他参与决策者的价值沟通，只有达成共识，规划思想才实现了从咨询者到决策者的转移。信息在政策网络中实现共享，信息也是形塑政策协商网络的重要条件之一；最后，公共治理是基本制度保障，也是政策决策所必须依赖的社会治理规则，是超越个人行为的社会规则和约束个体交往的规范。

因此，规划决策咨询生效的核心要素有四项：知识传播、价值沟通、协商网络、公共治理。根据图 2-13 所示，作为政策的城市规划是社会协同过程，四项要素统一到“社会协同”的框架下，内在的逻辑关系是：社会协同是总目标，公共治理是基础，知识传播和协商网络是支撑，而以价值共识为目标的价值沟通是核心。

[1]　本研究把信任关系简化为信任或不信任，并分别取值为 1 或 0，而不去讨论信任关系的程度分阶和不同的互信类型。

第 3 章　城市规划决策咨询有效运行“四要素”

公共政策是政府为实现某种公众利益目标而制定的一系列行动规范，从政策过程理论看，政策过程包括各种需求和期望的规划、宣传与执行。城市规划决策咨询作为一项公共政策，其有效运行框架必须符合政策要求。公共政策本质就是集体选择，集体共同行动上的统一过程是社会协同过程。围绕社会协同目标，知识传播、价值沟通、协商网络、公共治理四项要素有内在的逻辑关系。知识传播是社会协同的前提基础；价值沟通是促进社会协同的核心行动；协商网络是社会协同的政治结构；公共治理是社会协同的制度保障。

3.1　知识传播：社会协同的信息基础

从政策议题的确立到政策方案的生成，可以看成是城市规划知识的综合生产过程和传播过程。生产过程是综合考虑各方面信息的知识集成创新，规划技术方案编制从规划视角对城市发展问题的发现、分析，以及提出解决问题的规划对策。咨询建议生成后即进入规划思想向外界扩散的阶段，也就是知识的传播过程。当形成政治决策时，即完成了信息从咨询者到决策者的转移，每一次规划公共政策制定都是一次成功的知识传播过程，规划知识也在多次的普及推广之后达成知识共享，知识扩展的人群范围也在不断扩大，也由此形成了知识共同体，从政府决策者到利益群体再到社会大众。社会精英阶层的壮大，决策者团体知识化、年轻化的转变都有利于规划知识和规划理念的传播共享，知识传播也提升了市民对城市规划的理解能力。

3.1.1　规划咨询的引领作用

参谋部门首先要提出好的参谋建议，这是前提和基础。所谓参谋，就是站在决策者的角度，超前替决策者思考各种需要决策的关键问题，及时提供科学的可实施的建议。规划参谋主要是围绕城市发展的重大战略性问题，提前做好规划研究，为决策者准确把握城市发展趋势，认识发展规律，作出正确的发展方向和道路选择。因此，这个环节主要是要提高参谋建议的科学水平，要提出能够经得起历史检验的咨询建议。实践是检验真理的唯一标准，但是，城市规划的决策失误代价太大，因此提高城市规划决策咨询研究意义重大。每个城市都需要这样一个人才群体，专门跟踪本市的城市发展，持续性地关注城市发展问题，收集发展的综合信息，凭借对城市发展客观规律的深刻认识，准确把握城市区域发展宏观趋势，针对城市发展现实基础和存在问题，提出科学的咨询建议。

咨询者应该主动思考，提前研究问题，这样才能及时影响城市决策者的思想，作出科学的政策决策，引领城市可持续健康发展。城市规划的后续管理事务也相应顺理成章。例如：20 世纪 90 年代广州市开发区大发展的时期，市委市政府提出了这个发展目标，规划局长立即带领规划研究团队商讨如何落实市委市政府的决策，加紧完成了广州市工业开发区的空间布局规划，并立即给市委市政府汇报。获得领导的赞成和大力支持。等到各县区领导向市领导提出自己要在哪里发展工业区时，市长直接回复他们，规划局已经有了统筹的安排，你们找规划局商量，这件事以规划局的建议为准。这项及时的规划决策咨询建议起到了很好的引领作用，影响了决策，也避免了受各县区钳制而修改规划的被动工作局面。通过这个案例也说明了规划决策咨询在规划工作环节中的重要引领地位，城市规划提前参与决策，影响城市发展方向和发展思路的重大决策，对于接下来的城市规划空间布局设计和地段开发的规划管理工作具有提纲挈领的作用。

那么，怎么才能够提出好的咨询建议呢？

首先要坚持“以人为本”的指导思想。始终关注人的发展，城市最主要的因素是人，城市要让人们在其中安居乐业。城市发展目标方向、重要产业项目选择、公共设施安排都要立足民生来考虑。城市发展要提高市民的家园意识，调动市民的参与力量，规划应承担社会教育的职能。

二是要考虑城市可持续发展。超越物质空间规划，考虑城市的全面发展问题，包括城市经济、社会、文化、人的全面发展。每一座城市都有独特的个性，要研究城市的现状，发展基础是什么，分析城市的基本需求，目前最大的问题是什么，对症下药，针对不同的城市提出不同的发展方案。规划师必须具有前瞻性思维，需要有区域的、长远的、战略的眼光，站在城市可持续发展的立场，要能够超越短期利益而考虑到子孙后代的可持续发展需求。

三要考虑咨询建议的可实施性。再好的规划建议，如果不能实施也是没有价值的。因此，面向决策的规划咨询需要考虑行政决策原则，考虑建议的可行性，城市财政可支撑性，在可能的时限内能够有所实绩。这也是好的决策咨询需要考虑的要素。

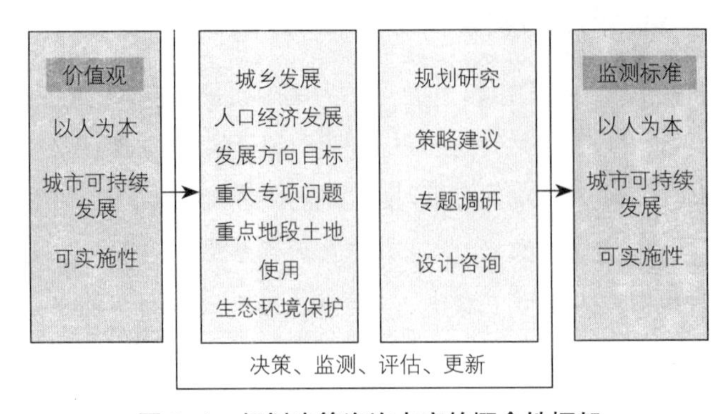

图 3-1　规划决策咨询内容的概念性框架

城市规划的工作出发点和落脚点都是使城市变得更美好。以人为本，社会经济可持续发展，社会公正公平，这些即是规划工作的价值观，也是检测规划工作成效的标准。规划决策咨询具体研究的领域方向有：城乡发展；人口和经济发展；城市发展方向目标、重大专项问题、重点地段土地使用；生态环境保护规划等等。规划决策咨询的成果形式包括规划研究、策略建议、专题调研、设计咨询等等。规划决策咨询需要长期专注于本地城市的发展问题研究，长期跟踪监测发展效果，评估发展决策，更新决策建议，修正相关决策，形成一个连续动态的决策、咨询、执行、评估工作链条，保障城市可持续健康科学发展。

3.1.2 规划咨询的技术理性

规划的技术理性是城市规划部门或城市规划师参与城市发展政策制定的基础依据和核心硬件。规划是基于人类聚集行为规律的空间资源配置活动，有其内在的客观规律，规划技术理性是规划师手中最有力的知识权力。

1. 做好城市空间资源的管理

对城市空间资源的配置和管理是城市规划的核心工作。在这个层面城市规划要研究人类在城市空间内各项活动的聚集行为规律，并据此来合理安排部署空间资源，如土地使用的规模经济性要求、道路交通工程设计的规范、市政设施的容量需求标准、建筑空间的安全卫生标准等，都有很强的工程技术学科特征，对这些规划技术理性的追求仍然是我们发展规划专业努力完善的方向。也是决策咨询方案的核心工作。规划的编制是一种技术科学过程，尽可能以“科学”、“准确”、“完善”的方式来进行；规划必须对人口、经济、土地使用、环境以及交通与基础设施等各种信息进行不断地收集、分析和监测，建立愿景和目标；编制土地利用规划；制定开发管理规划、条例和基础设施投资计划，并对实施结果是否符合规划目标进行监测。规划师因为掌握这些分析技术和信息而成为城市土地利用变化的最有权威的管理者。

同时，我们要理解空间方案的讨论过程是一场利益博弈，土地使用规划的博弈是由利益相关者不同土地使用价值取向、规划程序以及结果之间的关系组成的，这些是土地使用博弈得以继续的基础。土地使用规划的目标是要寻求一个永续的城乡土地使用模式，这需要在环境、经济、社会和宜居性等价值取向之间做出恰当的平衡。各种利益主体围绕一个城市未来土地使用布局展开激烈的角逐。博弈过程在一个复杂而紊乱的决策舞台之上运行，所有的利益相关者都试图通过对土地规划决策施加影响来实现自身利益的最大化。规划师作为公共利益的守护人，在博弈中即是核心的参与者，又是博弈的管理者。积极的规划师可以扮演冲突化解过程中的协调者、促进多元群体共同利益的联盟建构者，以及改善社会弱势群体利益的倡导者等多种角色。规划师还必须是愿景、目标的有效沟通者，激发人们对实现永续性的土地使用模式的责任感。规划师应仔细地观察其他参与者的利益、行动和联盟，并做出应对。

规划师对未来城乡可持续发展的倡导建议是土地利用博弈的基础，通过规划制定的规则把冲突转化为规制下的竞争与合作，规划是一场既有竞争又有合作的严肃的博弈。要实现自己的目标也必须同时获得其他方的认可，所有各方都能参与到构建多方共识的过程中。如何帮助城市构建基于共识的愿景，引导城市发展方向，基础设施的建设，区块功能和土地开发控制，这些都是规划必须做到的传统职能，同时，还需要具有一些新的职能，即建构城市发展共识的手段，围绕一项好的规划，多样化的利益能够通过共同协商达成一致。规划描绘的以事实为基础的未来生动图景，可以将所有的利益相关者协同起来，共同行动。决策者、市民和其他利益群体都愿意支持一个能够让他们“看到”的问题解决方案，规划必须有愿景描述能力，有充分说理论证过程，规划的技术理性是引导达成共识的基础。

2.转型发展需要新的规划技术手段和方法

当今，我国城市处于转型发展阶段，在一段时期内城市集中发生具有内在一致性的变化与制度变迁，包括推动城市发展的主导要素变化，城市发展模式出现结构性转变，“随着城市的转型，对城市发展起引导和调控作用的城市规划也会发生相应的转型。”[1]

哈佛大学教授迈克尔·波特（Porter）根据不同时期推动经济发展的关键因素，将区域发展划分为要素推动、投资推动、创新推动、财富推动四个阶段。目前，我国城市整体上正处于从“投资推动”向“创新推动”变迁的过程中，这两个阶段的城市发展与城市规划范式变迁特征见表 3-1。

城市发展与城市规划发展阶段特征　　表 3-1

阶段划分	投资推动阶段	创新推动阶段
城市发展	落后地区以廉价劳动力和土地换取资本，换取发展空间	创新战略推动城市发展，构建城市创新系统，不断增强城市创新能力
规划特征	物质性规划、技术性规划	综合性规划、政策性规划
城市规划	规划构建增长的空间布局，完善基础设施支撑体系，引导城市土地开发，以土地换发展	城市规划成为一种协作和协调的手段，作为政策过程来协调社会矛盾、政治矛盾和经济矛盾

当城市规划承担协调社会矛盾，解决社会问题的政策责任时，其工作方法和手段必然有所转变。政策建议咨询需要更多地采用政策科学的研究方法。首先要做的是城市发展信息的跟踪和收集。长期的信息积累，能够形成对城市发展规律的认识，这是规划参谋对城市发展提出建议的科学基础。第二，对以往规划实施的政策评估，分析政策实施的问题，及时反馈给决策者，更新决策咨询建议。第三，规划师在方案编制过程中，通过深入的调研能够最广泛的接触不同参与者，收集到不同利益方的信息，这些都是规划咨询的科学基础。由于长期的信息和经验积累，使得规划师对城市的土地利用变化具有前瞻和预判能力，成为城市发展战略的专家。

在政策制定的合法化过程中，规划师由于技术经验和见识而具有了管理规划过程博弈的能力和公信力。具体的规划协调工作过程还需要运用行政和社会管理的工作方法与技能，才能完成社

[1] 郑国，秦波.论城市转型与城市规划转型——以深圳为例[J].城市发展研究，2009，16（3）：31-35，57.

会协同的工作任务，这将在后文深入讨论。

3.1.3　知识运用能力

20 世纪 70 年代以来，学者们开始关注知识和研究如何形成政策的理论问题。最初的观点是专家的知识很难被政策制定者采纳[1]。卡普兰（Caplan）将专家和政策决策者之间的价值观和行为差异称为“两大群体理论”。[2]但是，大多数学者并不认同这一理论，卫斯的“启迪模型”具有代表性[3]，她认为不是知识用与不用的问题。在实践中，原来不太认同和受到理解的知识和思想，随着时间的推移，或者由于学习或经历的启发，接受方改变了态度。甚至有些决策也会改变初定目标。比如在城市建设领域经常发生的“桥隧之争”，往往争论不休，最终的决策可能考虑技术的原因，也可能考虑政治的原因，决策者对待桥隧方案的态度也会随着时间而变化。知识是有时间积累性的，如政策思想、意识形态、研究范式不是一产生就能转化为政策，而是需要经过时间上的积累。

知识作为载体在研究与政策之间的“能力与战略”问题也是知识运用能力的重点。发现知识与政策之间转化的规律，并指导如何进行政策倡导。学者们开发出许多模型。根据威特罗克的观点，知识向政策的转化模式可以分为四大类，见表 3-2。

社会知识与政策的转化模型　　**表 3-2**

	主导领域	
	研究 / 知识	政策制定 / 行政
多重逻辑	启迪模型	经典行政模型
单一逻辑	专家政治模型	工程学模型

知识生产者和使用者的知识运用的能力，对知识转化为政策都具有很大影响，也能够解释在知识运用过程中的倡导效果的差异。同样一个研究成果和政策思想传播给同一个接受者时，由于倡导观点的专家的知识运用水平和策略的差别，研究成果的感染力和说服力是不同的。这就造成了最终政策倡导效果的不同，这依附于规划专家个体“倡导能力”。

倡导能力可以用三个维度加以阐述。

第一是“思想开发能力”，指发现问题，提出合理政策思想的能力。也就是能否前瞻性地发现问题，提出有价值的政策建议。发现问题的能力有时比解决问题的能力更重要，除去态度意愿的因素之外，发现问题是一种基于长期思考和实践经历基础上的思想力，是一种超越普通智慧的能力。

[1]　朱旭峰等．"思想库"研究：西方研究综述 [J]. 国外社会科学，2007，(1)：60-69.

[2]　Nathan Caplan, “The Two-Communities” Theory and Knowledge Utilization.” American Behavioral Scientist 1979, 22, no.33, 459-470.

[3]　Carol H. Weiss, and M. Buculavas, ed. Using Social Research in Public Policy Making.Lexington：Mass. D. C. Heath, 1997.

第二是“知识编码能力”。指规划专家将规划思想和方案采用书面的口头的话语编码，传播给政策思想的接受者，从而使别人能够理解政策观点。具有较高知识编码能力的规划专家能够设计出有效的表达政策成果的方式，针对不同听众组织自己的研究成果。城市规划成果一般的表达形式是规划文本、图纸和说明书。这种表达基本延续工程学科的惯用表达方式，城市规划成果作为城市建设和管理的依据，有严格的规范和编制要求。[1] 说明书是对文本的解释说明，也是对设计思想的说明，表达的逻辑是“设计目标是什么？设计构成要素有哪些？分要素是怎么设计的？”。文本表达的中心思想是“合乎规范”。而政策建议的表达逻辑是：“是什么？为什么？怎么做？”需要紧紧围绕“合法行动”的中心思想，政策建议要能够易于被决策者理解接受，需要转译为政策文件形式，使用政策语汇，按照政策逻辑行文。

第三是“知识传播能力”。规划知识的传播还需要话语和交往行动能力，规划师要“勤思善言”。通过具有感染力和说服力的叙事话语去吸引读者和听众，并且使受众能够深信规划思想的正确性。从 20 世纪 90 年代中叶开始，知识运用理论关心语言或话语如何表现政策议案，以及如何被受众理解。因此罗伊（Roe）开发了“政策叙事”理论，规划师可以“讲故事”的形式汇报规划成果，并设计合理的符合听众逻辑的演讲方式。政策叙事理论探讨了言语技巧因素能够产生正的或负的作用[2]，复杂问题通过简化为准确的故事叙述，政策建议仍然可以获得正面的效果。

规划专家政策倡导能力的具体建议 **表 3-3**

能力描述维度	具体技能和工作要点
思想开发能力	评价政策质量和时机 评价政策争论和公共政策问题研究的贡献 定期回顾研究过程 明确关键的公共知识缺陷 保持优势和政策标准 理解政策制定者需要的信息 理解政策过程
知识编码能力	设计有用的表达政策成果的方法 在成果中清晰地表达政策建议 技术语汇的政策转译能力 针对不同听众组织研究成果形式 瞄准使用者人群和资助方的发现
知识传播能力	评价研究如何通过适当的方法促进知识进步和启迪作用 预设指定政策问题研究的可能使用者 开发一套系统的扩散战略 建立传播渠道 提高沟通交流有效性 政策叙事策略的掌握与运用能力

[1] 徐岚，段德罡，王侠 . 城市规划公共政策初步——城市规划思维训练环节 [J]. 建筑与文化，2009，(6)：52-53.

[2] Stephanie Neilson, “Knowledge Utilization and Public Policy Processes: A Literature Review.” In IDRC-Supported Research and Its Influence on Public Policy: International Development Research Centre, 2001, p36.

3.1.4　知识运用扩展模型

从知识传播和社会共同学习网络规模的发展阶段衡量，提出 3 个知识运用扩展关系模型：知识单向输出型、知识共同体扩展型、社会学习共同体网络。

知识单向输出型主要指研究发现简单的供给或输出给使用者。这个模型中，研究者是主要的推动方，线性和直接地提供给政策决策者。

知识共同体扩展型强调知识的扩展，有针对性的向一定社会群体传播，吸收特定专业技术成员加入共同体网络，相互学习，形成信息的交流和见解的交换，政策成果建议通过学术共同体获得团体认可。

社会学习共同体网络是指共同体发展到更为高级的阶段，加入学习网络的社会成员越来越多，学习的途径和手段更为多样化，学习成为社会建构的主要过程和内容，人们对政策建议的看法是在共同学习中建构的。政策建议不是具有专业知识的专业人才单方面向社会扩散的结果，而是所有社会成员在相互学习过程中互动形成的结果，政策是公共参与者共同学习的产物，而不是政府自上而下的安排。

结合国外学者的研究成果，农贵新提出将研究成果转化政策的方向[1]，包括政府工作方案、区域战略思路、政府和部门政策规章、政府舆论导向等。

从研究到政策的三阶段[2]　　**表 3-4**

第一阶段：产生与分析政策	第二阶段：交流与扩散	第三阶段：知识的运用
评价政策质量和时机	理解政策制定者需要的信息	理解政策过程
评价政策争论和公共政策问题研究的贡献	设计有用的表达政策成果的方法	建立主体与研究使用者信任关系
明确关键的公共知识缺陷	在成果中开发清晰地政策建议	开发与政策共同体中政治家和行政官员的连接和网络
预设指定政策问题研究的可能使用者	提高政策倡导家的能力；开发一套系统的扩散战略；建立渠道与交流	让决策者和管理者参与执行、监督和解释研究
评价研究如何通过适当的方法促进知识进步与启迪产生作用	组织会议和其他公共和专业的活动	帮助建立政府内吸收研究的能力
定期回顾研究过程	针对不同听众组织研究成果	鼓励研究的公共辩论和参与
保持优势和政策标准	瞄准使用者人群和资助方的发现	

3.2　价值沟通：社会协同的核心行动

随着社会民主化的发展，越来越多的团体和个人关注城市规划，参与到规划的公共决策中来，

[1]　农贵新 . 决策咨询研究成果转化深化的方向和途径 [J]. 三江论坛，2007 (12): 18-19.

[2]　朱旭峰 . “思想库” 研究：西方研究综述 [J]. 国外社会科学，2007 (1): 60-69.

参与的主体越多，社会价值观趋向多元化，价值沟通就越成为必要的行动。多元社会中存在着相互冲突的利益主体和目标愿望，价值观念而且不太可能调和到一起。[1]规划是社会协同过程，但是不会自动实现，需要政策倡导者的价值沟通行动，达成共识最重要的过程是“价值沟通”，规划决策咨询的核心环节是“价值沟通”。

由于价值观差异，规划的共识过程必然充斥着一系列的价值判断和决策选择。城市规划应该避免陷入纯理性和纯技术的圈子，而要将城市规划运行纳入社会运动的实践中，改变传统规划孤立的决策选择和价值判断。[2]由于城市的发展价值取向远比单一指标的衡量要复杂得多。因此，规划师应具备政策思维能力，要能够以有限的公共资源来调动社会资源，做好社会协同的工作。[3]

哈贝马斯描绘的乌托邦式的蓝图：“这里法律是建立在多数人的意见基础之上，人人平等，权力的负面、扭曲的效果被消除”，这是一个完全理想化的情况。弗里德曼（Friedmann）把这种理想化的完美政治比作“一个大学研究院的研讨会”。权力和自由的争辩确立了规划的本质，但是没有一个规划者有运气在这样情境下规划。[4]规划无时无刻都面临着价值观的沟通，规划公共政策的制定过程是伴随着价值沟通活动的过程。

3.2.1 价值目标

价值沟通从设立规划目标即开始，规划师的服务对象是各色各样的利益人群，他们的目标和利益是不同的，有时甚至完全相反[5]，规划师如何设立政策目标就成了难题。在不同的领域中，价值这一概念的含义不尽相同。在公共政策中，张国庆先生对价值的定义如下：“价值之于个体是关于事物的好与坏、对与错、优与劣、强与弱的一种主观认定，之于群体则既是一种主观认定，又是一种社会存在，是一种主观认定和客观存在相统一的偏好”。[6]在城市规划决策过程中，价值目标成为城市规划决策中进行选择和判断的依据[7]，依据自身的价值目标，评判提供选择的咨询方案，决策主体做出的决策行为，实际上就是城市规划决策主体依据其掌握的相关信息和自身经验进行的价值判断和选择的活动。

第一，城市规划咨询者的价值目标和城市决策者的价值目标时有冲突。表现为近期和长远利益追求上的差异。城市发展的长远战略性目标与政府任期政绩要求之间往往有矛盾，城市规划关

---

[1] 童明．城市政策研究思想模式的转型[J]．城市规划汇刊，2002（1）：4-8.

[2] 曹春华．转型期城市规划运行机制研究（以重庆市都市区为例）[D]．重庆：重庆大学，2005.

[3] 童明．城市政策研究思想模式的转型[J]．城市规划汇刊，2002，（1）：4-8.

[4] 肖铭．基于权力视野的城市规划实施过程研究[D]．武汉：华中科技大学，2008.

[5] 田莉．美国公众参与城市规划对我国的启示[J]．城市管理，2003（3）：27-30.

[6] 张国庆．公共行政学[M]．北京：中国石化出版社，2011.

[7] 张聪林．基于公共政策的城市规划过程研究[D]．武汉：华中科技大学，2005.

注长远利益，城市规划期限一般 20 年，而政府领导的任期一般只有 3-5 年[1]，首先考虑的是能在任期内出政绩，考虑近期利益较多。[2] 在政策过程中，政策选择主体的行为不仅仅受政治体制的制约，而且也受其个人需求和价值观的支配，决策者本人的价值观对政策选择的作用影响很大，包括政党价值，组织价值，个人价值等等。[3]

第二，宏观和微观的价值目标上冲突。城市规划在宏观层面综合协调经济、社会、环境的共生关系，以促进城乡经济、社会和环境的可持续发展[4]，这些宏观价值目标分歧较少，比如“提升城市品质”这个宏观层面的价值观很容易取得共识，但是，进一步涉及具体规划建设行动时，面临具体的利益选择时，不同主体的行动所体现的价值目标就不同了。

第三，价值目标随着时间推移可能出现分歧。价值目标并不是一开始就很清楚，最初，大家的沟通都是在比较模糊的目标指导下进行的，基本上能够达成一致。但随着时间的推移，个人对客观事物的认识也会发生改变，价值判断趋于清晰，可能原来相同的价值观认知也会随着时间而发生变化。

随着中国社会的转型，社会意识日益呈现了多样化的趋势，传统价值观念体系已经失去主导位置，新的价值观念尚未占主流，社会整体的社会意识向个性化转化。[5] 构建核心价值观的机制和梳理个体价值目标的机制成为社会转型发展阶段城市规划转型的重要任务。[6]

3.2.2　价值判断

价值判断体现在城市规划决策咨询的以下环节。

一是在规划问题确认上。城市规划决策问题是从大量城市问题中筛选出来的，在城市发展过程中，只要实际状态与所期望的状态形成差异，就会产生城市问题，但城市问题并不都是城市规划决策问题。某个城市问题能否成为城市规划决策问题，不仅取决于经验知识，还取决于价值判断。同样的城市问题，不同的人会因不同的价值判断而将其归结为不同的城市规划决策问题。城市规划决策者的价值判断往往对城市规划决策问题的确立起着决定性作用，但是，媒体和社会舆论也是重要的推动力量。

二是城市规划目标确定。

城市规划目标的选择是城市规划决策过程中的一个重要环节。人们对城市规划决策结果的预期，就是依据自身的价值判断。例如，城市发展的职能方向选择是发展产业经济为首要目标，还

[1]　姚昭晖 . 从目前的问题谈规划管理体制改革 [J]. 城市规划，2004，28 (7): 34-36.

[2]　肖铭 . 基于权力视野的城市规划实施过程研究 [D]. 武汉：华中科技大学，2008.

[3]　徐湘林 . 政治发展、政治变迁与政策过程——寻求研究中国政治改革的中层理论 [J]. 北京论坛 (2004) 文明的和谐与共同繁荣：“多元文明与公共政策”政治分论坛论文或摘要集，2004: 124-134.

[4]　曹春华 . 转型期城市规划运行机制研究 (以重庆市都市区为例) [D]. 重庆：重庆大学，2005.

[5]　张莹，魏迎春 . 从十八大看改革开放以来中国核心价值观的变迁 [J]. 经济研究导刊，2013 (7): 227-230.

[6]　何修良 . 公共行政的生长——社会建构的公共行政理论研究 [D]. 北京：中央民族大学，2012.

是保护生态环境为主要目标，不仅与资源条件有关，而且与决策者的价值观相关。不同价值判断下的人们对城市规划决策结果的期望是不同的。处在不同地位的决策主体会表达各自不同的价值偏好，形成价值偏好上的差异，从而影响城市规划目标的确定。城市规划目标的确定来自不同价值判断的整合，而正确的城市规划目标，可以消融因价值、利益差异而导致的矛盾。[1]

三是城市规划决策方案选择。

城市规划决策中的一个核心问题是方案的评价问题，这实际上是一个价值判断问题。城市规划方案评价，也就是城市规划决策的价值判断，常有下面几个误区：其一，用科学的方法做出的决策是有价值的决策。在城市规划决策实践中，人们以为科学的方法是决策有价值的一种证明。尤其是作为“专家”的规划师，认为自己掌握了规划的专门技术，通过理性分析和科学的程序、方法编制出来的规划是科学的、合理的、有价值的，代表着真理。然而，方法的科学不等于结论的科学。在城市规划工作中常常有这种情况：经过科学的规划和严格审批的规划却并无操作的价值。其二，可行的决策一定是有价值的决策。城市规划是一种社会实践，因此具有很强的实践性。可以说，不可行的决策是没有价值的。但是，也不能说可行的决策一定有价值。[2] 目前一些城市在旧城改造中盛行的“大拆大建”，虽然可行，但是尚不能说就有学习推广的价值。有些城市的“大拆大建”破坏了历史文化遗产和城市文脉，不仅没有价值，实际还造成破坏。[3] 对待同一个问题的规划解决方案，处在不同城市，不同的发展阶段、不同认识水平、不同考量角度的决策者，会有各自不同的价值判断标准，并由此决定方案的选择。对于同一决策方案，不同的参与者可能得出不同的甚至完全相反的结论。这些情况都反映了价值判断在规划决策选择过程中的影响。

3.2.3 价值共识模式

达成规划决策的过程实际是一个价值观认同过程，规划师与决策者去进行价值沟通，结果不外乎两种：认同或者不认同。

基于参谋者立场，规划师提出一项规划咨询建议，是在他（她）的职业价值观和个人价值观共同指导下给出的规划方案，规划方案的每一步选择都是在价值观指导下的价值判断结果，确定了一个价值目标之后，根据这个价值目标进行的判断，而这个价值判断指导规划方案的编制。

基于决策者立场，他（她）也有自己的价值观，并且对面临的城市问题已经有了自己的价值目标，在这个目标指导下进行他（她）的价值判断，得出他（她）自己的结论。这个结论往往先已有之，此时，在他（她）听到规划师的咨询建议时，如果与他（她）的价值判断一致，他（她）便赞同这个建议，采纳这个建议。如果与他（她）的价值判断不同，他有可能采纳，也有可能不采纳，这主要取决于价值沟通过程。价值沟通成功，参谋者和决策者达成了价值观认同；否则，

[1] 张聪林．基于公共政策的城市规划过程研究 [D]. 武汉：华中科技大学，2005.

[2] 雷翔．走向制度化的城市规划决策 [M]. 北京：中国建筑工业出版社，2003.

[3] 雷翔．走向制度化的城市规划决策 [M]. 北京：中国建筑工业出版社，2003.

价值沟通不成功，决策者仍将坚持自己的价值判断，不采纳参谋者的建议，没有达成价值共识。当然，真正的共识绝不是简单的否定差异，而是要在多元的价值领域内，不同主体以话语行动的形式去交流，包括自我反思的过程，可能在交流中因为增进理解而放弃原有的价值判断结果，认同其他人的价值判断，达成主体间共识。[1]

价值共识的模式可以分为自上而下的压力共识和自下而上的协商共识。自上而下的共识是科层行政结构的意见传递形式，最高权力者通过行政组织将意见传递到下属部门，使得部门之间较快达成共识，政治权威在这个过程中发挥核心作用，自上而下的共识带有一种行政权力压力的结果。但是，这种共识比较容易达成的形式，决策结果具有高效执行力。自下而上的协商共识存在意见收敛过程，在政策网络中参与的主体和部门越多，这个协商讨论的过程越长，政策方案修改的意见越多，这种共识虽然过程艰难，意见难以统一，但是，经过修改的方案如果能够被大家共同接受，这是一种发自思想深处的价值共识，具有稳定性，也能够达到很好的社会协同效果。

3.2.4　沟通行动能力

价值沟通贯穿整个政策过程，价值沟通可以分为三个环节：事前沟通、事中汇报、事后宣传。[2]每个环节沟通的目的和重点不同，都对整个政策制定有重要推动作用。事前沟通重在明确意图，了解需求和背景信息。事中汇报重在传播规划思想，工作进展，加深对议题的理解和辨明。规划思想越辩越明，参与讨论的群体越多，规划的咨询建议越成熟。事后宣传意在促进规划咨询策略建议思想的影响范围和影响力，规划要成为社会行动统一的目标，需要统一不同层面和社会群体的思想，首先在人大、政协、党委、政府层面的宣传，其次在横向部门和下级政府机构的宣传，在扩散到社会群体和市民层面的宣传。经过不断的宣传，真正把规划思想、规划建议灌输到整个社会，成为各部门和社会群体参与城市建设行动中自觉遵守的规则。

第一，明确价值沟通目的和对象。价值沟通目的就是要消除误解，求同存异，达到对某一问题的基本共识。因此，每一次的沟通行动都要明确目标，只有沟通目标明确，沟通的行动才有针对性和有效性。规划面对多个利益主体，每个主题有各自的价值目标和价值判断以及利益诉求，因此，规划沟通必须区别对待，针对不同对象采取不同的方式和策略，以求达到沟通目标。针对每个参与主体，价值沟通的基本环节都是一样：价值观差异分析 – 价值目标确认 – 价值判断 – 价值沟通 – 价值认同。

第二，提高价值沟通的技能。沟通主要体现在话语沟通和交往行动能力两个方面，沟通主要通过对话交流，话语代表了言语者的价值观，话语在公共领域的交往中起到关键的作用，人们在

[1] 张云龙．交往与共识何以可能——论哈贝马斯与后现代主义的争论 [J]. 江苏社会科学，2009，(6): 45-49.

[2] 李新焕．绩效沟通如何深入人心 [J]. 中国新时代，2007，(8): 100-102.

交流中互相传递信息，了解价值观，话语也代表了一种权力，通过话语对别人的思想产生压力影响。善于沟通的规划师会找到合适的话题切入点和适当的言辞语汇，使自己的思想准确的被听众理解，不产生误解。沟通行动重在能动性，价值沟通的事情需要很强大的思想主动性和积极性，有行动就会有效果，沟通行动成为一种行为规范，沟通无处不在，规划师只有把思想沟通当成工作的必要部分，才有可能积极地持续行动。

第三，要形成一定的多元权力均可参与的规划制度安排，建立信息开放和信息自由流动的平台，形成充分的交流和磋商，促成在多方博弈的基础上达成妥协以及实现合作，建立一套各方均认可的交流规则。达到哈贝马斯所设想的交往行为理论中所描述的交往的前提条件。

3.2.5 价值沟通效力

如何进行有效的价值沟通，根据哈贝马斯交往行动理论，有效沟通必须建立在四个要素条件同时满足情况下。规划思想的传播和规划信息的有效扩散都是围绕价值观展开讨论的；规划的思想共识是在多次沟通协调后妥协达成的，沟通过程也是共同学习，增进理解的过程，只有经过充分沟通和博弈，才有可能收敛意见，最终达成共识。

1. 树立咨询参谋者有影响力的权威地位

权威是重要的影响决策的因素。城市规划部门强调权威，这种权威既有国家行政制度安排获得的指导他人行动的权力，也有专业技术知识的支撑。规划师的权威确立需要依赖专业技术知识，专业知识能够让别人信服，规划的技术理性必然是参与决策的基础。技术知识也是帮助弱势群体的基本工具，公众对规划师的信任也是建立在专家身份的认同基础上的。通过技术知识建立参与决策的影响力和行动力。

2. 开展深度的思想沟通

价值沟通的深度决定沟通效果。价值沟通涉及价值观和价值判断，如果浮于表面的沟通或者是形式上的沟通，不能解决思想根源的问题，浅层次的沟通甚至触及不到思想价值观。只有促动思想价值的沟通才会引发参与者的自我反思，通过深度的价值观的论辩，坚持更为坚持的，放弃不该坚持的，只有这样，才能走向思想深度的共识和谅解。引导走向深层次的沟通，是需要规划师主动积极态度和有冲击力的思想力量。

3. 超越科层制对沟通效力的不利影响

我国政府行政的组织模式是科层制，等级层次分明，这种理想化的制度安排的弊端在于忽视人的自主性、能动性。首先，决策者遇到规划专业性问题时，往往要依赖专业部门的知识和信息。[1]而科层制度的机械安排，信息需要层级上报，而经过层层传递，科层过滤的信息可能已经失真。

而且，由于层级之间责任边界的模糊，下级部门为推脱责任而将问题推诿给上级，使上级部

[1] 杨淑萍．行政分权视野下地方责任政府的构建[D]．北京：中央民族大学，2007.

门陷入大量繁杂事务中。上下级之间可能由于利益博弈，都以自我利益保护为目的，致使决策背离本来目的。还可能出现下级故意隐瞒信息或提供虚假信息，或者夸大有利于自己及部门利益的信息，引导决策者做出不符合公共利益的决策。[1]

4. 克服信息传播衰减的影响因素

在政策制定过程中，规划信息不可能毫无损失的从一个社会阶层传递到另一个阶层，就城市规划政策制定而言，既有纵向的从技术层面到行政层面再到政治层面的路径障碍，又有横向的相关部门的屏蔽效应。因此，规划知识的传播需要强大的政治与社会穿透力去克服知识传播本身的信息衰减性。

现实中存在的信息传播阻碍因素包括：第一，信息与决策权错位。拥有决定权的人不一定有必要的信息，而拥有必要信息的人却没有决定权。规划决策的信息往往掌握在编制设计人员或者规划局业务人员，他们参与规划决策的渠道和话语权有限。而掌握决策权力的领导者不一定掌握专业信息；第二，信息传递不充分。传递过程越长、环节越多，付出的成本和时间就越多，信息拥有者所掌握的信息往往要层层上报才能传递给对决策有影响力和决策力的人，信息传播层次越多，误导的情况就越可能发生。第三，信息的掌握者对上级决策者有依赖思想和推诿心态，凡是重大问题、难题都等待上级的指令，主观上导致决策环节增多，决策成本增大。如果下级有意隐藏不利于部门的信息，或者由于个人利益为导向歪曲信息，对决策产生误导的情况也有发生；第四，激励和约束不足。信息与决策权的脱离使得对决策主体以及信息掌握者的激励和约束均不足，容易造成工作效率低下，各级主体之间的摩擦也会因此增大。[2]

5. 把握良好的规划思想传播时机

城市规划对于城市发展重要的战略建议一般都是政府工作报告和党代会报告重要的组成内容，因此，在报告起草前形成政策建议，待报告需要相关材料，及时呈上，纳入政策文件中，对城市发展能够起到重要指导作用。因此，在重大执政方针颁布会议，如党代会、人代会和换届选举之后组织人事变动之前的政策酝酿时期，都是比较好的传播规划思想的时机。

6. 选择恰当的信息载体介质

用于传播规划思想的介质载体有政策文件或咨询报告和规划师的语言。文字和图纸阐述方案的效力不同，有时候一张图把政策思想表达的一目了然，有时候千言抵万语，简明凝练的政策建议稿比大部头的说明书效力更大。

7. 选择有效的传播途径

传播途径有正式途径（专项汇报、专题会议、领导小组会议、规委会会议、联席会议）务虚会和非正式途径（私人会谈、交换意见、会议、媒体、借机吹风）。根据案例研究，非正式沟通

[1] 杨淑萍 . 行政分权视野下地方责任政府的构建 [D]. 北京：中央民族大学，2007.

[2] 邓小兵，车乐 . 效能型规划管理制度设计 [M]. 广州：华南理工大学出版社 .2013.

效果有时比正式沟通效果要大，特别要注重在决策前协同环节的沟通和协同，正式决策有时就是履行程序的形式。并且，规划理念和规划思想的影响作用发挥需要时间，持续的长时间渗透才会产生效果。

3.3 协商网络：社会协同的政治结构

3.3.1 协商民主的价值基础

社会建构主义理论是一种新的哲学认识论，认为知识包括科学、技术都是社会建构的产物，所有事物都是相关社会群体互动和协商的结果。[1] 规划技术方案不仅仅是规划技术群体的理性知识生产，而且是社会“集体智慧”的结晶，其中包括政府部门、企业、市民不同角度对规划理想的折射。城市规划政策决策就是社会建构的结果[2]，建构过程是一个社会主体间互动的过程，形成政策的过程中，合作、沟通、协商、联盟、争论、妥协等社会要素都发挥重要影响。

协商政治的价值基础是协商民主。协商政治是多元的社会主体为了实现利益目标，通过协商进行利益表达、协调和实现的民主形式。[3] 何为协商民主？协商民主体现为一种决策方式，通过平等对话共同协商的方式形成公共政策，对话、协商的目的在于使人们在做出决定的时候能够慎重考虑。[4] 规划方案编制技术的专业化大为减少了其他政府部门、城市经济组织、政治组织以及市民个人直接进入制定规划政策过程的可能性。因此，规划政策过程的协商民主显得极为重要。

协商政治有助于增进政策过程的公开、透明、回应性与责任性。巴巴拉·卡罗尔等学者指出，公共参与可以促进政府政策制定和执行的合法化。[5] 好的公共政策取决于是否拥有充分的信息资源，而多渠道的信息来源就是最好的途径，吸引公众参与也是吸收信息的方法，公民参与规划确认了公民在政策过程中的权利关系，也是维系政府和公众合作，增进了解的途径，经过多次合作和参与，公民就可以成为政策过程中的积极力量，成为政府公共事务治理的合作伙伴。

规划决策的组织结构需要由单向的线形结构走向均衡的网络状结构。规划政策决策参与主体有行政官员群体、专业技术群体、企业利益群体、民间社会团体等，共同组成一个网络结构，网络交接点间的权力运行应当是相互制衡的、透明的、公开的。[6] 网络组织通过速度、弹性、整合

---

[1] 刘保．作为一种范式的社会建构主义 [J]. 中国青年政治学院学报，2006 (7): 49-54.

[2] 社会建构主义是从知识社会学领域发展而来的理论范式，代表着一种认识论和方法论视角的转换。根据 1999 年剑桥哲学辞典的界定：“社会建构主义共性的观点是，某些领域的知识是我们的社会实践和社会制度的产物，或者相关的社会群体互动和协商的结果。”

[3] 杨弘．试论社会协商政治制度的构建——以政治制度化过程为视角 [J]. 内蒙古大学学报 (哲学社会科学版)，2009，41 (1): 88-92.

[4] 季乃礼．个人主义、协商民主与中国的实践——以哈贝马斯的协商政治为例 [J]. 理论与改革，2010 (1): 40-43.

[5] 梁莹．公共政策过程中的“信任” [J]. 理论探讨，2005，(9): 122-125.

[6] 郑金等．城市规划决策中的寻租分析及其防范 [J]. 华中建筑，2006，24: 112-123.

和创新来实现组织的秩序，实现组织的效率目标；网络结构对环境的适应性提高，网络效能得到提高。[1] 因为网络组织会实现与制度环境的互动，会吸收环境中有利的因素，对不利的因素也能够做出灵活的回应。网络无中心，模糊了组织边界，形成多边联系，使组织与外部环境、社会治理主体之间具有更多互动机会。在政策网络中，各种治理主体通过对话和协商，交流信息，减少分歧，在改善互动关系的同时促成各方都可以接受的规划方案形成。[2]

3.3.2　信任合作文化的培养

信任是重要的社会资本，城市规划师和政府决策者、社会公众之间建立良好的互信关系是开展治理的重要基础前提，如果咨询者和决策者之间缺乏信任，再好的咨询建议难以被采纳；如果规划师失去社会公信力，规划师也就失去了承担社会职责的机会。如果政府和公众之间失去信任，政令难行，民意不达，和谐社会难以构建。

协商网络的建立需要信任，协商网络要求行动者培育相互信任，彼此尊重和具有宽容精神的合作性文化。[3] 规划参谋者和城市决策者之间信任文化的建立需要通过实践累积。通过研究认为，参谋要实干，说真话、干实事、有实效，所提出咨询建议经过实践检验是科学的，决策者就会树立对参谋的信任，今后的决策问题上愿意听取参谋建议，而形成良性循环。如果规划参谋者给不出好的参谋建议，或者经不起实践检验的建议，那么就会失去信任，失去参谋地位。

规划专家在社会中的权威地位也是通过信任的累积得以确立。能够在规划决策参与过程中，坚持规划科学客观规律，具有独立思想的学者，对社会行为规范起到表率作用，终会获得社会的认可，确立有影响力的社会地位。决策者也会对这样的专家给予尊重，在重大决策时听取专家意见，慎重考虑专家的决策建议。

培养信任的社会规范中最为重要的就是互利互惠原则。[4] 相互信任的基础是以互惠为基础的交往行为，互惠可以更有效地约束投机。[5] 这种互惠的规则一方面加强了交换双方的社会资本规模；另一方面又促进了公民参与决策的公共精神，信任合作文化的培养有利于公民社会的建立。

3.3.3　参与主体及行动逻辑

参与制定政策的行动主体是公共政策研究的重要内容，豪利特认为，"行动主体在政策过程中扮演着重要角色。"[6] 中国公共政策制度化和法定化主体是官僚，改革开放前，决策权力主要垄

[1]　朱晓红 . 浅析社会治理体系的网络结构及其过渡形式 [J]. 学习论坛，2008，24 (12): 50-52.

[2]　杨蓓蕾 . 面向发展质量的城市社区治理研究——以上海市相关社区为例 [D]. 上海：同济大学，2007.

[3]　蔡全胜 . 治理：合作网络的视野 [D]. 厦门：厦门大学，2002.

[4]　许征 . 民主政治与社会资本——论罗伯特·帕特南的民主理论及其对政治学方法论的新突破 [J]. 复旦政治学评论，2003 (1): 339-355.

[5]　梁莹 . 公共政策过程中的"信任"[J]. 理论探讨，2005，(9) .122-125.

[6]　[加] 迈克尔·豪利特，M·拉米什 . 公共政策研究——政策循环与政策子系统 [M]. 北京：北京三联书店，2006.

断在各级官僚手中[1]，社会力量难以影响政策过程。随着改革开放的深入，社会结构发生变迁，出现不同的群体代表的利益集团。社会主体通过不同的途径影响政策决策，专家利用权威地位和专业知识取得更多的影响力；利益集团利用资本优势争取更多的话语权，或者进行权力寻租，与政府部门结成政策联盟。政体理论揭示：政治、经济、知识精英形成了城市发展政策的“铁三角”关系。随着社会民主的发展，非政府组织和普通市民的力量壮大，与专家学者、利益集团一道参与到公共政策制定过程中。下表梳理了不同利益主体参与规划的目标和政策影响力作用方式。

不同参与决策主体在各政策制定环节的参与目标和影响力 **表 3-5**

参与主体	政策议题	政策方案	政策合法化	政策决策	政策执行	政策评估
上级规划行政部门	贯彻上级政策目标	做好宏观战略的要素管控	——	——	——	监督法定规划执行情况
市人大	保障社会民生发展目标实现	——	监督合法化过程	行使对规划法律化的决策权力	——	监督政府工作
市委	城市发展战略性目标确立，重大热点难点问题的关注	一般不参与；个别市委领导热心规划编制	规划思想统一的决定性力量	一般不直接参与决策，个别直接参与决策	——	监督政府工作
市政府	城市发展战略性目标确立，针对解决热点难点问题的规划项目任务	参与规划编制，参与阶段有所差异，有的在前期指导，有的在后期讨论，也有全程参与的	规划政策达成共识的决定性力量	拥有最终决策权力	发布政策执行命令，组织规划实施	检讨自身政府工作
规划局	接受上级政府的任务要求；或者根据部门职能提出规划议题	组织规划编制，全程参与规划编制的技术决策过程	规划政策达成共识的主导推动力量	参与决策权，在不同城市的政府组织架构中有不同的影响力	协调社会行动，促进规划实施	分析原因，检讨规划目标
规划咨询机构	承担规划咨询任务，或者自主提出有关城市发展的研究课题	规划咨询方案的直接编制者。提出规划初步方案，接受技术审查，执行规划编制的各项工作要求	规划思想宣传的行动者，推动达成共识的直接力量	参与决策权，影响力根据咨询机构团体可信度和规划师个人威望而不同	——	检讨规划目标
专家	倡导城市发展应该关注的热点问题	作为编制团队成员或技术顾问参与规划编制	规划思想倡导的有力推动者	参与决策权，个别专家有较大决策影响力	——	社会监督
企业利益集团	提出企业自身利益相关的政策议题	自己委托的设计项目有绝对主导权，公共规划项目有参与权	社会协同的重要对象	参与决策权，个别利益集团有较大决策影响力	参与城市建设的具体行动	社会监督
市民公众	提出自身利益相关的问题	参与建议	社会协同的基础对象	参与决策权，在控制性规划和社区规划层面有较大影响力	除社区层面外，一般不直接参与城市建设	社会监督

[1] 陈水生．当代中国公共政策过程中利益集团的行动逻辑——基于典型公共政策案例的分析[D].上海：复旦大学，2010.

续表

参与主体	政策议题	政策方案	政策合法化	政策决策	政策执行	政策评估
社会组织	倡导公众利益问题	参与建议	社会协同的重要对象	参与决策权，在与其相关的问题方面有较大影响力	一般不直接参与城市建设	社会监督
媒体	倡导舆论应关注的城市问题	参与建议	社会协同的关键对象	舆论导向影响力较大	——	社会监督

不同参与决策主体在各政策制定环节影响决策的作用方式　　表 3-6

参与主体	政策议题	政策方案	政策合法化	政策决策	政策执行	政策评估
上级规划行政部门	直接发布文件、间接引导	审查	——	审批或技术审查	出台政策督促规划实现	督查
市人大	提出任务	专题审议	会议	审批	——	督查
市委	布置任务	专题审议	正式会议或非正式意图传递	非正式表达决策建议	——	检查
市政府	布置任务	审议、决策	正式会议或非正式意图传递	会议集体决策	布置任务	考核各行政机构
规划局	承担任务	组织技术讨论、技术审查	正式会议 非正式沟通	受市政府委托授权审批某些规划方案	——	执行规划评估
规划咨询机构	提出建议	技术讨论	技术汇报	——	——	——
专家	提出建议	技术咨询、参与技术审查	讲座报告 评审会议发言	——	——	——
企业利益集团	提出建议	参与讨论	正式会议发言或书面建议	——	参与相关项目实施	——
市民公众	建议呼吁	参与讨论	正式会议发言或书面建议	——	——	——
社会组织	建议呼吁	参与讨论	正式会议发言或书面建议	——	——	社会监督
媒体	舆论呼吁	发布信息	舆论导向，舆情引导	——	——	社会监督

规划决策不单是政府规划部门纯技术理性的活动，而是多元行动主体之间利用各自资源与权力进行利益博弈的结果。我国公共政策过程中参与者行动逻辑遵循公共选择理论个体选择行为模型，公共选择理论用经济学理论来分析政治行为。在政策制定过程，政府决策者面临政治压力，政府行为的价值取向既不是公共利益，也不是团体利益，主要通过政治家的个人行为来实现的。[1]参与者从自身利益最大化角度参与政策制定，只不过不同主体关注和衡量价值最大化的重点不同，有的只关注经济利益，有的关注社会利益和政治利益。现实中的人不会完全符合理论模式，做出

[1] 陈水生．当代中国公共政策过程中利益集团的行动逻辑——基于典型公共政策案例的分析 [D]. 上海：复旦大学，2010.

非此即彼的某一种选择的，他们会从复杂的实际出发，面对不同的问题应用不同的策略。个人会综合权衡自身利益、组织利益、政治利益和公共利益[1]，个人受环境和意识形态影响支配的情况也很多。比如在规划决策中拥有决策权的政府决策者和行政官员，政府决策者是委任官员，理论上代表人民的利益，其决策取向为人民谋利益的。事实上，在我国的政治体制下，政府决策者是上级组织任命的，其决策取向跟着干部考核的指挥棒转，实际就是服从上级领导指令。一般行政官员的职责是执行，直接的依据上级领导机构的决策和法律制度规定[2]，其直接责任对象就是主管领导和直接上级组织，因此，在长官意志和公众意志之间，往往优先选择服从领导和上级指令。[3]

政策过程实际上是人们围绕特定政策诉求所进行的一系列政治活动，也是各种政治变量之间不断进行互动的过程。[4]亨廷顿在概括政治变迁研究途径时曾经提出，政治系统不同组成部分之间的变量包括政治文化、政治结构、社会群体、政治领导层及政策内容[5]，这五个方面的变量是政策过程中最基本的变量。引申到城市规划政策决策系统，可以理解为：城市领导者、市民、社会政治文化、行政组织结构、规划咨询技术内容都是理解各参与主体行动逻辑的线索。

3.3.4 协商网络模式

协商网络是多中心的公共行动体系。我们生活在一个相互依赖的环境中，行动者之间的相互依存关系体现在制度、组织、物质、信息、人力、资源等多个方面。[6]就像解决城市规划这样的公共事务问题，政府或者社会组织都无法不依赖其他主体独立解决公共问题，在这个网络里，相互依赖的行动者通过共享知识，交换权利，明确目标，积极协商，争取形成共同的认知。[7]城市规划管理已经成为由政府部门、企业、社会组织和市民共同组成的公共行动体系。在这一过程中，各种主体相互依赖，针对特定问题协调目标与偏好，最终形成共同的城市发展理想。多元化的公共管理主体依靠自己的优势和资源，通过对话树立共同目标，增进理解和相互信任，最终建立一种共同承担风险的公共事务管理联合体。[8]

网络强调合作和与环境互动，各参与主体考虑自身行动对第三者或其他系统的不良影响，从而适当进行自我约束，最大限度地消除“噪声”。[9]吉尔斯·佩奎特认为，网络是合意或动机导向

[1] 保罗·A.萨巴蒂尔.政策过程理论[M].北京：北京三联出版社.2004.

[2] 杨淑萍.行政分权视野下地方责任政府的构建[D].北京：中央民族大学，2007.

[3] [美]特里·L·库珀.行政伦理学：实现行政责任的途径[M].北京：中国人民大学出版社，2001.

[4] 徐湘林.从政治发展理论到政策过程理论——中国政治改革研究的中层理论建构探讨[J].中国社会科学，2004(3)：108-120.

[5] 亨廷顿.杨豫，陈祖洲译.导致变化的变化：现代化、发展和政治，西里尔·布莱克主编，比较现代化[M].上海：上海译文出版社，1996：82-83.

[6] 蒋永甫.网络化治理：一种资源依赖的视角[J].学习论坛，2012，28(8)：51-56.

[7] 蔡全胜.治理：合作网络的视野[D].厦门：厦门大学，2002.

[8] 钱海梅.关于多元治理主体责任界限模糊性的思考[J].改革与战略，2007，(6)：44-47.

[9] 罗小龙，张京祥.管治理念与中国城市规划的公众参与[J].城市规划汇刊，2001(3)：59-62.

型的组织和制度，网络的多边制衡结构要求行动者认同组织目标，进而采取合作行动。在规划政策网络中，每个行动者所做的事几乎都会对其他行动者产生影响，所以行动者在考虑个人的行动策略时都会考虑其他行动者的选择，为了扩大从集体行动中获利的空间，行动者在不断的互动中会采取合作策略，相互依赖的公共行动者由于利益相关，信息共享，更有动机和条件采取合作行动，以创造多赢的机会。[1]

从参与协商的利益群体代表数量和其对决策影响力量的强弱来划分，我国的政策协商网络可以分为单极协商模式、多极协商网络模式和多元平衡网络模式。单极协商模式参与者主要是政府决策者和规划师，表现为封闭的咨询 - 决策单一路径，信息单向流动；多极协商网络参与者数量有所增加，部门、专家参与到规划决策当中，信息在多极主体间传播，相互有所影响，但是，政府决策者仍然是最主要的决策力量，具有绝对性力量优势；多元平衡网络模式增加了社会力量的参与，市民、公众组织参与规划决策，信息在网络间自由流动，决策方案在网络学习互动中形成，决策模式发生根本性改变，决策权力由于多元主体的加入而趋向均衡，政府权力和资本权力受到制衡[2]，政府与社会力量共同治理规划事务。[3]

3.4　公共治理：社会协同的制度基础

从政策视角看城市规划决策咨询活动过程，可以看作是政府过程和政治过程的一种手段和途径，因此行政组织架构、运行规则、决策机制和制度必然对规划咨询活动的效用产生直接的影响。规划的真正制度基础是存在于社会系统的一种特定的合法化、制度化的结构，城市规划所需要的合法化、制度化的权力，恰恰从属于政府的政治权力结构和社会治理结构，政治制度也是社会公共治理的前提基础，决定了政策决策过程中参与主体的位置和决策权力的关系。

3.4.1　规划部门的行政势能

只有把城市规划部门放到政府的行政架构中去考察，各种政治力量和权力关系才能得到全面的展现，才能清楚找到规划决策咨询如何发挥作用的途径和方法。

1. 规划管理部门在地方政府组织架构中的位置

我国的政府管理采取纵向上统一指挥，横向上分工协调、纵横交错的网络型的行政组织结构体系。从纵向上，我国政府组织划分为中央人民政府——省、自治区、直辖市人民政府——自治州、辖区（县）的市人民政府——县、自治县、县级市人民政府——乡、民族乡、镇人民政府五

[1] 杨晓峰 . 从公共管理社会化到公共的选择——基于高校后勤社会化进程中管理模式的探讨 [D]. 上海：华东师范大学，2004.

[2] 冯华艳 . 我国政府与社会关系的重新定位 [J]. 中共郑州市委党校学报，2006（12）：43-44.

[3] 胡正昌 . 公共治理理论及其政府治理模式的转变 [J]. 前沿，2008（5）：90-93.

个层次。[1]同时，在横向上，各级政府内部按业务性质平行划分为若干职能部门，它们主要对同级政府和首长负责，也接受对口的上级职能部门的领导。[2]

这个计划经济时期所确立起来的基本组织结构是为了方便中央统一计划的执行。我国计划经济体制在政府行政关系上所反映的就是条块的相互制衡关系。市级政府职能部门都是受到地方政府与上级部门“双重领导”，中央主管部门负责业务“事权”，地方政府掌管“人、财、物”权[3]，中央政府通过中央部委“条”的纵向职能来指导、约束地方政府的各项工作。因此，考察规划在政府职能中的位置，就很有必要向上溯源到国家部委的设置。国家层面对于城市发展建设的管理职能设置在住房与城乡建设部，这是2008年大部制改革的结果。其前身是建设部（1999-2000）、建设环保部（1987-1999）、国家计委隶属下的建设办公室（1949-1984）。因此，市级政府一般就把城市规划事权限于建设口。即使在一些城市将城市规划管理部门定位为城市的综合性管理部门，在中央政府层面仍然固守着原来的架构，其行使综合管理职能和权力时难免捉襟见肘，力不从心。

根据宁波市政府网站公开信息的政府组织机构名录（见附录E），共69家机构。规划局隶属于城建口，与城乡建委、城市管理局、环境保护局等部门归于同类，政府职能设定为城市基础建设与维护。与归口于一个界别的建委相比，还缺乏建委的综合协调权力。地方政府的委、局、办（决策、执行、监督）在权力和职能有所差异。委员会具有政策的制定权，局只有执行权。虽然都是平行的单位，但是互相制约。委员会有综合协调能力，局是按业务分工设立的办事单位，其地位就低于作为组织部门的委。在不同级别的地方城市政府序列中，规划局一直是归属于建委口，有的是一级局，有些城市规划局还是二级局，在城市规划法颁布的前后，我国各大城市政府把城市规划职能单独提升出来，先后成立了政府直属的一级局。[4]

2. 条块夹缝中艰难协调的规划部门

我国现行的城市规划制度基本上还是计划经济体制下制度安排的延续。在计划经济体制下，城市规划被认为是经济计划的具体化，也就是把各项“条”项目进行综合后在地域空间上进行落实。

在计划经济体制下强调纵向“条”领导，疏于横向“块”协调，大量的发展计划以纵向系统为基础进行制定和执行。各部门都有对上的“条”体系的管理和约束，各个部门都有自己的规划，有的甚至与城市规划矛盾冲突；相关部门的条例、规章与城市规划条例和技术规范也存在着诸多冲突[5]；同时，城市各项职能之间又明确存在“块”的分割，各个区县、各个管委会的发展与城市总体规划目标也有不一致的情况，空间布局难以协调。

---

[1] 石佑启等．论我国行政组织结构的优化[J]．湖北民族学院学报（哲学社会科学版），2010，28（1）：99-106.

[2] 伍玉明等．行政机关组织建设必须与政府职能的转变相适应[J]．行政论坛，2005，（4）：22-24.

[3] 杨淑萍．行政分权视野下地方责任政府的构建[D]．北京：中央民族大学，2007.

[4] 曹传新等．我国城市规划编制地位提升过程分析及发展态势[J]．经济地理，2005，25（5）：638-641.

[5] 曹春华．转型期城市规划运行机制研究——以重庆市都市区为例[D]．重庆：重庆大学，2005.

“条”和“块”之间长期存在矛盾，而且造成了纵向发展的有序性和横向发展的无序性，是当今许多城市发展中的基本矛盾。城市规划是一项综合性很强的工作，任何对土地和空间的使用都会涉及利益问题[1]，城市空间布局涉及发改、土地、交通、市政、环保、消防、人防等众多部门。在城市规划实施的各个方面和各个阶段都存在着如何和这些相关部门协同工作的问题。城市规划主管部门以公共利益最大化为目的统筹协调部门利益，规划部门统筹各部门的空间要求，并且提出统一的空间安排计划，进而落实到规划决策中去，而其他部门也同样希望本部门的利益最大化，希望自己的利益诉求得到落实。因此，在这种部门间的利益之争中，规划部门的专业理性难以在规划过程中得到全面贯彻。

在地方政府设置的行政管理部门组织机构中，城市规划与其他行政主管部门是并列结构，但是地位却有分别，与经济发展有关的，能够产生直接经济收益的管理部门处于强势地位，社会发展管理和不直接产生经济效益的管理部门处于相对弱势地位。强势部门拥有制定经济、社会政策的权力，城市规划部门需要围绕这些强势部门的需求而运行，表现为发展计划的执行和空间要素的保障服务。[2]地方的规划职能部门充当技术咨询和执行角色，几乎难于参与到地方政府的一些发展事务决策。因此，城市规划的综合协调工作变得十分困难，“协调失败”也是规划工作的常见现象。

3.4.2　城市规划决策链

政策制定可以看作是一系列相互次序连接的环节组成的闭合链，尽管现实世界中这些活动并一定完全按照时间先后顺序的依次进行，反而很多时候是同时，甚至交错发生；不同的政策参与主体也可能有先后时序参与到规划决策的某个环节，也可能同时参与到一个政策环节。但是，对于考察规划政策制定过程来讲，把政策制定活动划分为几个环节，组织成有序的决策链，有利于研究问题的深入考察和分析。

我国政策决策过程一般经过政策议题设立、政策方案选择、决策前协同、正式决策、政策执行、政策评价。

①政策议题：受到政府、公众、专家共同关注的关系社会公共利益的公共问题，开始进入政府议事日程，被确立为公共政策议题。

②政策方案：政策咨询机构收集相关决策信息，经过综合研究提出解决问题的多方案备选，决策者根据咨询决策方案，结合其他的决策信息和个人经验，经过政策咨询决策程序，进行选择和判断，基本确立政策思路和方案。

③决策前协同：决策者就拟定的政策方案进行社会协同，包括政治家之间的统一思想，沟通

[1]　孙施文等．现行政府管理体制对城市规划作用的影响 [J]. 城市规划学刊，2007，(5)：32-39.

[2]　蔡泰成．我国城市规划机构设置及职能研究 [D]. 广州：华南理工大学，2011.

讨论和协商谅解，以及相关利益团体的博弈，社会民众的对话和沟通，最终形成基本达成共识的统一的意见。

④政策决策：决策条件成熟后，大多通过正式会议形式进行表决。

⑤政策执行：政策文件需要政府行政机构层层贯彻落实，执行政策。

⑥政策评估：实施一定时期的政策，需要对解决问题的目标和实际绩效进行评价，用于政策修正或终止政策。

我国的政策决策过程与西方政策决策过程相比较，有一个非常重要的决策前协同环节，因为我国实行的党政合一的政治行政体制，政策决策主要的形式是党领导下的政府首长集中决策制度，一般以会议的形式进行讨论和表决，正式会议是确认决策前的协同结果的形式，正式决策之前需要做好政治家之间、部门之间、政府和社会公众之间的博弈和谅解沟通，这个决策前的沟通、讨论、协商非常重要，实际上决定着政策能否出台。充分认识决策前协同环节的重要性是理解我国政策决策的关键。对于城市规划决策而言，这个环节更为重要，由于规划的专业性特征，规划决策前的协同需要耗费更多的时间和精力，去进行不同层面的知识传播，价值沟通，包括利益博弈，获得各层面的理解和认同之后，才能进入到正式决策环节。

城市规划决策具有层次性，根据决策主体、决策内容和决策行为影响范围的不同，可以分为政治决策、行政决策和技术决策。政治决策主要指由市委、市政府做出的关于城市发展战略和重大项目的决策。行政决策主要指规划行政管理部门关于城市建设行为管理的日常工作及决策，即"一书两证"行政许可的过程；技术决策指编制规划项目的规划技术研究过程和技术审查过程（包括专家论证过程）。从狭义讲，只有政治决策才属于规划决策，但是，从广义讲，技术决策已经在进行决策了，技术决策是政策决策的前期研究和基础内容，政策决策进一步从法律意义上肯定了技术决策。行政决策则是政治决策做出后的具体执行环节的管理决策。在技术决策层面关注的是技术合理性、技术可行性等；在行政决策层面关注是审批的合法性，程序合法和技术合规；而在政治决策层面，更为关注的政策可执行性，包括利益平衡，社会矛盾可控，财政可支撑，经济正效益。

一般来讲，一项规划政策的出台需要技术决策到政策决策，再到行政决策。从决策链闭合的角度讲，行政决策之后，应该把执行过程的信息反馈到规划编制过程的技术决策。

运用政策过程理论概念，对应规划专业领域的工作环节，可以把规划决策链划分为，政策议题——政策方案——决策前协同——政策决策——政策执行——政策评估。

城市规划决策链分析 **表 3-7**

政策制定过程	规划工作环节	目标	参与者
政策议题	规划任务	明确规划需要解决的问题。编制项目建议书，确认规划背景和目标要求	上级行政部门、市委、市政府、规划局、规划咨询机构、利益集团、公众舆论
政策方案	规划方案编制及技术审查	收集资料和信息，根据规划理论和具体的技术规范进行多方案的编制和技术决策	市政府领导、规划局行政官员、规划师、规划技术专家

续表

政策制定过程	规划工作环节	目标	参与者
决策前协同	规划社会协同	对规划技术决策成果进行宣传，扩大社会影响，统一思想，提高共识，寻求政治支持	市委、市政府、人大、政协、规划局、规划咨询机构、利益集团、市民组织、媒体
政策决策	规划决策	经规划决策程序，使之成为政策文件或法规	市政府领导、行政官员、专家、利益集团、公众代表
政策执行	规划实施	组织政府相关行政部门或社会组织和个人，按照规划决策结果实施	市政府各行政部门和机构、城市建设开发利益集团
政策评估	实施评估	比较规划实施结果和规划目标，进行政策评估，建议政策变更或终止	上级行政部门、同级人大、行政部门、媒体、咨询机构

3.4.3 决策过程中的权力结构

公共政策过程是各种社会主体运用其所掌握的政治资源，表达其利益要求和愿望，影响政府决策，以求在最后的政策结果中，使自己的利益偏好得到优先照顾，实现自我利益最大化的过程[1]。从决策者视角看，是政府决策者运用其所掌握的政治权力，对各种社会利益需求进行折中和平衡，进行社会价值权威性分配的过程。[2]

1. 决策权力构成

市一级决策机构中，市委、市政府、市人大、市政协和市法院、市检察院在城市规划决策过程中扮演的不同角色，下面通过分析在参与决策的规划类型和决策权力行使的形式，以及这些机构的组织构成和核心权力者，认识规划决策过程中的权力结构。

城市规划决策类型及决策权力结构 **表3-8**

	参与决策的规划类型	决策权力行使形式	组织构成	核心权力者
市委	重要战略性议题，某些重大的全局性问题；城市规划决策列入市委议程的日渐增多	书记会（或书记碰头会）、市委常委会、市委全体委员会（每年召开一两次）	书记、副书记、常委组成	书记
市政府	城镇体系规划、城市总体规划、城市详细规划、重要专项规划	市政府全体会议或市政府常务会议集体讨论市政府的重要决定；市政府的日常工作由市长办公会议研究	市政府由市长1人、副市长4～8人（其中常务副市长1人，通常常务副市长也是市委常委）、秘书长1人和各委办局主要负责人组成	市长

市人大：城市的人民代表大会及其常务委员会是城市的最高国家权力机关。

市人大对城市规划的权力主要通过管人和管事两个方面行使。管人只要指人事任命权，人大

[1] 李璇等．决策背景下的官僚主义与公共部门[J]. 广东广播电视大学学报，2006，15（4）：39-43.

[2] 廖晓明，贾清萍，黄毅峰．公共政策执行中的政治因素分析[J]. 江汉论坛，2005，（11）：18-21.

对主要行政领导具有任命权；同时监督行政人员的违法失职行为。管事的权力通过内设的“城市建设和环境保护委员会”，参与城市规划决策有关的工作；就市民关心的热点问题督察城市规划管理工作。批准城市规划地方法规和重要城市规划项目，每年就有关规划问题质询市长、分管城市规划的副市长和规划局长[1]。

市政协：政协通过对重大规划决策意见表达起到社会监督的作用。重要的城市规划问题每年一次向市人大常委会和市政协常委会联合会议报告；重大城市规划决策时事先向政协征求意见；城市规划工作接受政协监督，政协针对城市规划实施情况进行调研并提出建议和批评。

市法院和检察院：主要对城市规划管理行为进行规范和监督。违反《城乡规划法》的案件由法院受理、判决，强制纠正违法建设行为；城市规划活动中的犯罪行为接受检察院监督并处理。

2. 决策权力核心

在市一级城市规划决策系统中，人大、政协不是直接决策机构，人大决策成本高，并具有立法性质，不开展经常性决策[2]。市委、市政府是主要的决策机构。市委在城市规划决策中的作用有增强的趋势，但因党的工作性质和特点所决定，其在城市规划决策中的作用是原则性的。因此，市政府是主要的规划决策机构，由于市政府实行行政首长负责制，市长自然成为政府行政决策权力的核心[3]。目前，最为基本的规划决策模式只有3种：行政首长负责的权威决策、行政首长负责的集体决策、委员会制决策。

我国的行政首长负责制度决定了决策中心化的现象，长期以来形成了“一把手说了算”的行政决策习惯，即使在集体会议决策制度下，参与决策的其他领导和部门领导只是表达建议和意见，一般还是市委书记和市长的意见起决定性作用，而且，科层制的官僚体制使得下级服从上级成为一种组织制度，很容易把行政执行中的行为原则带到决策阶段，行政人员以上级长官意志为核心。此外，行政绩效的层级考核机制也使下级政府向上级政府负责，实质就是下级行政领导对上级领导负责，表现为我国行政官员纯粹的对上意识和行为。委员会制决策中尽管设计了制衡决策权力的制度，但是一般也是由市委书记或者市长担任委员会主任，他们的意见不可避免的附加上行政权力压力，因此，他们在决策中具有很大的影响力。综合上述分析，目前我国现行的决策体制机制中，党和政府对社会公共决策具有绝对的选择权力，党和政府负责人（市委书记或市长）是绝对的决策权力核心。

3. 决策权力圈层结构

根据行为主体参与决策的影响力程度的差异，可以将决策分为决策层、核心参与层、边缘影响层的圈层结构，形成由内及外渐次扩散的状态。

决策层：在市一级决策机构中，市委、市政府、市人大、市政协和市法院、市检察院都属于

[1] 王新越. 新的城乡发展规划—论基层国民经济计划与城市规划的整合 [D]. 长春：东北师范大学，2004.

[2] 周建军. 转型期中国城市规划管理职能研究 [D]. 上海：同济大学，2008.

[3] 任雪冰. 行政三分制背景下的城市规划决策研究 [D]. 武汉：华中科技大学，2004.

决策层。城市规划方面的决策绝大多数是市政府决策，一般在市政府常务办公会议上做出，市长、主管城建的副市长、相关的副市长、政府秘书长、副秘书长参加。地方政府实行行政首长负责制，因此，副市长们进行讨论、商议，最终决策权在市长手里。市长在决策过程中依据对信息的掌握，综合权衡经济、社会、政治风险做出最终决策。决策层进行决策时主要有考虑利益平衡和政治稳妥以及方案切实可行。平衡和协调各方面利益是决策层首要解决的问题，也是关注的重点。要素能力的评估也是决策者综合决策考虑的重要因素，一个城市的资源总是有限的，政府战略决策总是希望把有限的资源投入到关键的战略性项目上。

核心参与层：核心参与层主要指最接近决策层的机构和个人。核心参与层一般负责起草政策文件、决定等，因此，在报告起草的过程中，已经把他们的价值判断和策略建议表达进去，他们在某种程度上直接影响了决策。

边缘影响层：位于权力圈层结构的最外层，决策影响能力较弱，需要通过与决策层或者核心参与层的互动去参与决策。

规划部门在行政决策权力圈层里的话语权与部门在政府组织架构中的位置有关，也和部门领导的个人能力有关。总体来说，在现行的行政体制架构中，规划部门一般处于边缘影响层。规划师的建议与需求不合拍，或者不是政府施政关注的焦点时，自然就被冷落甚至被抛弃。城市规划要参与到规划决策的有效途径，关键是把握好时机和途径。根据上述决策权力圈层理论，规划要达到影响决策的目标，一种是直接影响决策者，另一种就是影响核心圈层，接近起草决策文件的机构和个人，如果他们能够把城市规划部门关于城市发展的建议和策略写进报告草案，是便捷有效的影响决策途径。参与的时机也很关键，一般在重大会议、重大决定作出前夕，征集部门意见之前，规划咨询部门需要做好充分准备，把规划咨询建议提交给决策机构和核心圈层的机构，这样规划咨询能够发挥影响力的机会大增。

政策倡导者或者规划师位于权力圈层结构的位置不是固定不变的，因个人能动性和社会资本网络势能而变化。政策倡导者个人可能因为某种原因从边缘影响层跃迁至核心参与层。

3.4.4　决策过程的制度

制度设计是规划社会协同工作的基本保障，好的制度设计能够促进公共政策的形成，并且保障社会公共利益的增进。哈耶克曾经说过：“坏制度会使好人做坏事，好制度会使坏人做好事。”[1] 城市规划政策是对空间资源的配置，涉及众多社会群体利益的调整，不仅需要政策内容本身的科学和公正，更需要政策制定程序的公正。城市规划要从“工程设计”模式逐渐演变成为一种“过程控制”的公共政策设计。规划政策作为一项公共决策，需要各利益群体的共同参与，利益的调和不可能达到百分之百的满意，而主要是看政策制定程序是否合法。无论在行政首长负责制的政

[1]　汪水永．转型时期的城市规划——基于政府职能的研究 [D]. 厦门：厦门大学，2005.

府运作框架中，还是多元主体博弈的均衡网络中，决策的程序化都是确保政策合法化的关键。作为一种公共政策制定的过程，规划决策过程早已突破了技术的领域，更多的是在寻求协调各方利益的平衡点，在这个过程中应当用决策程序的透明度原则和准确度原则来保证其顺利完成。政策制定过程每个阶段都需要做好制度的设计，来保障政策程序的公正性。

首先，在规划政策方案的技术决策阶段，规划编制程序需要保证不同社会利益代表表达意见的机会，规划师听取决策者、利益相关者的需求，收集各方面的信息，在全面准确的信息基础上做出综合判断。规划方案的技术审查阶段要切实发挥专家作用，完善技术审查制度。

其次，在沟通传播阶段，需要公开公示规划政策建议的内容，帮助公众获取规划信息。同时给予利益主体必要的辩论的机会，从制度程序上要求决策者必须要聆听专家、社会民众的意见，沟通过程还要保证途径和渠道畅通，能够保障信息有效性传播，减少信息衰减。

最后在规划政策决策过程，主要建立规划决策、咨询、监督三分制的决策制度和组织机制。[1]决策咨询制度的建立有利于提高决策科学性，加强决策的信息系统和外脑的建设；公众参与规划的制度有利于提高规划的民主性；决策监督和评估制度有利于追究决策主体责任，提高决策效能，减少决策失误。

[1] 任雪冰．行政三分制背景下的城市规划决策研究[D].武汉：华中科技大学，2004.

第 4 章　城市规划决策咨询“三模式”

4.1　我国城市规划领域政策决策模式变迁

1. 我国政策决策模式变迁

我国城市规划领域的政策决策模式和所有公共政策一样，与整个社会时代背景息息相关。根据经济社会改革的阶段划分，研究城市规划政策决策模式的变迁。

（1）1949-1978 年计划经济时代，政府“一言堂”决策

计划经济时期，社会生产都是按计划进行的，城市建设也完全是政府的事情，而且大多是围绕生产建设活动。规划决策大多在政府体制内部做出，政策决策机制可以用政府“一言堂”来概括，政府完全决定了城市发展方向、建设规模和时序，一切都是按照计划执行，甚至就是城市最高行政领导的个人意志，直接决定了城市建设的决策。那是一个“威权”时代，政治权威、技术权威都可能决定政策结果，影响城市的发展。

（2）1978-2003 年经济改革主导时期，政府传统威权碎化

1978 年的全国城市工作会议和 1980 年全国城市规划会议首次提出城镇化发展方针，特别是 1994 年城市住房商品化制度改革政策出台后，城市建设进入新的历史阶段，参与城市建设的主体多元化了，城市建设领域出现了明显强大的利益团体，房地产开发商成为城市建设的主力军，他们自然成为对城市规划决策有影响的一股力量。政府对城市发展和建设的管理手段也发生变化，规划决策的机制适应时代发展需求而发生微妙的变化，政府传统的威权碎化。改革开放后，社会已经不是大一统的格局，体制外部，各种民间力量千方百计表达自己的城市理想和利益诉求；体制内部，不同层级政府，不同部门之间各有诉求。体制的权威已经被碎片化了，形成“碎片化的权威体制”。政府不可能进行“一言堂”决策，行政部门、利益集团、技术专家参与规划决策的模式出现，权力在体制内外遭受分化和转移。

（3）2003 年至今社会转型发展时期，多元民主参与决策

随着 2003 年中共中央提出科学发展观理念，社会主流价值观发生变化，中国社会进入多元价值观时代，不再单纯追求经济增长，更多关注社会和谐问题，城市发展理念和模式也随之转型，城市规划决策模式也发生变化。首先是市民社会在发展壮大，公众参与政治意识增强，参与能力提高；其次是咨询研究机构在政策领域再度活跃，参与城市发展决策的机会越来越多，建言渠道更为畅通，政策建议传输的途径多元化，决策咨询制度逐渐完善。政策信息的透明度提高，政策形成过程程序规范化，决策机制不断完善。

我国政策决策的模式机制随着社会时代的发展不断发生着变迁，随着经济体制从计划经济转变为社会主义市场经济，以及社会民主化、法制化进程的发展，同时，受着全球化、信息化的深刻影响。网络社会的信息分布形式和社会利益主体的多元化不断分解传统的威权体制。封闭的单一的政府威权决策机制已经不能适应社会形势发展需要，决策的复杂性、动态性对决策者的信息处理水平和决策能力提出了更高的要求。非政府组织、决策咨询机构、专家、社会公众都不同程度地参与到公共决策中来，逐步分解制衡政府的决策权力，并且，这些力量对决策的影响力正在逐步扩大，“外压”政策决策模式已经出现。

2. 我国政策决策机制变迁特征

综观我国政府决策机制变迁历程，可以概括变化特征为：决策权力从集权化到分权化；参与决策主体从单一化到多元化；决策机制从统治化到治理化。

（1）决策权力从集权化到分权化

我国的政治行政体制决定了集权式的决策模式，我们党领导下的政府通过绝对的集权决策统一社会行动，管理社会事务。这种模式在新中国成立之初和计划经济时代发挥了重要作用，集中决策有利于集中力量、集中资源，有利于提高行政效率，在当时的国家恢复社会经济生产的形势下有其重要实效价值。随着经济体制的改革，市场经济取代计划经济，决策的权力发生分化，从中央到地方政府的层级分化，从政府主体的集中决策发展到市场主体的分散决策，决策的风险在分担，决策的效率在提高。

（2）参与决策主体从一元化到多元化

改革开放以前的政府公共政策主体就是党政领导者，公共政策体现了执政者的施政意志和理念。政府内部行政部门对决策的参与权不大，社会力量更加没有途径和机会表达各自的意愿。随着经济社会发展进步，经济改革深度发展后，社会主体的分化导致了利益的分化，进而影响到价值观的分化；民主化的进步提出了让社会多元主体参与公共政策的要求，公共政策的民主化参与成为题中之意，社会多元主体有权利参与关乎公共利益调整的公共政策制定过程中去，并且不断提高参与决策、影响决策的能力。

（3）决策机制从统治化到治理化

我国传统的社会治理模式是大政府、小社会模式。在计划经济时代，政府负责了全社会的经济生产计划，政府通过计划、指令统治、管理社会，约束社会各项活动。随着经济体制转型为市场经济，政府的职能也发生变化，逐步减少指令，通过法律规则管理社会。进入20世纪90年代，社会公共治理理念在全球提出，各国的政府职能都发生不少变化，我国的政府职能也向服务型政府转型，开始重视社会力量，转变管理方式，加强协商、沟通、对话，政府和社会力量共同管理社会事务，政府决策的机制从统治转向治理。

3. 政策决策模式类型

政策决策模式类型的划分主要考虑政策制定过程中政府与其他参与主体的定位，政策参谋与决策核心的关系，这种关系反映了决策权力的内在关系和互动机制，也体现了行政决策的社会治理关系。从这个角度可以将政策决策分为 4 种决策模式类型：政治家个人威权的决策模式、政府智库内参决策模式、专家咨询的决策模式、公众参与的决策模式。

我国政策决策模式类型　　**表 4-1**

决策模式	决策权力分配	参与决策主体	决策开放度	公共治理程度
政治家个人威权的决策模式	完全集中在政治家手中，一言堂，首长负责	政治家（党政首长）	封闭	统治型政府，通过威权治理社会公共事务
政府智库内参决策模式	决策权力在政府领导层集体	政府集体领导班子、政府相关部门	半封闭	统治、管理型政府，通过行政指令管理社会事务
专家咨询的决策模式	让渡一部分政府决策权力给专家和政策咨询机构	政府、部门、咨询研究机构专家	半开放	管理型政府，社会精英参与社会管理，政府职能部分转型
公众参与的决策模式	分享政府权力给社会公众	政府、部门、咨询研究机构专家、社会公众	开放	服务型政府，政府和社会力量协商、沟通的治理型社会，共同管理公共事务

①政治家个人威权的决策模式：决策权力集中在政治精英，决策科学性完全依赖决策者个体素质，是统治型政府的封闭决策模式。

②政府智库内参决策模式：决策权力扩展到政府决策机构集体，政府内部参谋机构参与决策，提高了决策科学性，但是仍然是政府内部的半封闭决策。

③专家咨询的决策模式：决策权力向社会部分拓展，社会精英和政策专家可以参与决策，决策科学性有所提高，政府职能加强管理服务。

④公众参与的决策模式：决策权力与社会分享，政府、专家、社会共同参与公共决策，共同管理社会事务，治理型社会的管理模式。

4.2　基于政策网络的城市规划决策咨询模式类型

政策网络是政府与其他利益者之间的互动模式，所有参与者因为权威、资金、信息、专业技术和知识等资源相互依赖，结合成行动联盟或者利益共同体[1]，政策网络可以用来分析政策参与过程中政府和其他参与者关系的方法和理论框架。

规划决策不单是政府规划部门纯技术理性的活动，而是多元行动主体之间利用各自资源与权力进行利益博弈的结果。在政策制定过程中利益相关者之间建立互动，进行沟通与协商，以增进彼此的利益，参与者的政策偏好被满足，政策诉求获得重视。[2]

[1]　陈水生．当代中国公共政策过程中利益集团的行动逻辑 [D]. 上海：复旦大学，2010.

[2]　李伟权．参与式回应型政府建设问题探讨 [J]. 学术研究，2010（6）：49-53.

根据不同的城市规划决策参与主体的差别，以及决策权力在互动过程中的转移、分解、重组、整合，将规划决策咨询模式分为三种：政府一元决策的单极说服模式；专家、部门参与决策的多极协商模式；社会主体参与决策的网络治理模式。

4.2.1 政府一元决策的单极说服模式

政府一元决策的单极说服模式主要的决策参与者有政府决策者和政策倡导者。决策权力完全掌握在决策者手中，倡导者若想参与决策，只有通过价值沟通影响决策者个人的思想认识。保持决策者和政策倡导者之间畅通的信息沟通渠道，建立两者之间稳定的信任关系，就容易达成一致的共识，规划决策咨询建议也能够顺利转化为政策，实现影响决策的目标，发挥规划咨询的参谋作用。

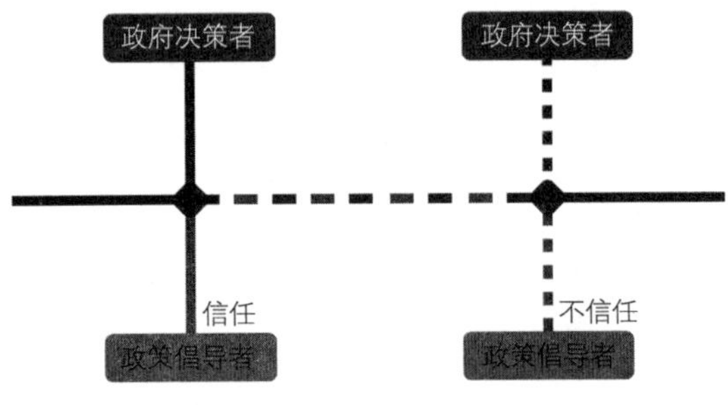

图 4-1 政府一元决策的单极说服模式关系

1. 知识传播过程

在这种模式里，知识传播是简单的直线传播，信息在决策者和倡导者之间单通道传递，方向可能是单向或双向的。规划咨询建议从倡导者讲述给决策者，决策者也可能把思想灌输给倡导者，最终的知识在双向沟通中重新建构。其中，说服能力起到关键作用，如果规划师的理性说服能力强，规划方案建议有理有据，就有可能说服决策者采纳建议。反之，也有可能被决策者说服。

2. 价值沟通过程

规划师以技术专家的身份向决策者提出建议，并向权力讲述规划的“真理”，最终以决策者信服规划师的说理而做出决策。这个过程的主要参与者就是政策倡导者和政府决策者两极，这种价值沟通过程看似简单明了，但是，缺乏权力制衡的单中心和单通道的价值沟通具有很大的脆弱性，能否沟通成功受到其他非专业因素的影响，两者之间的信任关系成为最关键的影响因素，如果决策者不信规划师，由此也不会相信规划师的方案建议，决策咨询就会失效。只有在互相信任的基础上，规划咨询建议才有可能被决策采纳。

3. 协商网络结构

城市政府作为社会秩序维护者和城市管理者拥有制定社会规则的实权[1]，政府权力通过国家行政制度安排获得，具有正当性。中国传统政治文化强化了政府威权，社会民众敬畏威权，政府在社会事务管理中具有绝对统治权。规划决策权力基本掌握在政府决策者个人手里，城市规划方案的选择和决策过程参与的力量单一，倡导者的参与决策的力量也是十分有限，规划决策咨询参

[1] 胡娟 . 旧城更新进程中的城市规划决策分析——以武汉汉正街为例 [D]. 武汉：华中科技大学，2010.

谋作用的发挥受到很强的主观因素限制。政策网络结构相对简明，就是决策者和政策倡导者之间的单极协商结构。

4. 公共治理基础

我国国家行政机关实行首长责任制，即行政首长主持全面工作，重大问题决策，由行政首长召集和主持全体会议或常务会议的形式讨论决定，在充分发扬民主、集体讨论的基础上，由行政首长最终决策。这种“会议讨论、首长负责”的决策形式明显体现了中央集权的政治治理结构。[1]中国政治过程突出了权力精英在中国政治决策中的作用，主要表现为权力精英对社会利益的综合与表达[2]，表现为政治精英之间的政治折中，政治精英和经济精英之间的利益交换，政治精英和技术精英之间的互相支撑。

总之，政府一元决策模式具有封闭性，信息传递通道单一，决策参与主体少，决策结果取决于说服沟通能力和信任关系。

4.2.2　专家、部门参与决策的多极协商模式

我国规划决策目前主要是政府内化的决策，政策协商表现为政府部门之间的协商和博弈，在市民力量尚未成长起来的阶段，专家和部门在规划决策中的作用和影响力不可忽视，专业技术性较强的规划咨询案例中，专家和专业部门的影响力量更为突出。专家对决策者的思想价值沟通过程最为关键，成为多极协商模式中最重要的环节，多极决策模式展现了权力的变化，参与主体根据利益需要进行权力结合，寻求建立有利于自己的政策网络。

1. 知识传播过程

城市规划是一项专业技术较强的社会实践，规划的知识传播过程也是建立学术共同体的过程，大家由于具有相同的技术知识和价值理念而构成一个群体，规划知识的传播也是扩大这个知识共同体的过程。

专家在规划编制和决策过程中起到重要而关键的作用。城市规划编制办法明确规定了编制审批过程中的专家评审环节。有些城市制定《城市规划决策专家咨询办法》的政府规章，确立专家在规划决策咨询机制中的重要地位。规划领域的名师效应也很明显，某些声誉高的知名规划专家对决策者能产生较大的影响力，如市政府的规划顾问专家；某些交通、市政工程等专项领域的知名技术专家对重大专项规划的决策起到更为关键的影响作用，如轨道交通专家、桥梁专家。由于工程领域的专业知识性很强，而且市政工程建设关系百年大计，决策结果影响重大，社会责任和风险较高，因此，城市决策者更倾向于专家的建议。在这类规划决策中，专家对最终方案的选择往往具有决定性影响作用，决策影响力远远大于其他力量。

---

[1]　罗依平．政府决策机制优化研究 [D]. 苏州：苏州大学，2006.

[2]　胡伟．政府过程 [M]. 杭州：浙江人民出版社，1998.

2. 价值沟通过程

城市规划领域的政策制定过程，往往是政府规划部门先提出规划方案，然后经过相应部门参与讨论，以及少数掌握一定资源的利益集团和专家学者参与了讨论协商，表达了相应群体的利益和自己的政策偏好，规划方案经过技术修正完善后，提交政府决策，政府决策者通过会议形式进行最后决策。

在多极主体的参与情况下，价值沟通就相对复杂一些，需要鉴别各个主体的价值目标，找到价值差异，并针对不同的价值判断进行有针对性的沟通，沟通角色安排还需要考虑不同决策主体的影响力量，在专业型规划中尽量请专家进行价值沟通，增强说服力；同时利用不同主体的相互关系，组织不同主体参加的价值沟通活动，开展不同层次的沟通会议，以进行分而化之和定向沟通，提高价值沟通的效果。

多极协商决策模式变化类型 **表 4-2**

	变化模式一	变化模式二	变化模式三
决策主体 1	政府决策者	部门 + 政府决策者	专家 + 政府决策者
决策主体 2	部门	专家	部门
决策主体 3	政策倡导者 + 专家	政策倡导者	政策倡导者
权力偏移路径	政策倡导者 + 专家	部门 + 政府决策者	专家 + 政府决策者

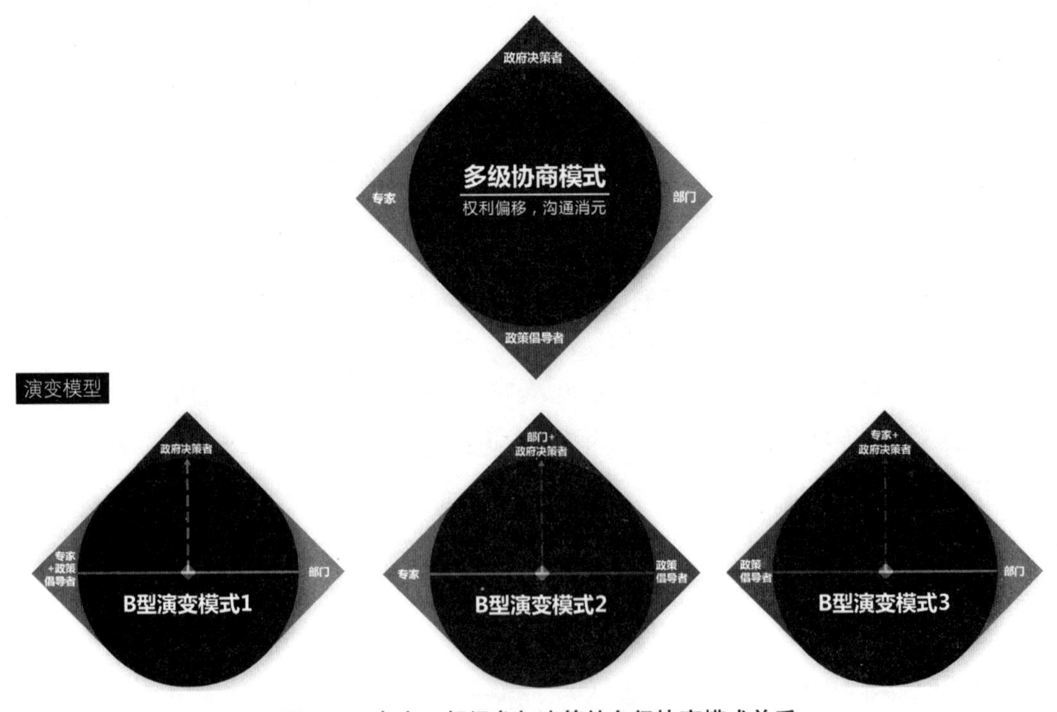

图 4-2　专家、部门参与决策的多级协商模式关系

3. 协商网络结构

决策参与者为四大主体：政府决策者、政策倡导者（规划部门）、专家、部门。政策协商网络构成者多为国家机构主导，或者是政府部门与企业结成的利益共同体主导。

一般情况下，多极网络有下面 3 种变化模式，达到稳定的“三角模式”。拥有决策权力的一极是政府决策者，这方的力量还可能进一步扩大，比如政府决策者依靠专家和行政部门的支持。对于政策倡导者来说，主要的目标是结成政策联盟，争取更多的政策支持者，因此，与专家结成共同体，借助专家力量是最有效的办法，也是政策倡导者一极最有可能的力量变化方向。当然，如果政府决策者与倡导者的价值观一致，支持规划决策咨询建议，形成较为强大的政策同盟，那么，主要的工作是与持不同观念的部门进行价值沟通，由于存在部门利益，因此部门和区级政府的想法不一定和市政府的全局理念完全一致。在多极网络模式中，市政府的决策权力并不是一家独大，市政府的决策者同其他部门的委员和非政府委员，具有同样的决策参与权力。尽管这份权力的大小还是有差别的，但是在规划决策的权力互动中，这种权力关系明显变得复杂化了，最终影响决策的结果有了不确定指向的特性，为了影响最终决策，不同的参与主体都推动权力偏移，希望尽可能减少持有不同异见的力量，联合相同政见者，形成政策联盟。

4. 公共治理基础

尽管行政首长负责制仍然是地方政府行政制度安排，但随着政府职能的多样化、专业化，政府权力被分解为部门权力，政府间横向的权力制衡是我国行政架构的本意。在规划决策中，规划决策过程需要得到其他部门的协同认可。在城市规划公共政策的制定过程中，政府部门之间的协同是最基本的要求，部门参与规划编制是重要的规划编制组织原则之一。与规划政策密切相关的政府部门有发改委、建委、环保、国土、交通、水利等等，某些专项规划还涉及教育、医疗、体育、文化、电力、城管、人防、消防等部门。有些城市的专项规划是规划部门编制，专业部门参与；有些是专业部门与规划部门联合组织编制，有些是专业部门牵头组织，规划部门负责技术协同。总之，参与委托的专业部门在规划编制过程中，提出部门诉求，提供基础资料，参与规划方案的讨论和技术审查，对规划方案的影响作用还是比较大的，这种组织模式的城市规划编制效果也很好。在规划编制过程中就做好了思想的沟通，知识的分享，有不同意见也在规划编制过程中进行了沟通和协商，在充分价值沟通的基础上才能够达成规划思想共识。只有政府部门之间思想统一了，进入决策程序时，大家一致同意规划咨询方案建议，政策决策者才容易做出最终决策。

4.2.3　社会主体参与决策的网络治理模式

随着改革开放的深入，多元化民主化思潮兴起，社会出现多元利益主体，并开始追求公平、正义和个人价值，市民对物权、产权显著重视，公众的民主、法制和维权意识也愈渐加强，对城市规划的空间利益分配更加关心，民众参与规划意识不断提高。城市规划决策面临更为复杂多变的社会环境，参与决策的主体日益多元化，并且形成网络结构，这个网还不是普通的直线，也不是平面的关系，而是立体的球状的网，每个主体都与其他主体有关系，网络治理模式中的主体受到网络中各种力量的钳制，也是各个主体参与决策权力互相强化的过程。

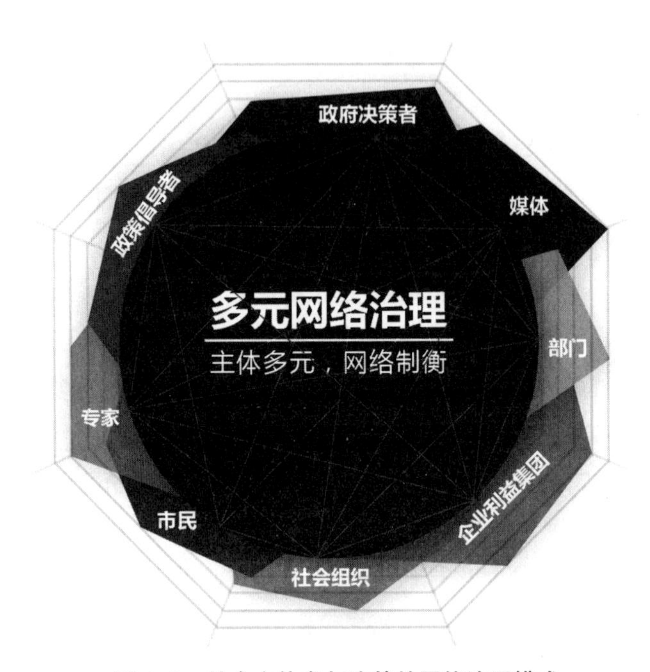

图 4-3　社会主体参与决策的网络治理模式

1. 知识传播过程

在多元网络治理模式中，知识传播的过程就是建立社会学习共同体网络，这是共同体更为高级的阶段，知识的建构通过网络互动来完成，随着信息化手段的进步，加入网络的社会成员越来越多，学习的途径和手段更为多样化。规划咨询的建议是所有社会成员在相互学习过程中互动形成的结果，政策是公共参与者共同学习的产物。

这个知识传播过程的影响力量取决于知识扩展能力，把规划知识进行编码，通过信息转化，扩展更大的影响。由于规划技术的专业性，规划师还是占据知识优势，但是，这种优势并不能成为压迫征服其他主体的力量，反而需要帮助其他社会主体了解规划，提供规划专业技术援助。

2. 价值沟通过程

多元网络治理模式的价值沟通是多向的，不同的主体拥有不同的价值观，因此价值冲突是必然存在的，价值观通过网络结构造成互相影响。同时由于多元主体存在于网络结构之中，价值沟通效果的不确定性很大，特别是信息时代，新媒体和自媒体的快速发展，谁控制了舆论谁就赢得了话语权。微时代造就了一大批公众传播源，规划政策倡导者也必须掌握网络时代的舆论工具，进行多种形式的价值沟通。传统的面对面的沟通依然有效，但是需要适应面对网络平台的公众对象的价值沟通形式。第二，网络治理结构极大地提升了市民公众的力量，普通公众对规划决策的影响力在逐渐增大。规划决策已经不得不放在阳光下接受监督，规划的公众参与成为可能，并且逐步做实。特别在旧城区改造、控制性详细规划、社区规划层面，社会公众的力量已不容忽视；公众对规划编制所提的意见对方案起到很大的影响，社区规划甚至必须要满足大多数社区居民的意愿，村庄规划明确规定必须通过全体村民大会通过。

3. 协商网络结构

参与决策的主体日趋多元化，有政府决策者、政策倡导者、专家、部门、企业利益集团、社会组织、市民、媒体等，代表着不同的社会力量，有着不同的利益诉求。并且这些主体之间有着千丝万缕的联系，不断进行对话、协商，进行价值思想的沟通，相互依赖而结成政策网络。而且，在政策制定过程中还会出现动态变化，权力和利益在这个过程中发生偏移、交换，达成一种网络制衡结构；平衡治理的政策协商网络制度是将规划决策变成由政府、专家、公众等共同研究、磋商与讨论的互动过程，在网络治理中，经过利益交换、讨价还价，意见妥协，形成各方力量平衡的结果，使城市规划成为上至政府、下至社会公众均能接受和遵守的共同的行动准则。

4. 公共治理基础

社会治理结构在多元价值观下也发生变化，政府职能改革不断深化，政府权力逐渐回归合理范围，扩大市场力量和社会力量，形成相互制衡，协调均衡的社会治理结构。公共治理结构的改进要求建立政府、社会团体、利益团体以及个人共同参与的多元主体参与公共决策的模式，政府的管制模式由管理控制转向政府与市场和公众力量的协商与对话，共同管理社会事务。城市规划的社会属性明显增强，规划事务是公共事务，每个利益主体都有知情权、参与权。对城市发展规划提出自己的诉求，并且要求政府让渡部分公共权力，社会公众参与到规划决策是最大的治理结构提升。

4.3　政策压力视角的决策咨询模式适用性分析

上述三种决策咨询模式都有其发挥效力的适用范围，什么情况下适用什么模式，主要看规划决策过程中的主体间权力互动的压力，这种推动权力偏移的压力来自于知识、权力、行政和舆论。下面分析不同压力对政策决策的影响。

4.3.1　知识压力

知识就是力量已经成为知识经济时代人们的共识。知识在不同主体间的分布是不对称的，由于不同知识水平的差距造成了不同主体之间存在知识压差，也就出现了知识富有一方对知识贫乏一方的压力。在城市规划领域更是如此，拥有规划专业知识的规划师和技术人员对于非专业人员具有知识压力，包括政府决策者和市民公众。规划师在政策协商过程中具有专业知识资源优势，对所有政策制定的参与者都有知识压力，但是这种压力能否转化为决策影响力，还取决于沟通协商的能力，也就是避免转化成负压力，被决策者和其他政府部门、社会公众隔绝，成为孤立的技术论者。只有有效的传播规划知识，知识分享的圈层越大，影响的人数越多，所产生的政策影响力才越大。

专家在城市规划决策过程中起到重要作用，由于城市规划的专业技术性质，产生了拥有专业技术的专家群体。专家在决策咨询的各个阶段都发挥作用，有些专家对规划决策的影响起到关键性的作用，如地方政府聘用的城乡规划顾问专家，有机会直接向政府决策者传播规划思想和理念。有些专业技术性很强的领域，如对于轨道交通建设方案的选择，桥梁结构形式的选择，政府决策者更为重视专家意见，一般在听取专家意见之后形成或者坚定自己的决策选择。随着知识化、信息化社会到来，决策面临的环境更为复杂，为提高决策科学性，专家咨询在决策机制中的作用不可替代。

知识压力是一种影响政策网络的推动力，在权力互动中的影响力量将得到强化。拥有知识的主体在参与决策过程中的影响力会增强，知识压力还会影响到网络结构的变化，主体间由于知识共同体的建立而结成联盟，形成合力，增强影响力，因此，知识压力的重要性逐渐得到政策倡导者的关注。

4.3.2 权力压力

权力压力是指政策决策过程中影响决策权力不均衡分布造成的主体间的压力差，力量大的一方对力量小的一方具有权力压力。规划决策中的参与主体都有各自的权力，权力来源于政治权力、经济利益的调控权、个人威望、控制社会资源的能力等等。权力的大小在决策过程中也处于动态变化之中。一般来讲，拥有行政决策权力的政府决策者具有显现的强势权力。权力还存在于关系之中，主体之间因为互相依赖的力量存在于政策网络之中，任何主体都可能对另外一个主体有权力压力，权力是网络连接的无形的能量。下面分析政策网络中的几组权力关系。

权力和知识的关系。米歇尔·福柯（Michel Foucault）认为“权力和知识是共生体，权力可以产生知识，权力不仅在话语内创造知识对象，而且创造作为实在客体的实施对象”。在规划过程中，市长作为政府决策的权力中心，容易将个人的价值判断传递给规划师，也可能在审查会议时将个人的知识经验传播给其他评委。这就是权力产生知识的过程。规划部门在我国的城市政府的行政制度安排下，是市政府的专业行政职能部门，按照行政法律规定，部门没有决策权，只有建议权和执行权。因此，在这样的权力分布情况下，规划技术干部一般只能对来自上级的压力做出妥协和接受。尽管规划部门和规划师掌握专业技术知识，但是，知识总是植根在权力关系中的，难免受到权力的制约。当然，利用好这个关系，使得规划和权力结合在一起，也能起到扩大和强化知识传播的力量。

权力和经济的关系。企业利益集团的权力来自于经济基础，企业逐利性的本质与规划维护公共利益的目标必然有矛盾，因此，在规划过程中，企业权力的使用应该限定在一定的范围。权利和经济很容易结盟，在经济发展至上的社会导向下，更像孪生兄弟一样，捆绑在一起，企业往往突破规则制约，通过权力寻租，努力与政府部门或者官僚个人建立利益关系，加大企业一方的话语权。权力也借助经济的力量，实现某些政治利益。

权力和民主的关系。市民公众参与公共事务的权力基础来自于公民社会的人本主义思想，城市发展的根本目标是为了市民生活更美好。因此，一切关乎社会公共利益、影响社会公平公正的公共事务，市民都有权力参与。只不过，市民参与的能力需要与之匹配，公众权力是一种集合权力，需要通过社会组织的强化。传统的政府集权和社会公众权力是两种不同价值基础的力量，现代治理理论很好地提出协调两者力量的设想，平衡政府权力和民主的关系，实现社会治理目标。

综上分析，权力也是一种影响政策网络的推动力，参与主体会通过权力压力扩大自身的影响，拉拢政策盟友，在政策制定过程中强调自身的政策偏好。

4.3.3　行政压力

城市规划决策中的行政压力来自于上级规划行政管理部门和横向其他政府部门。

上级行政主管部门通过法规条例以及政策文件向下级单位施加压力，国家关于城乡规划建设方面的宏观调控的意图都通过一系列规定传达下来，希望地方政府落实政策意见。一般情况下，属于常规的业务指导工作内容带来的行政压力能够内化在政策方案建议中。但是，当中央政府和地方政府利益冲突时，这种压力就立即增大，如地方扩张发展和上级控制保护的目标导向不一致，局部和整体的利益不一致时，地方规划行政部门即受到国家上级行政主管部门的领导，又受到地方政府的直接领导，这种行政压力带来的决策权力推动作用就非常凸显。特别明显的体现在城市总体规划的协调过程，关于城市发展规模的认识的统一思想过程需要经过多轮沟通、协商、妥协，才能达成国家和地方政府上下一致的意见。

横向政府部门的行政压力同样巨大。在英美等西方国家，行政机构在政策过程中的作用巨大，行政机构日益参与政策制定的事务，它们不仅积极提交法案，而且主动进行游说，向立法机关施加压力，以让他们采纳有关的建议。行政部门自己可以制定某些法规或政策（尤其是行政法规），而且可以使别的国家机关制订的法律或政策不起作用。在我国现行的条块分割的权力制衡制度框架下，条的业务指导调控权对块的发展计划影响作用非常大。在地方政府层面，与经济社会发展功能密切的立项部门和综合协调部门拥有更大的政策制定影响权力。而属于经济社会发展服务职能的规划部门相对处于弱势地位，一旦其他部门与规划部门发生矛盾时，或者部门之间的空间利益发生了冲突时，城市规划部门的调解能力是非常有限的。规划部门的协调能力与市政府对规划的权力和职责安排相关，授予的权力大，协调能力强。但是，一般情况下，难以让其他部门听从于规划部门的协调建议，规划部门在政治博弈过程更多是扛着市政府的大旗，通过权力压力促成协调目标，这个过程必然受到政治因素的影响很大，政治过程中正式的或非正式的规则都在影响着最终决策结果。

4.3.4 舆论压力

舆论是众人之论，公众对社会现象和问题所表达的信念、态度、意见和情绪表现的总和，社会整体的集合意识，社会群体对近期普遍关心的社会问题的评价和议论。舆论具有大众性，舆论主体的大众性使得舆论内容是浅层次的社会意识表达；舆论具有扩展性，由于舆论的传播内容的层次决定了扩散的便利和广度。舆论有理性和非理性两种状态，因此，需要合理引导舆论。随着传播载体的迅速发展，网络媒体的出现，社会舆论的传播更为迅速。大众传媒是政府与社会连接的桥梁和中介，大众传媒可以引导政策议题成为舆论热点，促进政策议题进入政府决策视野，也能够形成强烈的政策舆论压力，促使政府慎重考虑决策后果，接受公众的愿望和要求，每日舆情成为政府决策者普遍关注的重点。

城市规划作为社会公共事务，受到越来越多的社会关注，很多问题发展成为社会舆论热点，因此，城市规划决策面临的舆论压力也越来越大。城市规划的维护社会公共利益的目标需要凝聚社会舆论的力量，规划决策的各个阶段都需要做好舆论信息的收集和引导。规划政策议题的设立可以从社会舆论中选择，规划议题转化为政策议题有时候也需要舆论的促进作用。规划政策方案的选择过程也需要了解舆论发展的一般规律，顺应舆论发起、扩散和整合三个阶段的过程进行有效引导。扩大规划方案的社会知识共享范围，引导积极的规划知识社会教育结果。

舆论在规划政策制定过程中体现为一种外向压力，对于政策决策者有一定的压力，社会舆论能够提醒政策制定者更多关注社会公正公平。政府决策必须重视社会舆论，舆论所反映的民情民意对政策制定产生不可忽视的影响。尽管有些社会舆论可能是正向压力，有些是负向压力，但对于促进规划决策的民主化都有积极意义。

4.4 小结与思考

四要素与三模式的关系：上述讨论的三种规划决策咨询模式在实践中可能独立出现，也可能混合出现在规划决策制定过程中，三种规划决策咨询模式适用不同情形，每种模式都是有效的。每种模式都有“知识传播、价值沟通、协商网络、公共治理”四项要素构成。“四要素”在不同的决策咨询模式中有不同的表现形式。不同的社会发展阶段，不同的规划咨询类型，规划决策中的参与主体不同，知识传播和价值沟通的对象和形式不同，所有主体因权力相互作用而形成的政策网络结构也不同，社会公共治理基础也在发生变化。

政策倡导者的行动逻辑：在不同的规划决策咨询模式中，首先需要分析有哪些政策参与者，并且分析参与者的政策影响能力，判断各类主体对规划建议持有的价值观，进行可能的行动逻辑预判，通过知识传播扩大规划思想的影响，扩展知识共享群体的规模。通过价值沟通消除认识分歧，统一思想，达成共识。

根据参与主体个体力量和相互关系，辨别协商网络的形式和结构，组织和管理政策网络中的利益相关人，联合可以联合的一切力量，把中立者争取为支持者，让反对者转化为中立者，建立政策联盟。

根据政策联盟的需要进行权力关系管理，通过权力力量调整，整合参政力量，管理权力互动需要用好知识压力、权力压力、行政压力和舆论压力四种推动力量，政策倡导者需要利用这四种力量来管理政策网络中的权力，调节主体间的相互关系，发挥决策参谋作用，有效影响决策。

第 5 章　城市规划决策咨询有效运行的实践案例

根据理论解析框架中公共治理基础的差异，即政策舞台的不同，选择若干适当的案例进行实证。在我国统一的行政组织机制大背景下，不同地区有着地域文化的差异，造成社会政治文化环境、社会开放程度和市场经济成熟度的不同。因此，选择位于我国北、中、南不同地理区位的日照、宁波和深圳三个城市作为典型代表。并且，为了检验理论对不同规划类型的解释力，选择总体规划、重大专项规划和地段控规三种不同的规划类型。

5.1　政府一元决策的单极说服模式——日照案例

5.1.1　日照市总体规划案例概述

山东省日照市是一座因港而兴的城市，国家“六五”期间在日照建设新兴的石臼港，1982 年开工建港，1985 年撤县建市，1989 年设地级市。研究选取的《日照市城市总体规划》决策咨询案例编制的时间就是在设立地级市之后，主要咨询活动发生在 1990-1992 年，1994 年总体规划获得山东省政府批复。日照市这版总体规划对于日照市城市发展具有里程碑的意义，是日照城市升级为地级市后真正意义的“城市”规划。之后的 20 年间，总体规划得到很好的贯彻执行，11 任市长始终坚持执行这一版规划，取得让人欣慰的建设成就（见图 5-1），获得 2009 年联合国人居环境大奖中国唯一入选城市。

图 5-1　日照市万平口地区建设实景

1. 社会主义市场经济初步确立的社会背景

我国的社会主义市场经济体制确立大致经历了 3 个发展阶段。第一个阶段从 1978 年到 1984 年，以计划经济为主、市场调节为辅的阶段。第二个阶段从 1984 年到 1988 年，确立了社会主义商品经济的阶段。第三个阶段从 1989 年到 1992 年，正式确立社会主义市场经济体制。1992 年是中国经济社会制度变迁的重要分水岭。由于国内价格改革失败引发群众的不满，国际东欧社会主义国家政权更迭，引发党内关于改革的质疑。在关键时刻，邓小平同志发表了南巡讲话[1]，稳定了局势，解决了长期困扰人们思想认识的问题，坚定了改革开放的方向，围绕深化改革的重要意义讲到六点内容[2]，对我国改革开放进程起到重要推动作用，把改革开放推向第二次浪潮。[3]

2. 政府高度集权的决策体制

新中国成立后，我国建立了党政合一的高度一体化的社会政体，有利于国家统一和社会统一，国家权力主要集中在党中央和地方党委手中，决策权力分配主要通过行政方式形成条块分割的等级结构，各级政府和单位的决策权集中在党的领导机关上。国家决策实行集权制，中国共产党是这一体制的构建者，另一方面，政府也是该体制的执行者，因此，政府成为整个计划经济体制时期的唯一决策主体，也是社会管理的唯一主体。在计划经济时代，社会生产和资源配置完全依据国家计划，由中央统一计划调节，对经济体制参与者发布具有约束力的指令。在这种体制下，政府通过制定计划来全面进行资源配置，涉及国民经济的全方位，涵盖生产计划、流通计划、分配计划和消费计划四大方面。城市建设领域也不例外，政府是城市建设的唯一投资主体，因此，有关城市规划建设的决策自然也是城市政府内部完成的决策。

中国的行政制度是行政首长负责制，具体而言是集体领导、个体分工负责，最后由正职行政首长承担领导责任。同时，单一制政治结构形式要求下级服从上级领导，从而形成我国决策的中心化现象，党政一把手在政策决策上起到关键性作用。

3.《日照市城市总体规划（1992-2010）》的规划咨询案例概述

日照市总体规划就是在上述社会背景下编制的，经济体制转轨对城市发展建设有着重大的影响。

日照市自 1989 年经国务院批准为地级市以后，经济建设迅速发展。日照港总体规划已经山

[1] 1992 年 1 月 18 日到 2 月 21 日之间，邓小平同志不顾 88 岁高龄，到南方一些省份和地区考察，发表了重要的南方讲话，史称“邓小平南巡讲话”。

[2] 邓小平南巡讲话的六点：1. 革命是解放生产力，改革也是解放生产力。要坚持党的十一届三中全会以来的路线方针，关键是坚持党的“一个中心、两个基本点”的基本路线，一百年不动摇。2. 要加快改革开放的步伐，不要纠缠于姓“资”还是姓“社”的问题讨论。改革开放的判断标准主要看是否有利于发展社会主义社会的生产力，是否有利于增强社会主义国家的综合国力，是否有利于提高人民的生活水平。现在要警惕右，但主要是防止“左”。计划和市场不是社会主义和资本主义的本质区别。3. 发展才是硬道理，要抓住有利时机，集中精力把经济建设搞上去。发展经济必须依靠科技和教育，科技是第一生产力。4. 坚持两手抓，两手都要硬。在整个改革开放过程中，必须始终注意坚持四项基本原则，反对资产阶级自由化。5. 正确的政治路线要靠正确的组织路线来保证，要注意培养人，按照“四化”标准选拔人才进入领导层。要反对形式主义，学马列要精，要管用。6. 坚持社会主义信念，社会主义在经历了一个曲折的发展过程后必然代替资本主义，这是历史发展的总趋势。

[3] 20 世纪 80 年代，是中国改革的第一次浪潮；从 1992 年到 2001 年，是中国改革的第二次浪潮。

东省人民政府和交通部批准；港口的运量和用地不断扩大，木浆厂、发电厂等一批大型工业项目已开始前期工作，急需选址定点；出口加工业的不断发展，相应的交通运输、行政管理、商业服务、居民生活等方面都亟须有一个统筹的空间布局安排。

由日照市城乡建设委员会与中国城市规划设计研究院共同编制的《日照市城市总体规划》[1]，确定规划期限及城市规模：近期到2000年，人口规模25万～30万人，用地规模48平方公里；远期到2010年，人口规模50万～60万人，用地规模127平方公里。规划编制分为三个阶段。第一阶段：1991年10月至1992年5月在原《日照市总体规划纲要》基础上，征求部门意见，编制规划方案。1992年6月8日第12次市级领导联席会议审议通过了规划纲要。第二阶段：1992年5月至1992年10月，全面开展专项研究，编制总体规划方案。1992年9月，由日照市委、市政府召开了《日照市城市总体规划》评审会，并经市人大常委会第十二届十九次会议审议通过，1992（22）号文件发布批准意见。第三阶段：上报审批阶段。1994年获得山东省政府批复。1994年4月11-13日，根据省政府的要求，省建委牵头，会同省经委、交通厅、水利厅、土地局、环保局、经济研究中心、济南铁路局的有关负责同志在日照市召开了日照市城市总体规划技术审查会，日照市委、市政府及市直有关部门的领导参加了会议。省长和专家们通过听取汇报，踏勘现场，审阅文本和图纸，专家们认为，日照市委、市人大、市政府对城市规划高度重视。中国城市规划设计研究院与日照市建委联合编制的日照市总体规划指导思想明确，调查研究深入细致，空间布局比较合理，资料详实，内容较全面，能够满足日照市社会经济发展的要求，达到了国家《城市规划编制办法》的标准和要求，基本符合日照市的实际，可作为日照市城市发展建设的依据。规划对城市的发展规模、空间布局结构、道路网布置、海岸线分配利用、城镇体系布局、重大基础设施、近期建设等方面都提出了具体方案，并对远景规划提出了控制性指标和导向性意见。该规划同时完成了道路交通、给水排水、供电电信、煤气供热、环境保护、绿化系统、防洪防灾、人防消防等15项专业规划。

这版总规有几个特点，首先，前瞻性地确立城市发展目标和适宜的城市建设思路。向新加坡学习，明确建立现代化滨海花园城市发展目标，这在当时的背景下，具有前瞻性。日照确定了“不求最大，但求最美”的建设目标。城市基础保障设施提出适度超前的原则，设计了高标准的道路交通网络，布局了网络化的绿地系统。当时规划的主干路青岛路68米，两侧绿化用地先控制起来。规划提出的近期建设项目全部落地实施，这与近期建设规划编制的科学性有极大关系。

第二，研究了城市发展动力的演变规律。由于日照市所处的特殊地理位置和特定的经济环境，使其经济发展具有高度开放型，内外结合型，多重混合型，是一个以港口、工业、贸易、旅游为主的综合职能型城市。交通、贸易、工业、旅游是日照市四项主要职能。经研究，认为日照经济发展的动力部门初期是港口，然后转向工业、未来则是贸易，相应的产业结构型为：港工贸－工港贸－贸工港。支持当时隶属于国家交通部的日照港发展成为综合枢纽港，提出将港口铁路扩建为双轨。

[1] 资料来源：中国城市规划设计研究院、日照市城乡建设委员会《日照市城市总体规划》。

第三，构建了适应城市长远发展的空间架构。日照市城市采用组团式布局，形成了科学合理的五个功能分区。按照建设新型大型港口城市的要求，留出充分余地。日照总体规划提出的弹性空间结构和紧凑发展的规划思想很有价值。当时的日照由一个老县城和一个石臼港组成，两个组团仅有一条公路相连，两个组团相距 10 公里。根据规划的城市发展规模目标，必然需要建设新城，新城的选址就有不同的方案。当时有领导和专家建议跳出老城到"涛雒"建新城。但是，总规编制小组认为日照城市当时还处于紧凑集聚发展阶段，认为在县城中心和港口组团之间建设新城，将城市聚合成一个整体更为有利，比较科学合理。经过陈述和辩论，最后确定了新城的选址，并决定把新的市政府建在新城中心。城市发展需要适度规模，城市服务功能也需要集聚发展这是城市发展的基本规律。这些都为后来 20 年的城市建设提供高水平的规划基础，形成了 11 任市长执行一版规划的典范。

第四，重视城市宜居品质发展。以建设宜居城市为目标，把建设现代化花园海滨城市落到实处，坚决为市民保持生活岸线，预留万平口海滨公园；将近 8 公里的优质沙滩岸线，规划为生活岸线，在岸线西部规划有 7.6 平方公里的以内泻湖和黑松林带为主的海滨公园，方便居民游憩。这版总体规划编制过程中还提出了调整对城市发展影响重大的钢铁厂选址的建议。为提高城市文化品质，规划预留大学城等建议。这些建议都得到城市决策者的高度认同，形成指导城市发展建设的纲领性政策文件。

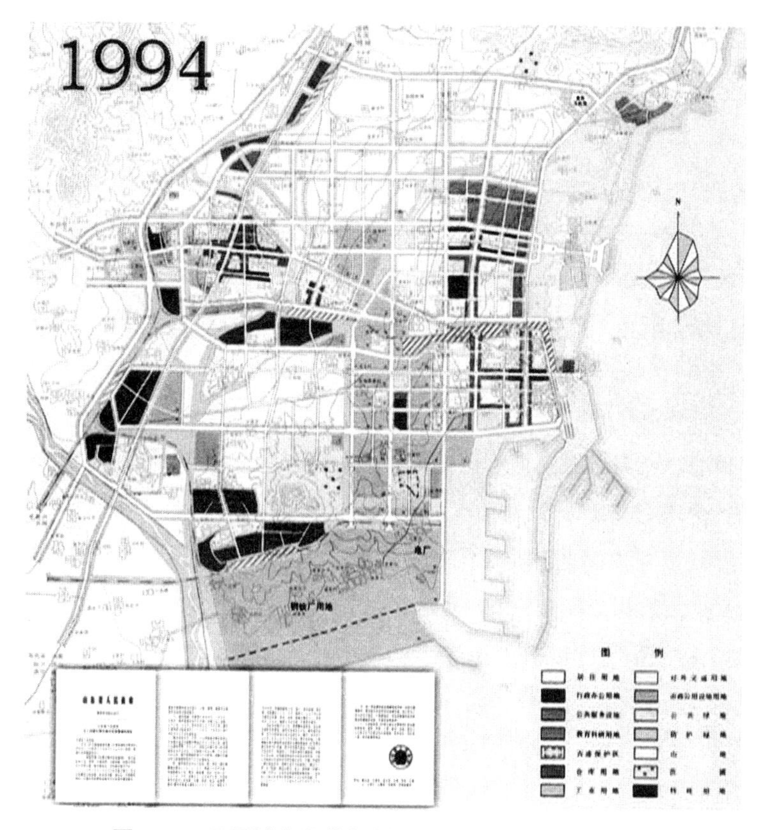

图 5-2　日照城市总体规划（1992-2020）用地规划

那么，这些咨询建议为什么能够得到认同，怎么取得的共识？在规划咨询的过程中有什么样的互动？下面根据前面的理论分析框架展开具体解析。

5.1.2 规划知识的普及性传播

1992年，对于刚刚升级为地级市的日照市，城建基础相当薄弱，基本规划建设管理制度缺失，城市观念有待树立。时任市长认为日照的规划建设管理水平要从县级市提升到大城市，必须要有专业技术型的城建领导，因此向国家建设部申请借调一位技术干部，协助分管城市建设工作，建设部遂派规划技术干部到日照挂职，任城建副市长，1990年9月6日，C副市长来到日照市。C副市长特殊的专家身份和专业技术背景，在规划知识的普及和扩散的过程中发挥了至关重要的作用。C副市长一到日照就积极思考怎么推动城市发展建设。

“当时的日照人口还不到10万，经济总量不足1亿元，城市规划建设管理体制尚不健全，市容街景和普通的县级市没什么两样，环卫设施缺乏，卫生状况堪忧，到处污水横溢，垃圾成堆，农贸市场、工厂、医院门前都走不下去脚。城市规划组织机构也不健全，当时在建委下有个规划科，规划建设缺乏制度可依，就是“手指规划”，手指到哪就建到哪，基础测绘机构都没有。而且受计划经济时代的惯性做法，城市建设谁都可以说了算，学校的选址就是管教育的市长定，港口的建设地方政府几乎插不上话。”（引自访谈资料：FT01，2010）

C副市长一来到日照就大力推动总体规划的修编。总体规划是一个城市发展的纲领性规划，而且总体规划的编制过程也是规划知识传播的过程，是统一发展共识的沟通平台。这是关于城市发展政策建议的“重要机会窗口”，如能在此过程中向城市决策者提出关于城市发展建设的若干参谋意见，是很好的时机。当地规划人才的培养也非常要紧，规划管理当中有很多的自由裁量空间，需要的是操作人员的专业素质，总体规划编制也是人才培养锻炼的好机会，为日照带出一支过硬的规划技术队伍也是她的工作目标之一。规划形成以后，规划执行和管理更为重要，“三分规划，七分管理”，如果规划管理人员参与规划编制过程，熟悉规划方案的形成过程，则为规划实施管理中坚持规划理想打下重要的思想基础。

1990年9月7日，C副市长到建委视察工作，在谈到总体规划请中规院来编制的问题时，C副市长强调，城市建设要依靠自己的力量，请外地规划院来做，自己的人也要参加。C副市长在总体规划启动时，就明确提出这个要求：“千万不能当甩手掌柜的，我们规划科全体同志都要参与到总体规划编制中，这就是我们的工作。”

日照总体规划编制的人员组织安排有特色，建委规划科的行政官员和中国城市规划院项目组的技术人员组成了联合编制小组，行政技术干部亲自参与规划编制，这种组合不仅是组织形式上的安排，而是真正地一起工作，一起调研，一起讨论方案。现任日照规划局局长就是当时编制小组的设计师之一。

日照总体规划编制人员组织构成　　表 5-1

日照建委总体规划编制小组成员		中规院日照总体规划项目组成员	
主管领导	C 副市长 昝龙亮（建委主任）	主管领导及顾问	安永瑜 余庆康（顾问） 刘锡年（顾问）
项目负责人	王应（建委副主任） 李启铭（建委规划处副处长）	项目负责人	周杰民 （中国城市规划设计研究院高级城市规划师）
参加人员	张家光、张守元、彭善祥、杨林涛	参加人员	龚长贵、仇萍秋、孟晓晨、查克、靳东晓、马先海、张金明、张广汉、孙晓彤、方慧、刘松明

城市规划知识的普及推广还需要借助专家的力量，凭借 C 副市长在建设部的人脉资源，两年期间，邀请了 10 多位专家来日照市做讲座。主要有建设部的专家、中规院的专家、港口城市的规划专家。讲座主题围绕港口城市的发展规律，城市建设的先进经验理念等等，这些知识传播活动潜移默化地影响着日照市的各级领导干部和行政工作人员的思想，逐渐树立了城市发展观念，政治文化上形成了尊重专家、依靠专家的风气，对以后的城市规划建设都产生深远影响。

1991 年 7 月 12 日邀请合肥人大陈副主任和四川省规院颜总做规划讲座，重点对总体规划修编要注意的问题给了几点建议；1991 年 6 月 1 日邀请天津规划局张工、彭工做关于港口城市规划的讲座。建议城市经济发展战略一定要搞，要将眼光放远，考虑各种因素。规划观念要转变，全方位开放，要看的宽，规划也可促进经济的发展。石臼最好的方向是发展海运，要与经济相联系，旅游疗养也很有吸引力，把日照建成北方的江南。

关于钢铁厂选址问题，专家从各个角度阐述了钢铁厂项目与城市的关系，对城市决策者改变认识起了很大的促进作用。

1990 年 12 月 25 日，C 副市长邀请了建设部的汪司长一行专家领导来共同讨论“关于钢铁厂选址及城市总体规划”。在听取了日照市的规划汇报之后，汪司长说：“建议抛开原来的规划，必须综合分析整个海岸线的利用，海岸线的利用要综合考虑生产、生活、生态的功能，港口和城市的发展各得其所。”

1990 年 12 月 26 日，在市政府招待所五号楼三楼会议室，又继续请专家学者讨论钢铁厂方案。北方交大的张教授“钢铁厂的布局要处理好与港口布局的关系。”赵司长：“钢厂的位置方案比较要量化，不要概念化。”严总：“钢厂的问题较复杂，要考虑钢厂本身的功能要求，要考虑钢厂副产品的安置处理问题。充分利用当地条件，从风向、水流等方面综合分析。”

5.1.3　政策倡导者个人能动性及社会资本网络的作用

根据前面的政策理论研究的概念，C 副市长是一名积极的政策倡导者。她善于发现问题，提出政策议题，很好地把握政策机会窗口。在城市总体规划工作推动中发挥重要作用。作为城市规划技术规划师和政治决策者之间的联络者，政策倡导者的主观能动性非常重要。日照案例中，

C副市长具有强烈的责任心，面对已经基本确定选址的钢铁厂项目，她顶住各种压力，本着对城市长远发展负责，对老百姓负责的精神，积极争取影响决策，改变选址方案。城市规划不单单是对城市建筑空间形态的描绘，也包括对城市发展战略的谋划，这是真正影响城市发展的大计，是决策咨询的职责。C副市长还强调城市规划管理工作要改变被动的状态，要主动参与重大项目前期工作。虽然有些工作不见得有直接的成效，但是作为本职工作都要积极主动去做。在规划决策咨询的影响力发挥的问题上，参谋者的工作态度是很大的影响因素。

1990年11月19日，C副市长在听取了建委关于城市规划情况的汇报后指出，城市规划工作要搞好雪中送炭和锦上添花的关系。日照市的城市规划工作首要是要理顺体制，实现规划一张图，审批一支笔。

如何变被动为主动，在项目选址、重点工程问题上要想个办法，哪些方面不适应，找出距离来。要善于争取领导的重视，目前，面临着一个关键的时期，石臼已建成，日照也具规模。权威不是靠别人赐予的，是靠自己树起来的。规划工作是个长期的工作，不是临时拼凑的。规划工作一定要超前，走在前面，想领导没有想到的，急领导所急。

1991年2月26日，建委向市领导汇报1991年工作计划。C副市长："要树立为经济建设服务的形象，重点工程前期参与不够，应主动与计委联系，工作做在前面。万平口的工作及其他工作主动向市人大、政协汇报。应将全市的规划工作协调一致起来。"

行政网络资源：从城市政体理论的视角，日照的案例是规划技术精英与政治权威组成的联合政体促进了规划政策的形成。也就是说，如果排除个人技术能力水平的条件下，假设相同技术水平，处于高行政位置的政策倡导者对决策的影响力肯定大于低行政位置的。所以，规划技术精英处在权力位置，提高了决策咨询参与决策的影响力。行政层级是提高规划咨询机构影响力的重要条件之一。在我国，行政级别的高低决定了一系列调动政府资源和行政资源的能力，上层次的信息的渠道和信息量要丰富得多，对决策要考虑的信息较下层次的更全面。权力分布的科层特征与政府组织机构的科层制度是一致的，越高层的官僚对决策拥有越大的影响权。而且在官僚制的政府组织机构中，上下层之间有着严密的职权分工，也使得下层往往以取得上层认同为行动策略。因此，行政网络资源的大小与行政层级正相关，越到上面的行政层级，行政网络资源越大。日照案例中政策倡导者位居城建副市长，同时拥有行政资源和技术专家资源，规划决策咨询有条件对决策产生较大影响。

5.1.4 理性说服决策者的价值沟通过程

在总体规划启动修编之前，必须统一决策者的思想，真正高度重视起这项工作。并且，总体规划编制过程涉及各个部门的配合和可能的利益分配。因此，总规的思想动员工作至关重要。1991年2月20日，日照市政府组织召开了总体规划启动编制动员大会，会上W市长和C副市长都做了重要讲话，这是思想沟通的正式开始。

C副市长：“这次总规是日照未来发展的依据，虽然日照刚升级为地级市，各方面规划和建设发展水平还很低，但是日照的港口资源、海洋资源、生态资源是面向未来的，我们的规划一定要有足够的长远性、前瞻性，起点一定要高，标准一定要高。”

为什么要修订总体规划？日照的空间发展框架已经有了，钢铁厂等大项目选址不能依靠总规大纲，原来总规大纲的研究不够深入，要有数据表示，缺少充足的科学依据。因机构人员所限，先抽调建委规划部门的同志先做起来，先收集起经济发展、自然、地理的基础数据。规划要实事求是，规划图纸不是光讲好看，要考虑日照的经济社会实际，日照是港口城市，岸线的合理分配与利用至关重要。目前城区是不可能放弃的，如何将其搞好？石臼区域是否要搞点繁华地带，开发区的建设问题都需要规划做起来，是否先将两个区域控制起来？还有交通问题，道路红线先定下来，沿路的用地规划，专项的规划都要搞起来。

W市长：“城市规划是现代化城市建设的指引性、纲领性文件，没有一个好的规划，城市建设是搞不好的！在这次规划之前，1986年已经请中科院编制过一次石臼港的总体规划，但是，那个规划受现状束缚较大，市政基础设施都缺乏长远、系统地考虑，视野不够开阔，起点不够高，这次规划一定要高起点，考虑长远，请高水平的设计单位来做。”

关于城市发展目标的讨论。城市要发展，首先必须明确目标和努力的方向。日照是一个年轻的城市，将来要发展成什么样子？这是大家首先需要思考的问题。这个认识不单单在规划编制技术小组内要统一，与城市决策者也要沟通协商，统一发展目标。经过多层次的讨论、辩论、分析、论证，不断廓清了日照的发展定位目标。环顾全国沿海拥有港口的中等城市，凭借日照优良的海港和生态环境质量好的优势，日照是面向下个世纪的城市，日照的目标就是要建设成为现代化滨海花园城市。

“日照市北邻青岛市、南接连云港市，日照的建设一定不能落后于它们，日照一定要有鲜明的城市形象和特色。”——日照W市长的讲话。

这个目标放在当时的经济社会发展背景来看，是非常有前瞻性、非常有远见的目标。一切发展建设项目都是围绕这个核心目标展开。特别是当这座小城市，面临很多大项目来选址的时候，怎样处理好经济发展和生态环境保护的关系，怎么处理好近期经济利益和长远城市发展目标的关系。也许，现在来看这是很容易的判断和选择，但在当时，这是个非常艰难的选择。日照城市多么需要这些大项目带来的经济增长量，在1990年，日照经济总量不足1亿元，财政收入仅几百万元。凭借港口岸线资源优势，城市面临着四大厂的选址，日照经济发展动力将发生改变，但是，海滨花园城市的目标某种程度与污染性工业项目是不相容的，规划参谋和城市决策者必须做好取舍和平衡。

因为经过总体规划编制过程中对于城市发展目标的讨论，进行了深入的思想价值沟通，市领导层明确了建设中国滨海花园城市的目标，深刻认识日照的生态资源是核心资源，核心竞争优势，面向未来的城市必然以生态和文化为本。决策者心目中知道未来要建成什么样的城市，所以决策有了价值标准和判断准则，对于产业项目的选择也有了标尺。

日照1990年计划落户的四大工厂概况　　表5-2

大项目	产能	投资额	用地规模
钢厂	300万吨/年	50亿美元	8～10平方公里
玻璃厂	270万标箱	2亿美元	–
纸浆厂	16万吨/年	2亿美元	1平方公里
电厂	125千瓦/年	–	24公顷

1.钢铁厂选址建议的政策背景

1990年，首都钢铁厂计划搬迁，在全国范围内选址，经过和王滩的比较，冶金部认为日照石臼的各方面条件比王滩好，倾向于落户日照。日照因为良好的港口条件成为重点考察对象，做过几个选址方案。当时，李鹏总理带领国家和部省的领导亲自来日照视察，山东计委已经立了项目，省建设厅确定了选址方案。

1991年10月，李鹏总理视察日照时的讲话：

"我6年前来过这里，变化很大，港口形成1000万吨吞吐能力，城市也有很大变化，日照市有很大的进步，是大家执行改革开放政策的结果。将来这个港口仍然是以煤为主，如果上钢厂，煤、钢为主，同时，还有搞杂货。这就可以有效地利用这条铁路，促进鲁南经济发展。以鲁南为腹地，甚至更远一点，到山西、河南、中原之地，都可以利用这个港口来发展。包括它的流向，现在是单向的，修这么一条铁路，没有充分发挥作用，是很可惜的。石臼成为综合性港口，将来这个城市发展起来，可以发展外向型经济，成为一个多功能城市。这里条件很好，要看得远一些，十年八年，20世纪末、三十年五十年以后，这里一定是个很繁荣的地区。所以现在城市建设规划要搞好，不要乱建，在这期间乱建，以后再拆迁，费工费钱。这是我讲的第一个意见，综合性问题。

再讲你们关心的钢铁厂问题，没有最后定案，我们在20世纪末，依靠现有钢铁厂挖潜改造，钢产量增加到8000万吨，这没问题，今年已达到7000万吨。现有的钢厂要增加能力品种。但我们考虑下一个世纪，中国还要建一个到两个新的钢厂。这一个钢厂、两个钢厂里面，最后选址，认为石臼所是个比较好的厂址，将来如果上钢厂，应该考虑最终规模到1000万吨。第一期可以搞300万吨，主要是上好品种，不是上大路货。至于是合资还是独资，不管合资独资，都要采用先进技术。"

根据《日照市城市总体规划》(1994年版　)附件四的阐述，钢厂年产600万吨，用地需要12平方公里，年产1000万吨，用地18平方公里。冶金部北京钢铁设计研究总院于1986年提出《厂址选择报告》，在5个厂址比较中推荐了林家滩厂址方案。1990年山东省计委等提出了《建厂条件论证报告》，报告中提出厂址初选方案在万平口。

【1990 年 12 月 28 日】山东省建委给日照市发来了“对石臼钢铁厂选址的意见”意向书。加盖公章的文件上正式写道：“石臼钢铁厂厂址选在日照市东 7 公里、石臼所东北 1 公里的万平口较为适宜，因其东邻黄海，紧靠石臼港，用地范围内大部分为荒滩，少部分为农田，村庄少，又无大型建、构筑物和工矿企业，拆迁量小。经研究，同意日照市政府的选址意见”。

对石臼钢铁厂选址意见
意 向 书

石臼钢铁厂厂址选在日照市东7公里、石臼所东北1公里的万平口较为适宜，因其东邻黄海，紧靠石臼港，用地范围内大部分为荒滩，少部分为农田，村庄少，又无大型建、构筑物和工矿企业，拆迁量小。经研究，同意日照市政府的选址意见。

山东省建委
一九九〇年十二月二十八日

2. 规划咨询的技术基础

钢铁厂项目选址关系城市长远发展方向，具有重要战略意义。规划师需要负起责任，给城市决策者当好参谋。

对钢铁厂项目选址问题激烈争论：有人认为钢铁厂项目已经立项，也有省里的批示，不需要在总体规划中论证了；有人认为重大项目选址对城市发展方向和目标都产生重大影响，需要总体规划中研究。C 副市长认同这后一种观点，并且勇于顶住压力，积极想办法和决策者沟通，坚持应该按城市发展客观规律办事，不管钢铁厂项目到了什么阶段，总体规划都需要深入论证，据理力争对城市可持续发展最为有利的方案。C 副市长说：“城市规划工作一定要有超前性。工作也可能是白做，但是也要做。”

C 副市长专门组织人员深化钢铁厂的方案比较工作，一共提出 5 个选址方案（图 6-3）。规划方案技术论证有理有据，说理充分，深入地研究钢铁厂的运行规律，需要的港口岸线条件标准，需要怎样的配套工程和场地。钢铁厂选址对日照城市来说举足轻重，用对规模需要 18 平方公里，几乎占到整个城市建设用地的三分之一。而且，钢铁厂项目具有污染，周边还需要生产配套项目用地及生活配套设施。

【钢铁厂选址方案的规划研究】

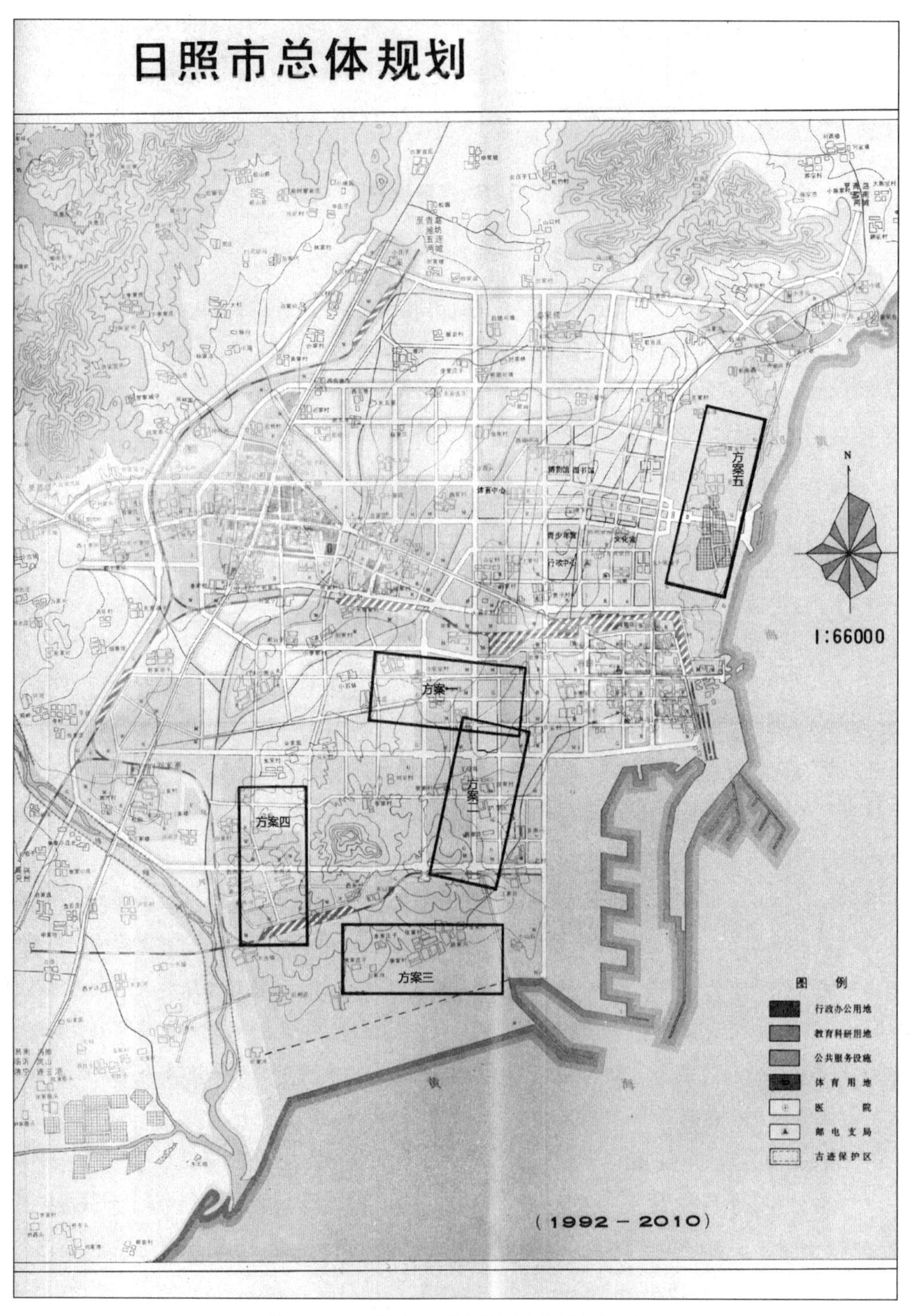

图 5-3　日照钢铁厂的选址方案位置示意

建委根据地形条件和钢厂运行的要求提出了 5 个选址方案，并详细比较了奎山南（方案三）和万平口（方案五）的优缺点。

奎山南和万平口方案比较　　　　**表 5-3**

比较项目序号	比较项目内容	奎山南方案	万平口方案
1	工程地质条件	好	差
2	填海工程量	小，一期不需要填海	大，不能利用电厂排灰
3	交通条件	好，有铁路，公路	差，铁路进入厂区困难
4	电力	与大型电厂为邻，输电线路短	与电厂距离 10 公里
5	供水	输水线路短，可合建	输水线路长，需单独建设
6	码头	需新建自备矿石码头	可利用港口码头
7	拆迁	需拆迁 9 个村庄，沿海虾池较小	拆迁 8 个村庄，泻湖大部分为虾池、盐田

从上述比较可见，奎山南方案仅有拆迁村庄不利，其余 6 项比较都是有利。关于奎山南方案需要新建码头增加一定投资，只是近期问题。从长远看，万平口方案用皮带走廊输送矿石的方案对生产不利，还是需要重复建设。最终项目组经过研究推荐奎山南方案。把最终比较结果和推荐建议提交给决策层，供决策参考。

3. 与决策者的直接沟通

规划方案的技术分析是价值沟通的基础，但是，真正影响决策的因素还有很多超越技术的因素，特别是参谋者与决策者的价值沟通过程才真正对决策起了影响作用。本案中 C 副市长在规划师强烈的责任感驱使下，从城市长远可持续发展角度，认为钢铁厂一定不能放到万平口，她直接与书记、市长沟通这个思想。

C 副市长："你这里要是放了钢铁厂，这个 10 万人口的小城市，就成了钢铁厂的配套服务区，而且在下风向吃灰。"

书记："我这隔了 10 公里呢！"

C 副市长："就是隔了 20 公里也不行，肯定受影响。你认为 GDP 增加了，但是税收不增加，我们城市的税收要拿来为钢厂服务。将来日照就成了钢铁厂的配套居住区，成了钢厂买菜买东西的服务区，物价肯定飞涨，所有的三线工厂周边的物价都飞涨，物价飞涨老百姓要埋怨了，那么日照这城市有什么前景？

反过来看，我们城市有什么优势，有什么好处？我们未来的核心竞争力在哪里？这城市最大的优势就是生态环境好，空气质量是一类，海水质量是一类。从东北到海南，我们日照都是有竞争力的沿海城市。如果你把它保留下来，你是沿海城市中生态环境最好的。另外，老百姓高兴了，海水养殖不受污染。你可以发展其他产业，发展工业可以到另外地方，换一个地方去发展，多留些海岸线给老百姓。未来的城市实力比的是什么？不是比 GDP，是环境、是文化。而日照是下个世纪的城市，下个城市靠的就是环境和文化，你保留下来岸线，你就保留了未来城市发展的后劲。”

一席话让书记有很大的触动，最后，日照市委市政府一致同意不把钢铁厂放在万平口，不占用城市最宝贵的资源。市长说：“我就是市长不当了，也坚决投反对的一票！”

经过与决策者的有效沟通，达成了思想共识，日照市把选址的比较方案提交中央，并最终说服国家部委有关领导，改变了把钢厂放在万平口的决策，选择了奎山南，即总体规划推荐的钢厂选址方案。规划思想的价值沟通取得成效。

回顾思想沟通过程，决策者认为钢厂和城市发展没有大的利害冲突，而且能够带来城市经济增长。参谋者描绘城市未来发展愿景，说明生态环境是未来的核心竞争力，建立生态优先的理念，用生态价值观去统一思想。并运用规划专业知识指出钢铁厂可能带来的空气污染危害和占用土地资源的规模，接着还从决策者角度考虑可能的政治风险、老百姓的反对情况等等理由。这样，依据规划专业知识，以及有效的价值沟通，就达成了与决策者的共识，决策者认同规划建议一定建立在价值观认同的基础上。

5.1.5 参谋者与决策者之间的单极协商

日照案例的政策网络结构比较简单，可以简化为政府决策者和规划参谋者之间的单极协商。尽管市委书记、市长、城建市长、规划技术专家、政府其他行政部门都是参与者，但是从决策权力的分布来看，政府决策者拥有绝对的力量优势，其他力量都可以忽略。总体规划主要是面向市委书记和市长的规划，他们意见对规划内容影响很大，同时，规划思想也主要向他们传播。市委书记拥有最终决策权，关于城市发展方向目标的战略思想必须与市委书记达成共识，如果一开始没有共识，就需要积极进行价值沟通，宣传规划理念和规划思想，争取把书记市长的理念转变，形成对这些问题的共同认识。

规划技术专家与政策倡导者是同盟，参谋者邀请专家是主动行为，请专家的目的是共同说服城市决策者。政府其他行政部门是内含在决策者一方的力量，如果与决策者的思想达成共识后，由决策者自上而下地传达下去，通过行政科层组织结构渗透思想价值观，将规划建议传递给行政部门，运用权力压力很容易达成科层共识。

由此可见，规划咨询建议只需要与决策者达成共识，就能够实现影响决策的目标。规划信息流动的路径是单一的，传播是高效的。存在最大风险就是决策者和参谋者之间的信任基础，如果决策者不信任参谋者，那么信息传播通道是非常脆弱的，甚至不可能进行传播，更勿论传播结果。

5.1.6 政府一家独大的集权治理结构

在社会主义商品经济刚刚确立的时代，社会的政治体制环境和行政管理体制还是延续计划经济时代的特征，政府在政策决策体制中具有绝对威权地位，政府对城市的经济社会运行全权管治。

从决策环境看，城市规划决策受制于当时特定的社会环境及制度。我国有计划的商品经济社会背景下，形成了以计划安排为主的一种高度集权决策模式。决策主体只有政府一家，决策信息都是来自于政府内部，决策模式具有封闭指令型特点。改革开放初期，原有行政权力控制的旧体制逐渐被突破，但新的市场经济体制尚未完全形成。1990 年《中华人民共和国城市规划法》颁布实施，这是中国第一部城市规划专业法律，从此城市规划决策走向法制管理。同年，《中华人民共和国城镇国有土地使用权出让和转让暂行条例》颁布，与计划经济相配套的传统土地使用制度彻底改变，结束了长期无偿使用土地的时代，对城市建设产生深远影响。城市规划决策所处的社会经济体制环境在逐渐发生着微妙的改变。

从决策主体看，改革开放初期，受计划经济体制影响，个人利益与单位、国家利益紧密挂钩，个体自我价值和利益还未凸显。政府是“公众人”的代表，政府权力包含了市民权利，市民与政府表现出个人、国家、社会利益的高度一致性。政府在城市规划决策的过程中主体地位非常特殊。国家行政制度保障了政府集权的合法性和正当性，城市政府作为社会秩序维护者和城市管理者，拥有制定社会规则的权力。[1] 随着社会事务的管理内容增多，政府权力有扩大的趋势。

从决策机制看，城市政府是地方城市行政管理的决策机关和执行机构。我国国家行政机关实行首长责任制，即行政首长对政府行政全权负责，重大决策需要经过全体会议或市长办公会议讨论，但是最终决定权在市长。这种“会议讨论、首长负责”的决策形式体现了中央集权的政治治理结构。改革开放初期，城市建设领域的投资主体也比较单一，城市基本建设任务为国有企事业单位承揽，由于主体的单一化，并且是政府行为，地方首长对城市发展的重大决策具有决定性的作用，因此，规划决策表现为政府一元集权的封闭决策，决策机制可以说完全是政治精英主导的决策模式。

从城市规划运行制度看，城市规划建设涉及众多要素的统筹，必须要有制度保障资源的有序配置。当时日照的规划制度基础非常薄弱，没有单独的规划局，规划的技术审查制度也没有建立。分管城建的市长并不能统筹全市的规划建设，C 副市长到来后，立即着手建立组织机构和制度建设。组建了建委下属的规划处、测绘大队，从组织机构上保障了规划管理的人才队伍。还建立了几项重要的制度，一是建委内部的建筑设计审图制度，二是市政府专门讨论规划建设议题的城建专题会议制度。

1991 年 4 月 9 日下午，建委内部成立建筑设计审图小组。C 副市长：建筑设计审图是基础性工作，以后定时开会，时间为每个星期六下午。到有关城市请两位退休设计师，审图是基础性技术工作。法制管理也要提高，明确管理范围，各种指标要定，进行技术立法。什么性质的建筑，多大建筑面积在什么级别审都要确定。[2]

1991 年 2 月 19 日，C 副市长讨论城市规划工作如何办的问题，提出要成立城市规划管理委员会，理顺内外关系，加强机构建设。[3]

---

[1]　胡娟 . 旧城更新进程中的城市规划决策分析——以武汉汉正街为例 [D]. 武汉：华中科技大学，2010.

[2]　摘自原日照市建委规划处长工作日记（第 2 册）。

[3]　摘自原日照市建委规划处长工作日记（第 2 册），2003 年，日照市成立了规划委员会。

5.2 专家、部门参与决策的多极协商模式——宁波案例

5.2.1 宁波城市轨道交通规划案例概述

1. 市场经济深化阶段的快速城市化发展背景

宁波轨道交通建设提出的宏观背景是社会主义市场经济改革的深化阶段。城市化进入快速发展阶段，1994年下发《关于深化城镇住房制度改革的决定》，1998年住房分配货币化，房地产业异军突起，房地产成为城市经济的主导产业，带动城市建设大规模扩张，全国城市建设固定资产投资快速增长。东部沿海经济发达地区的城市规模扩张迅速，发展动力强劲。2000年前后宁波同样正处于经济和城市化大发展的起步期，综合实力明显增强，经济总量倍增，港口蓄势待发。宁波的GDP从1978年的20亿元增长到2000年的1191.5亿元，年均增长19.7%，人均可支配收入居全国第四，仅次于北京、上海、广州，城市经济实力大为增加，城市建设蓄势待发，2000年宁波市委、市政府提出“拉开城市框架，构建大都市”的战略目标。2001年，宁波编制了首轮战略规划，把“做大城市经济总量，拉开都市框架”作为指导思想。在这一指导思想下，提出大都市必须建立快速公共交通，做出了启动“城市轨道交通建设”重大决策。

2. 城市快速轨道线网规划咨询的政策制定过程

宁波城市轨道交通规划咨询包括轨道线网规划、控制性规划和建设规划等一系列规划。规划从提出启动轨道交通建设的建议到控制线路用地和建设计划确定前后历时5年。项目编制单位是北京城建院下属的中城捷地铁咨询公司和宁波市规划设计研究院。

——政策议题的提出

2000年，市规划局最初提出启动宁波市轨道交通建设设想。在2001年总体规划修编之初，规划局长就根据对宁波建设大都市的发展目标和城市建设发展趋势的判断，邀请轨道交通专业咨询公司进行前期研究，认为宁波到了应该谋划建设轨道交通的时候，向市委、市政府提出建议。提议的基本判断是基于宁波的城市化快速发展速度和经济发展水平，未来的宁波中心城区一定会集聚超过300万人口，三江分隔的自然地理环境也使得宁波的城市交通情况更为复杂，道路增长难以适应迅猛的机动化发展趋势，交通拥堵问题一定会日趋严重。而且轨道交通项目立项是需要国家审批的重大项目，从规划编制到项目批准有很多法定程序，至少需要8～10年时间。因此，提议编制轨道交通线网规划正当其时。

当时市领导决策层的思想并不是完全统一，还有为数不少的市领导和部门领导认为，宁波这样规模的城市是否有必要建设轨道交通（当时宁波市区人口144万）。而且轨道交通投资那么大，城市会背上沉重的财政负担。针对这种情况，规划局邀请北京中城捷地铁咨询有限公司的刘总给主要领导做了一个介绍轨道交通的概念、作用、发展历程的讲座，重点介绍了国内外各大城市轨道交通规划编制和建设情况。通过刘总透彻的讲解，很多领导的思想观念有了很大

的改变，特别是时任市委 H 书记认为很有道理，肯定了规划局的提议，决定启动轨道交通线网规划的编制工作。

——政策方案的编制和选择过程

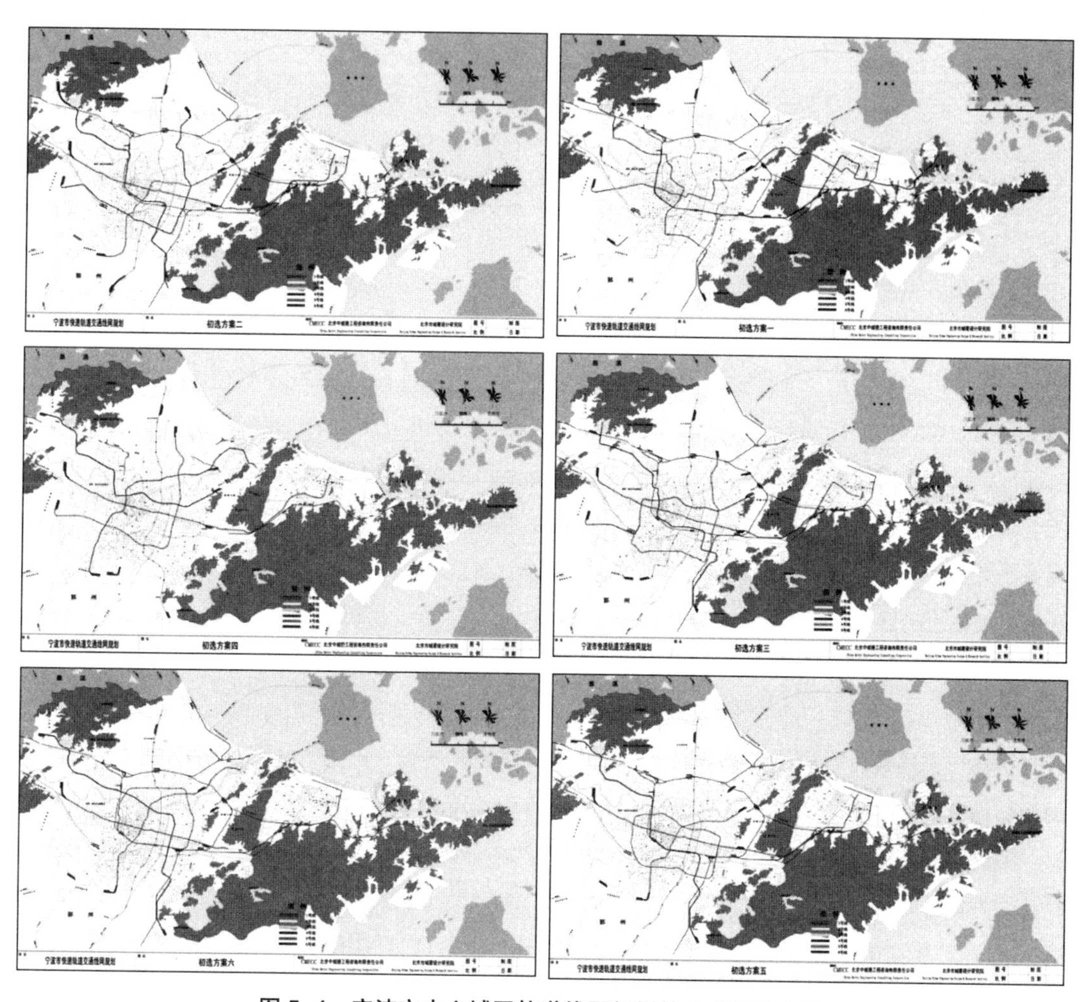

图 5-4　宁波市中心城区轨道线网规划的 6 个初选方案

由于轨道交通规划是专业性很强的工程规划，必须由专业的地铁工程咨询公司编制，同时，轨道交通规划用地控制还需要本地的规划行政人员管理。规划局有意通过此项目培养本地的专业技术队伍，组建了北京中城捷公司和宁波市城市规划设计研究院组成的联合编制工作团队，共同承担了轨道交通线网规划的编制工作。工作团队深入现场，密切配合，既有对城市用地现状和发展趋势的熟悉，又有轨道专业知识的支撑，较为顺利地拿出初步方案。征求了市级部门、各区县对轨道交通线路方案的建议，规划方案编制过程把方方面面提出的设想和要求都囊括到 6 个备选方案中，进行了细致的方案比较，包括客流分析和工程可行性分析，把基础技术研究工作做到尽可能深入和完善，为方案的选择奠定了基石。对线网空间模式的选择就存在两种分歧，到底是放射型方案，还是环形加放射方案更适合宁波，北京公司的专家给予了充分的理论分析和多方案比较，包括用交通模型进行客流模拟的测试，通过定性的分析和定量的数据给予论证。此外，关于方案中公交客流走廊的选择，换乘枢纽站的定位都经过多方案的比较论证，做到与城市土地利用紧密结合。

同时，通过编制程序的开放性保证规划方案的广泛接受度。方案经过规划局内部多次讨论和初审，之后多次征求部门和县区的意见，也使规划方案更为社会各界理解和支持，最后又组织了全国专家评审会。通过这些会议，把规划方案不断肯定，最终确定了“跨三江、连三片、沿三轴的三主三辅六条线的放射型线网”。规划方案获得了各部门和各区县政府以及专家的高度认可，这个规划在编制过程基本完成了利益的博弈过程。

——规划决策过程

市委、市政府召开了专题会议研讨了轨道交通线网规划的主要内容，市委书记认真地听取北京中城捷公司刘总的详细汇报，用时近 2 个小时，全面详细地讲解了规划方案编制的过程和技术内容，结合宁波方案的介绍，把轨道交通的一些基础知识再次进行了宣讲。这是又一次很成功的统一思想的过程。之后，规划成果扩大了宣传面，市委扩大会议专门组织了轨道交通线网规划，接受面更为广泛，包括县、区的党政领导都参加了培训，为轨道交通建设的最后决策奠定了思想基础。为了进一步统一思想，人大和政协也专题听取了轨道交通线网的汇报。经过前面这些规划宣传工作，已经取得了思想统一。最终在市长办公会议上，全体参会人员都一致赞成轨道线网规划方案，顺利做出政策决策，形成了政府决议，批准线网规划实施。之后不久的 2003 年，宁波成立了轨道交通建设领导小组，标志着宁波轨道交通建设的正式启动，线网规划是轨道建设项目的纲领性文件，对宁波轨道交通的建设起到重要指引作用。

尽管，后来宁波市委书记和市长都调任，但是，宁波市几届政府始终坚持这一版线网规划，保持很好地稳定性和权威性。之后，2005 年开始编制《轨道交通建设规划》，争取早日开工立项，2008 年 6 月获得国家批准建设轨道交通的批文。从 2008 年 8 月第一条线路真正开工建设，到 2014 年 1 号线一期工程通车运营，经历 6 年时间。从 2001 年轨道项目的谋划到真正开工建设整整 8 年时间，与开始的工作周期预测完全一致。

宁波市轨道交通筹建阶段大事件 **表 5-4**

时间	主要技术及政策文件
2002-2003 年	编制《宁波市城市快速轨道交通线网规划》
2003 年 12 月	宁波市轨道交通规划与建设领导小组成立
2004 年 12 月	编制完成《宁波市城市轨道交通用地控制性详细规划》
2005 年 12 月	编制完成《宁波市城市快速轨道交通建设规划》(2006-2015)

续表

时间	主要技术及政策文件
2006 年 2 月	《宁波市快速轨道交通线网规划》获得宁波市政府批复（甬政发（2006）15 号），标志着宁波中心城市轨道交通线网规划正式确定
2006 年 2 月	宁波市轨道交通筹建办公室成立
2006 年 4 月和 9 月	宁波市轨道交通建设近期规划分别通过国家发改委和建设部委托组织的专家评审
2006 年 11 月	宁波市人大通过《关于建设轨道交通的决议》
2006 年 12 月	宁波市政府与各县（市）、区政府、开发区管委会签订了筹资责任书，落实了我市近期轨道交通建设的资金筹集任务
2006 年 12 月	宁波市轨道交通集团有限公司成立
2007 年 11 月	宁波市轨道交通工程建设指挥部成立
2008 年 8 月	宁波市轨道交通近期建设规划获得国家批准（发改投资（2008）2097 号），成为第二批 1 0 个城市中首个建设规划获国家批准的城市
2006-2008 年	组织编制《宁波市轨道交通 1 号线一期工程可行性研究报告》及相关专题报告
2008 年 8 月	《宁波市轨道交通 1 号线一期工程可行性研究报告》上报国家发改委
2008 年 11 月	1 号线一期工程土地预审获得国土资源部一次性通过
2008 年 12 月	1 号线一期工程可行性研究报告获得国家发改委（发改投资（2008）3535 号）批复

5.2.2　知识共同体的互动学习模式

轨道交通线网规划的编制和成果宣传是知识共同体的学习模式。知识共同体指拥有相同专业知识的社会群体，具有社会功能强化和信息交流的功能。作为知识共同体的成员会感到他们拥有共同的专业知识，具有较强的归属感。成员进行共同的交流学习时，遵守一定的规则，分享知识，并且在讨论中反思自我，重新构建自己的知识，因此逐渐形成这个专业知识领域一致的价值取向和偏好。

由于轨道交通的专业技术性很强，因此，知识的传播和接收需要一定的技术基础，并不指望全体社会成员都能普及接受这些专业知识，轨道交通的专业知识传播的主要对象为政府领导及其他部门行政官员、规划技术人员。而拥有这些专门知识的人群就组成了知识共同体。共同体成员相互学习，形成信息的交流和见解的交换，政策成果建议通过学术共同体的交流和相互学习获得初步认可。

轨道交通专业的知识共同体有三个圈层，首先是轨道交通专家和直接从事轨道交通工程设计的专业技术人员组成的技术群体，这个群体是知识传播的源点。在宁波轨道交通规划的知识传播过程，北京的专家和咨询公司的专业技术人员就扮演这个角色。第二个群体是准专业群体，包括宁波市规划设计研究院的工程技术人员，他们是第一批被吸纳到共同体的成员，经过专业知识培训后他们也担当扩散传播专业知识的工作。第三个圈层是非专业技术人员的群体，主要指政府机构中的行政领导和一般行政人员，他们对于轨道交通项目的政策制定具有很大的参与权和影响力，因此也是需要纳入知识共同体的群体。

知识共同体知识共享和相互学习沟通的途径主要有技术交流、专家讲座等方式。

技术交流是最有效的学习方式。宁波市轨道交通线网规划项目启动之前，规划局就要求本地规划院交通市政所专门组织一个技术小组，全力参与到轨道交通项目。规划局长说："我们不仅要完成一个项目，更要培养一个拥有专业知识的队伍。"知识的获得是需要时间积累的，项目开展的两年时间里，宁波规划院和北京城建院中城捷地铁咨询公司的技术人员工作生活在一起，一起现场踏勘，一起编制讨论方案。经过工作中随时随地地技术交流和讨论，对轨道交通的专业知识认知更为深入，不仅了解了一般层面的工程技术规范和要求，包括地铁的转弯半径，站前直线段最小长度，轨道线两侧最小环保控制宽度等，而且了解更深一层的专业技术，如轨道工程地下项目施工过程及影响范围，轨道车辆段内部车辆运行规律及技术要求。这些技术规范对于线路路径的比选，以及重要站点的确定等方面都起决定性作用；有些地方受制于地形地貌、现状建构筑物，线路路径必须做出调整。这些控制性要素的知识需要所有项目技术小组成员掌握，也是管理轨道线路用地控制的依据。

专家讲座能够系统地进行知识传播，也是传递最快捷、影响较广泛的知识普及方式。项目伊始，就请北京中城捷轨道咨询有限公司的刘总做了一个普及型的轨道交通知识讲座：介绍了国内外轨道交通发展的历史，轨道交通在城市交通体系中的作用，轨道交通有哪些制式，规划交通线网规划的目标和任务等等。对于技术人员来说，通过北京专家的讲授，使得他们对轨道交通的认识更为系统化、专业化和科学化，能够"知其然，更知其所以然"。对于行政领导来说，行政工作繁重，能够听取专家讲座是最快获得专业知识的途径，宁波轨道交通线网规划编制过程，给市领导的讲座就开展了 3 次，每次都起到很好的统一思想和传播知识的作用，方案编制的不同阶段也多次组织了部门和区县领导参与的项目讨论，通过讨论，了解部门和地方的想法，进行一些概念上的纠偏，这种结合方案的讨论也是很有效的知识传播的方式。

5.2.3 协调平衡部门利益的价值沟通过程

我国的城市规划涉及许多垂直的和水平的相关部门，城市规划与发改委、建委、土地、交通、城管、房产、环保、文化、水利等许多方面的工作都有密切的关系。各主管部门的工作需要相互衔接和配合，城市规划需要综合考虑社会经济发展需求，协调各专业部门的物质空间设施落地的要求。

各个行政机构有其主管的事务范畴，互不覆盖，原则上应该各司其职、互不越权。实际上，各部门都存在各自的部门利益，发改、建设、土地、交通等职能部门都占据着主要地位，每个部门在条的政治体系下又从属和听命于各自的上级部门，每一个行政部门都在其特定的利益、资源和行政能力范围内做出决策，接受上级部门给予的既定任务。[1] 在具体项目协调过程中必然涉及

[1] 蔡泰成．我国城市规划机构设置及职能研究 [D]. 广州：华南理工大学，2011.

部门利益协调，规划的审查会议很多时候都是各部门表达各自利益的途径，也是争夺各自利益的交锋过程。

以宁波市轨道交通规划为例，规划线网确定的过程就体现了部门利益博弈的过程。在轨道交通规划当中，主要参与的部门有发改委、交通局、建设委员会、环保局、土地局。涉及跨江跨河的区段，还需要与水利部门衔接，还有一类主体就是各区政府、街道、乡镇政府。为了实现自身的利益，这些部门和区政府都希望城市规划的空间利益安排能与各部门、机构、单位的具体情况和实际利益结合在一起，增加利益，减少损失。利益协调的焦点是如何保障总体客流量的最大化和各区县节点的覆盖相对均衡；各个区都希望本区的线网规模大些，有更多线路经过本区，站点的覆盖范围能更广泛，所有要发展的中心区节点都覆盖，同时，最好能采取地下线的方式通过本区，以减少老百姓对高架线的反感。但都不想要没有客流效益和商业价值的车辆段和停车场等设施。交通部门希望主要的客运枢纽都能够与轨道网衔接好；发改部门希望控制好合适的线网规模，与城市的发展规模和财力想适应，不能过度超前，使城市背上过于沉重的财政包袱；环保部门希望严格执行噪音保护要求，轨道线两侧的绿化防护带越宽越好；国土部门希望节约集约利用土地，最好少征用一些土地，最好多建设地下线路。规划编制部门就要综合考虑所有这些意见，甚至有些互相矛盾的意见，站在市政府的高度去统筹协调，处理好上述分歧与矛盾，寻找到平衡点。

5.2.4　政府、专家、部门参与决策的多极协商

轨道线网规划决策的主要参与者有市级政府、区级政府、专家、政府部门，社会主体参与较少，基本可简化为政府内部协调。由于决策主体所处地位和追求目标的不同，会自然形成一种相互依存又相互制约的政策网络关系，而主体间相互依存度、制约度是城市规划决策考虑的关键因素。

下面以轨道沿线地块开发的博弈过程为例，展现多极协商网络的互动。市政府为了平衡轨道建设运营的成本，借鉴香港地铁的经验，提出在轨道 1、2 号线沿线选出 10 个开发地块，给轨道建设指挥部去进行土地开发。可是这项工作开展了近 5 年，一直难以真正落地。轨道站点周边 10 个地块需要从各个区政府的可开发土地中割让出来，因此，各区政府都从各自的利益出发，不愿意拿出合适的开发地块，迫于压力所提供的地块都是有大量拆迁，或者区位偏远，周边建设配套环境不成熟的地块，轨道建设指挥部想要的地块，区里不给，区里给的地块，轨道办不想要。因此，这件事情就一直难以达成一致意见。

专家对不同层面、不同阶层的主体都有影响作用。专业知识具有较大儿的政策压力，能够依据知识说服其他主体。同时正因为规划具有专业技术性，规划更要融入社会，扩大知识共同体规模，让更多的人了解规划知识。通过项目编制过程中，北京专家给各层次领导和政府行政人员进行轨道专业技术知识的宣讲报告不下 20 次。专家和市级政府在政策网络中是容易形成联盟的，规划专家凭借专业技术知识参与到政策协商中，并自然地站在市政府一方，代表市级政府考虑整体利

益最大化。因为轨道交通是一项公共物品，轨道交通的效益不能从一条线的运营收入中去衡量，而是整个社会的公共效益的提升。

各区级政府在轨道交通项目的利益出发点是自身辖区的利益增损，因为轨道的建设资金需要市、区两级财政共同承担，因此区级政府斤斤计较在所难免。区级政府与轨道交通建设指挥部成为博弈的双方，他们都想通过影响规划部门和规划编制技术人员去谋求自身利益最大化。

从这个案例可见，尽管轨道交通项目协调都是政府内部协调，但是，多极主体的利益仍然十分复杂。随着市场经济的深入发展，政府从单纯的政治主体转变为“政治”、“经济”双重身份，部门也有着自身的利益，市级和区级政府的利益也有区别和分化，都在追求自身利益的最大化。

5.2.5 专家影响力提升的半开放公共治理

专家是运用专业知识去影响决策的特殊的政策参与者。[1]专家在政策参与中，经常扮演着不同的社会身份：政府智囊、公众倡导者、学者、思想中介人、公共知识分子等。由于专家在政策过程中的特殊身份，政府决策者们习惯上把政府外的“专家”认为是相对于“部门”的一种特指的参谋身份。政府决策者面对专家的建议，可以采取相对自由的态度决定采纳与否，因此专家对决策的影响力取决于专家的专业知识能力、行政能力和个人社会网络。不同的专家发挥影响力的大小不同，在政策过程中的行动逻辑和策略也不尽相同。

城市规划领域非常重视专家参与，《城乡规划法》第十四条规定，城市人民政府在组织编制总体的过程中要坚持“政府组织、专家领衔、部门合作、公众参与、科学决策”的规划编制组织原则。

在专项工程规划领域，专家在政策制定过程中的影响力更为突出。轨道交通线网规划的咨询决策过程就体现了专家的领衔地位。首先，从立项开始，就是由专家建议立项的，规划局遍寻国内编制轨道交通规划的设计咨询机构，进行认真比较遴选，找到北京城建院下属的中城捷地铁咨询公司，听取了刘总关于国内轨道交通规划和建设的发展水平的汇报和建议，坚定了宁波启动轨道交通的决心，加深了关键时机的认识。由轨道技术专家和规划局一起商定轨道交通线网规划的项目建议，提出工作任务目标，报市政府批准立项。

轨道交通规划领导小组由专家领衔，负责统筹组织和安排任务，直接向市长汇报。由专家牵头组织的这种做法对于轨道交通这样的专业性强的专项规划效率最高。而且由专家制定规划，不是由领导制定规划，这是城市规划科学决策的基础。[2]在轨道交通线网的规划制定当中，真正体现了专家的重要作用。为保证规划的科学性、合理性、前瞻性和可操作性，多次邀请了国内轨道交通规划知名专家进行研讨，深入分析宁波轨道交通应该采取什么制式，应怎么组织运营。由专

[1] 朱旭峰．政策变迁中的专家参与[M]. 北京：中国人民大学出版社．2012.

[2] 王振亮．上海市松江新城跨越式发展中的规划决策创新与探索[J]. 城市规划汇刊，2004，(2)：29-32.

家制定的规划经过征求意见会议、规划方案审查会等程序，最后向市四套领导班子汇报，并按照法定程序由市政府批准。

通过重大专项规划的实践，宁波市建立并完善了专家咨询制度。轨道交通规划共召开 4 次全国层面的专家审查会议，包括方案的初步审查、客流预测的审查会议、最终方案的专家评审会议、上报国家立项前由中咨公司组织的专家审查会。每次专家会议认真组织，准备充分，会议材料详实，专家们认真审议，提出各种尖锐的问题，编制单位给予一一解答，这种答辩促进了项目的完善，为政府决策提供科学依据。例如，专家要求对轨道客流的预测专门做专题研究，城市规划土地利用的配合情况也做了专题报告。线网规划专家审查后补充了两大专题：一是关于北仑区域的发展规划情况及客流预测；二是城市发展规模和建设投资体制机制的情况说明。对政府科学决策起到很重要的支撑作用，轨道交通建设是百年大计的重大工程，决策就要实施，而且一旦开始实施了，就要持续投入建设。因此，对轨道交通规划客流的科学预测和投资体制的深入研究十分必要，关乎轨道工程建设的长期可持续发展。

通过轨道交通规划实践，宁波市出台了城市规划专家咨询制度，形成了不经过专家咨询不进行规划决策的非正式制度，专家评审意见作为政府行政决策的必要依据，这对提高城市规划的科学决策水平具有重要意义。

5.3　社会主体参与决策的多元网络治理模式——深圳案例

5.3.1　深圳市法定图则规划案例概述

深圳实行法定图则制度是推进城市规划民主化与法制化的一项重要改革。[1] 公众如何参与法定图则制定是深圳一直探索和创新的课题。2008 年，深圳一改法定图则编制“自上而下”的工作方法，组织全过程的公众参与，使公众参与融入图则编制的全过程，改变了过去只是收集信息和成果公示意见征求的走过场的表面参与，而进入合作性参与。市民主动参与编制规划的草案阶段，公众意见能够影响到方案修改，公众参与有了很大程度的进步。尽管距美国规划学者雪莉·阿恩斯坦（Sherry Arnstein）提出的公众参与阶梯的最顶端“公众控制和授权决策”还有很大距离，但已经是深度参与规划的典型案例了，其实践步伐已经走到了全国前列。下面具体以《深圳市南山区蛇口地区法定图则》[2] 的案例深入分析公众参与对规划决策咨询工作带来的影响和改变。

1. 概况

蛇口地区位于深圳市南山区，由南海大道、东滨路、后海滨路及蛇口海滨所围合的区域，总

[1]　邹兵等 . 敢问路在何方？——由一个案例透视深圳法定图则的困境与出路 [J]. 城市规划，2003，27（2）：61-67.

[2]　根据李晨发表于《城市规划》2010 年第 8 期的“探讨法定图则公众参与的实践过程和发展途径——以深圳市蛇口地区法定图则公众意见处理为例”的论文整理，本图则从 1999 年开始编制，历经 10 年反复修改完善，最终于 2009 年获得批准通过。公众参与过程完整充分，基本内容翔实。

用地 626.62 公顷。结合蛇口半岛的海滨优势，背山面海的地区发展特征，规划成为交通便利、风景优美、设施齐全，以居住为主兼有商贸旅游功能的现代化滨海城区。形成“五个社区中心、四个区级服务中心、两条公建带、五个居住片区”的空间布局；注重公共配套设施均衡共享，提供多层次的居住及就业环境，促进社会结构多元化。蛇口地区法定图则规划分别在 1999 年和 2008 年进行了两次规划编制和修编，公众参与的程度和内容有不小的变化。

蛇口地区法定图则两次公众参与的深度和关注点的比较 **表 5-5**

时间	参与单位	参与人数	涉及地块	关注点
1999 年	8 家	6 人	8 块	自身单位范围建设强度等指标
2008 年	28 家	1370 人	53 块	整个地区及周边社会公共设施

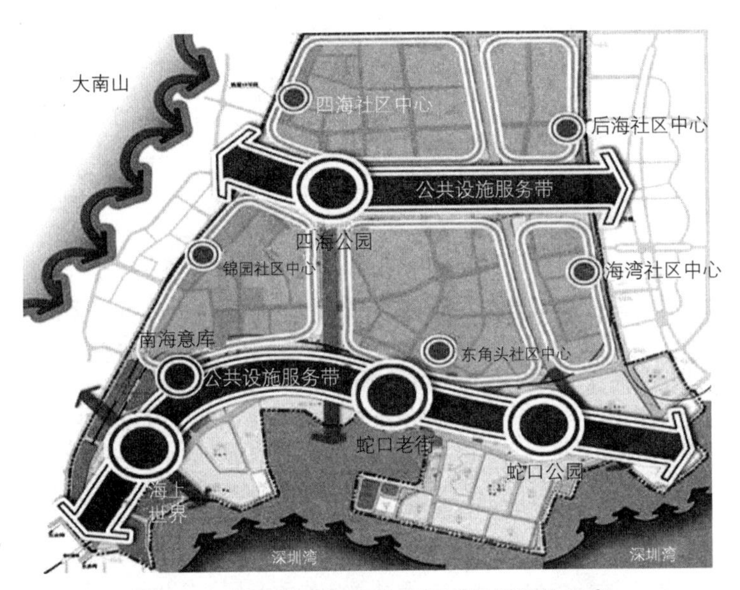

图 5-5　深圳蛇口地区法定图则规划结构示意

2. 公众参与程度变化

从蛇口地区前后两次公众参与的情况来看，随着社会的发展，公众对知情权、参与权、表达权和监督权的要求日益强烈，公众参与意识明显提高，主动参与人数和单位增加，关心的内容也发生较大变化，从只关心自家门口的事发展到关心全区的发展。市直机关、区政府、街道办事处等政府部门也参与到规划中来，社区基层组织治理能力明显增强，很多的意见来自于街道办事处和下辖的部分社区居委会以及村股份公司，他们代表的是蛇口地区的当地民众。[1]

[1] 李晨等．探讨法定图则公众参与的实践过程和发展途径——以深圳市蛇口地区法定图则公众意见处理为例 [J]. 城市规划，2010，34（8）：73-78.

蛇口地区法定图则两次公众参与具体内容　　表 5-6

时间	空间范围	海岸线	公共设施布局	旧村改造	道路设施	建设指标
1999 年	集中在南部近海及新填海地区	渔港海岸线的调整	保留客运站	——	——	企业关注其用地范围内提高容积率
2008 年	整个地区	海洋岸线及用地功能调整	反对建设污水泵站、110kV 变电站、医院、中学	村庄建设用地的安排和开发强度提高等	反对建设加油站、城市次干道、公交场站	用地布局调整及容积率调整

从公众参与具体内容的建议看，公众关注空间范围为整个地区，关注内容更为全面，涉及海岸线、公共设施布局、道路设施布局和旧村改造等方方面面的内容，比以往只关注本企业用地内的建设指标有了很大的进步；十年前，公众对于公共配套设施缺乏问题十分关注，现在演变到排斥公共配套设施。说明了公众对自身利益过度关注带有很大的片面性，对于保障大多数人的公共利益不利，需要规划编制单位做好公共利益引导和说服工作。

3. 公众意见处理

公众意见对规划方案合理性具有重要影响作用，深圳规划局坚持“请进来，走出去”的规划组织方式，广泛收集公众意见，并且对于公众意见十分重视，认真对待，审慎处理。以往法定图则的公众参与主要在调研阶段，以及成果展示和公众意见的征询阶段，对于公示后的反馈缺乏关注，也没有法规明确规定公众意见怎么处理。本次公众参与在这个环节做了大量工作，108 条公众意见全部认真梳理，逐条与当地政府和社区代表协商，现场研究解决方案。

蛇口地区法定图则公众意见的处理　　表 5-7

规划阶段	公众意见征集方式	意见处理方式	参与人员	工作方式
编制调研阶段	问卷调查，走访社区居民	技术小组梳理归纳，纳入规划方案编制	编制技术人员	技术小组内部讨论
方案编制阶段	方案展示，深入街道社区征求意见	根据公众意见进行方案调整修改	编制技术人员	技术小组内部讨论
成果展示阶段	网络、电话、现场展示等多种形式征求市民意见	座谈会议答复	规划管理领导、管理处室技术官员及编制单位技术人员、技术委员会委员、法定图则委员会委员	与基层政府机构商谈，共同研究公众意见的处理办法，上报规划管理部门审议，又上报法定图则委员会审议

蛇口地区法定图则在规划审议阶段中的公众参与工作深入务实，在规划阶段进行充分的利益博弈，与基层社区充分交流和沟通，避免了今后规划实施的矛盾。

5.3.2 社会共同体学习模式的知识传播

深圳蛇口地区法定图则的案例展示了社会学习共同体的特征和过程。社会学习共同体网络是指知识共同体发展到更为高级阶段的形式，加入学习网络的社会成员越来越多，学习的途径和手段更为多样化，学习成为规划知识社会建构的主要过程和内容，人们对政策建议的看法是在共同学习中建构的。政策建议不是具有技术知识的专业人才单方面向社会扩散的结果，而是所有社会成员在相互学习的共同体网络中互动形成的结果。如蛇口地区法定图则中，公众提出蛇口广场地块宜综合利用，立体开发，建议“露天公交场站改为下沉式公交场站”。[1] 规划编制单位认真听取了公众意见，参考深圳市已有的地下公交场站的建设情况，结合规划技术规范要求，最后提出了折中的规划方案，基本满足了公众的诉求，调整了规划方案，这个规划方案就是社会共同学习的成果。

深圳法定图则的知识共享过程很好地展现了社会共同学习的过程。社区的居民从规划编制之初参与进来，提出对社区发展的建议和愿望，规划师认真听取他们的想法，并且把这些目标纳入到规划任务目标制定的过程之中。规划编制初步方案再次征求地区居民的意见，请居民提出修改建议和对方案的意见，规划设计人员根据居民意见进行修改完善。最终使得规划方案能够满足大多数居民的需求，同时满足城市整体发展目标，这个过程的互动沟通增进了彼此的理解，规划成为社会主体共同订立的“契约”。规划目标和土地空间的分配不再单纯由城市规划师依据技术专家的经验来提出，而是相关利益人共同商讨确立的发展目标，体现了社会建构的方法论。公众参与城市规划改变了我们对于城市规划方法论的认识，城市规划设计方法发生了范式的转型。

通过社区规划的社会共同体学习模式，强化了社区成员的归属感，社会成员加入这个讨论的网络，通过对社区规划建设问题的交流和讨论，互相尊重和理解，增进社区的共同体的认知。逐步促进共同体成员之间形成共同的价值认同和生活方式，共同的利益和需求，以及强烈的认同意识。[2] 这对我国社区社会组织的形成具有重要意义。

5.3.3 与公众协商互动的价值沟通过程

公众是一个内涵广泛的概念，通常是指所有实际上或潜在的关注，影响达到其目标的政府部门、社会组织及个人。[3] 现阶段我国城市规划的公众参与主体有市民、企业主、规划师、政府机构代表。在本案中，主要的价值沟通参与主体有规划师、企业主、社区居民、客运交通运输管理部门。规划师与公众的价值沟通关键是要找到利益的平衡点，政府决策往往是各利益主体之间协商、让步、妥协的结果。利益相关人的行为逻辑一般都遵从公共选择理论，理性经济人在社会活动中做出的决策同样追求自身利益的最大化。

---

[1] 李晨等．探讨法定图则公众参与的实践过程和发展途径——以深圳市蛇口地区法定图则公众意见处理为例 [J]. 城市规划，2010，34（8）：73-78.

[2] 刘子恒．非正式学习共同体知识共享机制研究 [D]. 武汉：华中师范大学，2012.

[3] 孟丹等．公众参与城市规划评价体系研究 [J]. 华南理工大学学报（社会科学版），2005，7（2）：39-43.

价值沟通主要是由于存在价值目标差异。规划所维护的是公共利益，追求公共利益的增进，是城乡规划公共政策的基本目标。市民和单位主体往往只关注自身利益。市民一方面希望完善公共配套，建设学校、医院、公交场站，但是又不希望建设在自己家附近。近几年，因为加油站选址引发的公众上访事件不少，公众把矛头指向规划管理部门和规划编制人员，实际上加油站布局有其自身的技术标准和规范，规划师在设计时必须执行这些规范。但是，公众就是不能接受在自己家附近建设加油站，这就是邻避设施的尴尬。类似的情况还有，城中村村民一方面反映居住环境条件差，另一方面希望旧村改造能够尽可能最大程度提高容积率，增加开发面积，可以获得更多收益，谁都不去关心公共绿地是否增加。同时，旧村改造博弈过程中也会产生新的矛盾，旧村改造不能满足所有村民的利益，甚至会与部分村民利益发生冲突，村民从自身利益出发，与政府讨价还价。[1] 因此，与公众的协商沟通最主要做好知识传播和利益平衡，而且必须发现各主体行动层面的真正意图。因为通常在宏观层面的基本价值观容易统一，比如生态文明、社会和谐、品质提升等，但是到具体行动层面的价值观就有差异，沟通的关键是找到价值差异，并且能够将各种价值需求统一到利益交换框架下，让利益主体自身去衡量得与失，而不是一味地希望获得增加自身利益。此外，还需要建立价值目标与政策决定和行动之间的关系，个人和组织如果能够在价值和政策之间建立满意关系，哪怕他们的价值观不同，也能就特定政策达成一致。即使在价值观和政策层面还是存在不同意见，但在实际的行动层面做好协调也是能够解决分歧。政策制定过程的逻辑就是不断利益冲突的价值 - 政策 - 行动的权衡斗争。

5.3.4　社会主体参与决策的协商网络

改革开放三十年来，权力分配与民主建设一直贯穿我国城市发展的主线。随着深化改革趋势下市民对产权物权的重视，维权意识也愈渐强烈，市民对公平、正义和个人价值的追求日益加强。对涉及利益分配的城市规划领域，市民关注度大大提高，参与规划决策的民主意识越来越高。[2]

社会治理结构的全面提升对政府职能和治理方式提出了更多的要求。现代社会中，政府权威发生了很大的变化。各个主体在对话、交谈和商谈中达成共识，这种“普遍共识”取代了外在权威，而成为共同体间采取行动的合法性依据。[3] 规划决策变成由政府、专家、公众等共同研究、磋商与讨论的互动过程，各政策参与主体在互动过程中结成各种关系，形成不同的政策协商网络。下面具体分析各社会主体参与决策的行动逻辑。[4]

[1]　赵艳莉 . 公共选择理论视角下的广州市“三旧”改造解析 [J]. 城市规划，2012，(6): 61-65.

[2]　胡娟 . 旧城更新进程中的城市规划决策分析——以武汉汉正街为例 [D]. 武汉：华中科技大学，2010.

[3]　何修良 . 公共行政的生长——社会建构的公共行政理论研究 [D]. 北京：中央民族大学，2012.

[4]　蔡强 . 守望家园：城市规划中的公众参与，蔡定剑主编 . 公众参与风险社会的制度建设 [M]. 北京：法律出版社，2009.

1. 社会公众

社会公众通过各种参与途径影响和制约公共政策制定与执行的愿望逐渐增强。参与规划的社会公众大体分为两类：一是基于自身的实际利益，因某些具体的规划决策对自身合法权益产生了实际影响，如阳光受到遮挡，而希望在规划决策过程中表达自己的利益诉求；二是基于城市“主人”的责任感[1]，尽管某些城市规划并没有直接影响到他个人的实际利益，但出于城市“主人”的身份考虑，有些市民积极参与规划决策，发表自己的意见。某些规划决策可能会影响到全体市民的利益，如发展某类产业，建设某个工业园区等等。

2. 利益集团

利益集团是城市建设中最为活跃的主体，作为土地投资者的开发商或企业等经济实体希望规划决策对自己有利，因此在城市规划决策的形成过程中希望获得表达意愿的机会，以便影响政策决策，实现其自身利益的最大化。[2] 利益团体参与规划决策的途径一般是通过寻租，即以开发投资为筹码，与权力部门联盟，改变甚至操纵规划，以谋求超额利润。西方政体理论指明：政治、经济和知识精英构成了城市发展政策的铁三角关系。1994 年城镇住房制度改革之后，利益集团对规划决策的影响力有增大趋势。这类主体一般不会自觉地关心城市的整体效益和社会公众利益，参与目的和参与程度需要加以约束。

3. 城市规划师

城市规划师的角色定位因为其所处的机构不同，分为几种类型：政府规划师、事业单位中的规划师，企业咨询设计单位的设计师、房地产公司的设计师。在不同的岗位工作的城市规划师必然代表不同集团的利益。城市规划师角色不同，发挥的作用和职能也就不同，有的是履行政府职能，有的为促进社会改良，有的为企业利益而行动。然而，在现实生活中，人们对于自身利益的追求是一种本能的欲望，规划师在工作过程中保持绝对中立也是不可能的。规划师在编制过程中往往已经把自己的利益偏见带入方案中。但是，总体来说，规划部门和规划师没有直接的部门利益和个体利益，规划职业道德教育要求规划师以社会责任和公共利益为己任，规划师是利益博弈中主动维护社会公共利益的力量。

4. 非政府组织

非政府组织的发展壮大是公共治理能力提升的前提。在公众参与规划的过程中，市民个体的力量显得较为单薄，而组成社会组织的力量就大幅度提高，改革开放以来，各种行业协会和社团等非政府组织发展得很快，如社区组织，很多市民的意见是通过社区统一表达的。社会组织参与社会公共事务管理，制衡某些国家权力，同时也为公众参与决策提供了一定的社会资本，并拓展了参与途径和参与方式。但是，我国非政府组织的规模数量、独立运行能力、社会公信力方面都

[1] 吴欣．城市规划中的公众参与机制研究 [D]. 西安：长安大学，2011.

[2] 吴可人，华晨．城市规划中四类利益主体剖析 [J]. 城市规划，2005，29 (11)：80-85.

很不完善，亟待提升。

5. 政府

政府在政策网络中既是组织者也是参与者，通过组织公众参与，开展阳光规划，当好公共利益的实现者和维护者，兼顾“效率”与“公平”，使规划博弈找到均衡点。同时，政府也是参与者，也要表达自己的立场，特别是分税制改革后的地方政府具有企业化的特征，通过土地财政解决建设资金问题，近些年快速的城市化发展完全依赖于土地财政。出于政绩的需求，政府官员必然希望有所作为，具有权力表现欲和扩张行政权力的欲望。官员们的政绩需求未必就符合城市发展的长远需求，未必符合全体市民的公共利益。因此政府的规划决策权力也需要关进制度的笼子里，防止公共利益被权力所捕获，成为权力利益篡取的合法性工具。

借鉴王锡锌对不同参与主体的参与特点的总结和归纳，可以看出，不同利益主体具有不同的参与目的和利益诉求。

规划决策中不同主体的参与目的和合法性分析　　**表5-8**

		参与目的	正当性	不足	参与范围和程度
国家公权力集团	城市政府	对城市发展负有直接责任	1. 法律授权公共管理职责； 2. 对城市发展方向和目标选择负责	1. 受经济利益刺激而忽视规划程序中的其他因素； 2. 受政绩影响而忽视整体和长远利益； 3. 受地方利益影响而忽视国家利益和整体利益	在获得专业知识的帮助和社会公众的监督下编制城市规划
	规划主管部门	具有城市规划方面的专业知识和利用此类知识进行公共管理的职责	1. 具有公共管理职责； 2. 对城市规划发展具备专业知识	1. 存在部门利益局限； 2. 受专业知识结构局限容易忽视其他决策需求	依据城乡规划法律规定，受地方政府委托授权，编制各类城市规划
开发商集团		谋求自身利益的最大化	1. 具备相当的商业眼光； 2. 在获得商业利益的同时促进城市经济发展	1. 受经济利益驱动忽视环境等其他因素； 2. 缺乏整体观念； 3. 商业投机容易引发短期行为，损害城市长远发展	在规划编制阶段向城市政府或规划主管部门表达自己的投资意向
城市规划师		促进规划决策技术上的优化	1. 具备城市规划方面的专门知识； 2. 维护公众利益	1. 因利益因素而容易为资本集团收买； 2. 容易通过技术手段隐藏价值目标	在价值目标确定的情况下通过专业实现规划方案的优化
社会公众	直接利益相关者	维护自身合法权益	1. 维护自身合法权益的需要； 2. 民主	1. 过于关注自身利益而忽视整体观念； 2. 缺乏专业知识	在涉及自身合法权利的规划编制过程中表达自身利益需求并与利益竞争者展开辩论
	其他社会公众或非政府组织	促进城市规划符合城市居民的意愿	1. 民主价值； 2. 促进政策的可接受性	1. 因无具体利益依托而动力不足； 2. 缺乏专业知识；3. 缺乏宏观视角	在城市规划编制过程中表达自身价值目标和具体意见

5.3.5 社会公众力量增强的开放网络治理

城市规划公共参与思想是伴随着西方资本主义民主政治的推进发展起来的。[1] 20世纪60年代，多元价值观的社会思潮影响下，国际规划界对规划的思想认识发生改变，规划不再是技术专家对城市未来终极蓝图的静态描绘，而把规划看作是与城市社会实践活动相适应的动态过程，规划决策应该由社会多主体共同参与的互动过程。1973年，联合国世界环境会议提出环境是人民创造的，为城市规划的公众参与提供了政治和思想保证。《马丘比丘宪章》指出："城市规划必须建立在各专业设计人员、城市居民以及公众和政治领导人之间的不断地互相协作配合的基础上"。[2] 从20世纪90年代起，世界范围的公众参与进入成熟期。城市规划不应该是政府领导，经济精英，技术官僚左右城市未来的结果。城市规划工作只有在社会多元主体达成各方利益均衡的基础上，共同选择城市未来的发展方向和目标。[3] 把公民和私人组织放到了与政府平等的政治地位上。

我国公众参与城市规划起步较晚，国家层面：2006年4月1日实施的《城市规划编制办法》强调了公共参与城市规划编制的权利。2008年1月实施的《城乡规划法》的第26条规定："城乡规划报送审批前，组织编制机关应当依法将城乡规划草案予以公告，并采取论证会、听证会或者其他方式征求专家和公众的意见，公告的时间不得少于30日"。[4] 地方层面：深圳、青岛、重庆、杭州等城市建立了比较完善的公众参与程序。

尽管我国的公众参与还存在公众参与意识不足、参与制度不健全、参与形式大于内容、公平与效率关系难以平衡[5]等问题。但是，应该看到社会力量增长的趋势，从深圳1998年5月通过《深圳市城市规划条例》开始，"公众参与"首次写入法律文件。1999年深圳市城市规划委员会第1次公开展示了市区从东到西10个片区的法定图则草案，公开征求公众意见[6]，公众参与法定图则迈出了第一步。从蛇口地区法定图则案例可见，公众参与人数从1999年的6人发展到2008年的1370人，参与单位由8家到28家，由个人及企业发展到政府部门和人大代表。很多的意见来自于街道办事处和下辖的部分社区居委会以及村股份公司，表明社区基层组织力量在加强。中国公民社会逐步形成，公民进入公共领域的政治生活，对那些关系他们生活质量的公共政策施加影响是未来公共管理的发展趋势。[7] 公共治理模式下政府已不是唯一的政治活动主体，公民扮演着重

[1] 赵璃．试析上海城市规划编制中的公众参与[D]．上海：同济大学，2008.

[2] 杨守广．公众参与城市规划制度与实践——以公共治理为背景[D]．北京：中国政法大学，2011.

[3] [美]詹姆斯.N.罗西瑙：《没有政府的治理》，张胜军，刘小林译．南昌：江西人民出版社，2001.

[4]《城乡规划法》第26条，2008.

[5] 蔡强．守望家园：城市规划中的公众参与，引自《公众参与——风险社会的制度建设》．蔡定剑主编．北京：法律出版社 2009：133.

[6] 李晨．探讨法定图则公众参与的实践过程和发展途径——以深圳市蛇口地区法定图则公众意见处理为例[J]．城市规划，2010，34（8）：73-78.

[7] 王建容等．我国公共政策制定中公民参与研究的现状及发展[J]．生产力研究，2010（6）：1-5.

要的角色，面对日趋多元化的社会结构，政府开始认识到自身局限性，转而与社会，市民组织合作[1]，提高社会的公共治理能力。

5.4　比较与思考

通过日照、宁波、深圳三个不同时期规划决策咨询案例的解析，从纵横两个方向考察了城市规划决策咨询社会协同过程的特征。横向上，应用上一章理论研究的“四要素”分析框架，规划要转化为政策，需要知识传播，价值沟通和协商网络及治理结构的保障。三个案例从不同的历史发展阶段印证了政策转化过程必要的“四要素”。纵向上，三个不同历史发展阶段的案例，反映了规划决策咨询四项要素历史演进的规律：规划知识的传播由单向传输到知识共同体的形成，进而发展到社会网络学习共同体；价值沟通由理性说服决策者发展到部门、利益集团、公众共同参与的价值协商过程；政策协商网络由规划师 – 政府单极网络到政府 – 企业 – 专家 – 部门的多极协商网络；规划决策由政府一元集权决策发展到政府、专家、企业、公众共同参与的公共决策；城市规划政策的背景舞台也在发生转变：从政府一家独大的指令性统治管理社会方式，发展到专家、企业、社会公众共同协商管理公共事务的社会治理方式，城市规划决策咨询制度不断完善，体现了社会公共治理能力和水平的提升。

通过日照市总体规划、宁波市轨道交通规划、深圳市法定图则的决策咨询过程的剖析，从政策制定过程的角度看，关键在于厘清政策制定过程中的关键人和关键事。规划要完成政策的社会协同过程，关键在于有没有政策倡导者？价值沟通是否有效？社会公共治理环境基础怎么样？这些都是影响规划决策咨询能否成功转化为政策的关键。

1. 政策倡导者是政策制定的核心推动力。

政策倡导者是政策建议提出人，如果没有政策倡导者，很多政策建议就会错失政策机会窗口。宁波轨道交通规划启动是时任规划局长力排众议的结果；日照钢铁厂的选址改变更是当时城建副市长对历史负责态度的体现。规划师要把为决策者出谋划策作为重要本职工作内容，这首先是思想认识的问题。提出决策咨询的重大议题需要专业技术知识做基础，更需要积极的工作态度，态度比技术更重要，如果没有责任心，如果不为城市长远发展和老百姓生活品质着想，是不会冒政治风险提出钢铁厂重新选址的建议。因此，政策倡导者的积极态度是政策制定最关键的一步。

政策倡导者的个人社会资本也是决策影响的重要因素，拥有上级行政资本和技术专家资源都是重要的社会资本。行政级别越高，获得的政治支持越大，对地方层面的规划决策影响力越大，日照总体规划的知识传播过程可以说明这个问题，特别是钢铁厂选址过程中建设部专家领导的支

[1] 赵璃 . 试析上海城市规划编制中的公众参与 [D]. 上海：同济大学，2008.

持起到很关键的作用。宁波轨道交通线网规划的全国专家审查论证会议也证明了这点，编制单位拥有与国家级专家的信任关系，有利于获得专家对宁波轨道交通规划的技术认可和支持。

2. 价值沟通是否有效是政策制定的关键途径。

三则案例都进行了很有成效的价值沟通，为规划决策建立了统一的思想基础，是成功影响决策的重要环节。价值沟通有效的具体原因有以下几个方面：

一是扎实的专业技术基础和良好的知识传播。日照总体规划深入研究城市发展客观规律，结合城市发展现实基础，提出对未来的发展规模的科学预测。依据港口城市经济发展规律，提出专业港口向综合港口进而向港口贸易联动发展的路径，形成日照城市发展三个阶段的动力模型，这是整个规划的经济分析基础，在这个较为科学理性的判断之后，才提出空间的组团式格局，以弹性的空间结构适应未来城市的发展。为促进港口发展提出必须建设复线的疏港铁路，提高港口与腹地的联系能力，并留有足够的港口岸线及后方用地，全力支持港口可持续发展需要。钢厂选址的可行性研究报告全部有数据支撑，利弊道理讲得清楚透彻，这样的技术报告提高了决策咨询建议的说理能力。规划的知识传播也做得非常充分，政府领导干部，多次听取规划专家的讲座，树立了建设海滨花园城市的理想，通过爱国卫生运动，教育全体市民树立城市是我家园的理念。这些规划理念和知识的传播都是统一思想的基础。

宁波轨道交通线网方案的科学性也是决策成功的基础。线网规划既有对宁波城市发展总体趋势的准确判断，又有深厚的轨道交通专业技术基础和经验，并运用交通模型进行客观测试规划方案，在科学比较的基础上得出令人信服的结论。规划方案本身具有很高的科学性和可行性，才能够顺利地统一不同部门不同地区的思想，形成对线网规划方案的共识。

深圳法定图则案例的技术基础也很扎实。在深入细致的调研基础上，广泛听取社区市民和企业团体的意见和建议，并结合专业知识进行综合分析，得出即具有可行性又兼顾各方利益的合理方案。这为规划的公众参与和规划方案的决策提供坚实基础。

二是有效的沟通协调。价值沟通的有效需要能力和技巧，沟通的角度、沟通目标和对象的明确，沟通技巧的准确运用都是要考虑的关键要素。例如与决策者的沟通是需要从决策者关心的话题切入，站在决策者的立场分析利弊，理解决策者关心的利益是综合利益，既有经济方面的考虑，也有政治利益和社会利益，这些都在决策者评估的风险范围。因此，与决策者的沟通是围绕这几方面来阐述，决策者就听得进去，思想沟通的效果就好，也就是实现了有效沟通。日照总规的案例是从决策者关心的角度切入；宁波轨道交通也是从轨道交通是大都市的重要基础支撑的角度和高度提出政策建议，并从部门利益和总体利益协调的角度推动谈判；深圳案例是从社区市民和企业关心的自身利益深入修改完善方案，并从合理合法的角度组织相关利益人之间的权益制衡方案。

政策倡导者的社会资本也是沟通协调的重要基础，日照案例中政策倡导者具有广泛的专家社会资本和天然的行政资本优势，在沟通协调中占据有利势能，说理效力强。在宁波轨道交通案例中，政策倡导者同样通过选择专业合作伙伴，建立了在轨道交通专业领域拥有较高话语权的技术专家网络，为宁波轨道交通规划的顺利开展奠定专家技术资本，利用轨道交通专家社会资本的资源，取得很好的沟通效果。

三是价值共识需要时间累积。对规划思想需要一个从不知到了解的认识时间，价值观和认识的改变更需要自我反思的过程，因此达成价值共识需要一定的时间累积。轨道交通项目从 2002 年开始立项，历经 6 年时间，正式于 2008 年开工建设。经过线网规划、线路控制规划，到建设规划以及工程建设阶段的工程规划、可行性研究等阶段，是社会各阶层对轨道交通正确认识和建立科学知识的必要过程。规划思想的宣传需要长期的跟进。规划思想的传播不能间断，也不是一蹴而就的事情，而是一项持续的工作，参谋者需要长期坚持对决策者进行规划思想的传播，保持畅通的沟通渠道，潜移默化地影响决策者的价值观。

3. 社会公共治理结构是政策制定的基础保障。

在城市规划领域，为保障公共利益的最大化，充分发挥社会主体参与治理的作用，公众参与决策制度还需要不断完善和深化。日照案例中建立的技术审查制度为规划决策提供坚实基础；轨道交通规划中的专家咨询制度是提高决策科学性的必要保障；深圳案例的公众参与制度更是提高治理水平的重要制度保障。通过机制制度的设计，使得参谋者、专家、公众有了分享规划思想的机会，参谋者有了与社会各界进行价值沟通的平台。制度完善是提高公共治理能力的关键，打破政府一家独大的封闭决策机制，鼓励公众参与决策的制度设计是提高公共治理水平的途径。

第 6 章　城市规划决策咨询有效运行机制的设计

根据前面构建的“社会协同”理论框架，通过实证研究进一步展示了“知识传播、价值沟通、协商网络、公共治理”四要素的关键性。围绕社会协同的目标，上述四项要素有内在的逻辑关系。规划知识传播是社会协同的前提基础；价值沟通是促进社会协同的核心行动；协商网络是社会协同的政治结构；公共治理是社会协同的制度保障。城市规划决策咨询作为一项政策咨询，其能否有效转化为公共政策，取决于社会协同的结果。

从失效案例的原因分析可知，有效的决策咨询运行机制要从内、外两个方面优化。从内部来讲，规划师首先要改变思想观念，从思想上树立决策参谋的角色目标，知识传播和价值沟通能否做好首要在于规划师“要不要做”的主观能动性。其次，个人素质和技能方面需要加强政治参与能力和沟通协调能力，一方面能提出科学合理的决策咨询建议，另一方面还能把咨询建议传播出去，这是解决“做不做得好”的问题。

从外部来讲，机制和制度的完善是规划决策改革的根本路径，也是提升社会公共治理能力的关键，规划决策机制的完善需要相应的法律法规的建立和健全。规划决策咨询能否发挥出参谋作用，首要是能否给予参谋者政策参与的舞台，能够让渡部分公共权力给其他政策参与者。协商网络的建立也与规划咨询全过程的程序制度密切相关，建立开放互动的社会协同程序非常必要，只有通过程序规定多元主体可以参与规划决策，决策权力的共享才得以实现，进而逐步形成多元主体参与规划决策的新型治理关系。

因此，城市规划决策咨询机制的优化设计从思想层面、制度层面和个人层面分别提出建议，重点落在机制制度的优化完善。

6.1　目标与任务

1. 目标

决策参谋：规划部门要树立服务政府决策，服务城市发展的职责目标，担当城市发展的参谋部职能，为城市发展重大问题提供参谋建议。

决策咨询机构和个人树立决策参谋的角色目标，为城市发展规划建设提供科学的决策咨询建议，城市规划决策咨询的目标就是咨询建议获得决策采纳，影响政策制定过程。咨询机构和规划师应转型为政策倡导者，努力推进咨询成果的政策转化。

社会协同：使规划成为全社会多元主体的共同选择，规划决策咨询需要做好社会协同工作。

规划思想经过广泛地传播，深入的价值沟通，管理好政策协商网络，协同全社会的发展目标和行动计划，最终通过规划决策制度的优化和完善，实现规划公共政策的合法化。

2. 任务

决策咨询机构承担区域和城市的战略性、前瞻性规划研究；城乡规划有关问题的基础性研究、应用性研究；城乡规划设计成果的公共政策转化；城市发展战略的规划决策咨询。

①发挥政策倡导作用，发现并提出政策议题；

②为城市发展重大问题制定科学可行的规划咨询建议；

③推动规划设计和研究成果的政策化转化；

④组织完成规划政策转化过程的社会协同；

⑤政策执行评估，城市发展战略规划和总体规划的实施评估；

⑥长期跟踪城市发展动态，收集相关基础信息。

6.2　机构与职能

建立一套"谋、断、行"相分离的咨询、决策、执行体系。参谋职能在规划研究机构，规划决策在政府决策机构，规划执行职能在政府管理部门。城市规划决策咨询机构的职能需要加强，目前，这一任务主要由规划设计研究院（设计公司）和规划编制研究中心等机构承担。传统的规划设计院和设计公司以生产效益为追求目标，较少关心城市规划技术成果的公共政策转化。传统的事业单位属性的规划设计院改制转企后，为规划局的服务水平更为下降。但是，规划管理是技术性很强的工作，需要大量的规划技术支持服务，因此，这部分职能是需要强化的，为此，很多城市设立规划编制研究中心。同时，需要进一步厘清这些机构的职能关系。

（一）职能关系

决策咨询研究机构和规划设计院以及规划局的职能关系需要进一步整合重构。决策咨询研究机构的职责与规划设计机构职责需要界定边界。规划设计院改制的城市，需要规划研究咨询机构为规划局提供贴身的技术服务，规划设计院没有改制的城市，也同然需要规划研究咨询机构去推动规划成果的政策转化工作。实际上，无论是否单独设立决策咨询研究机构，只是需要把这部分职能强化，即规划技术成果的政策转化工作，按照业务职能流程可以分为咨询研究阶段、规划设计阶段和政策转化阶段。

规划设计机构承担的职能和任务主要是规划设计工作，比如法定规划的编制，如总体规划、分区规划、控制性详细规划和市政、公共设施等专项规划编制；非法定规划，如城市设计、地块开发策划等项目设计。咨询研究机构主要任务是前瞻性研究城市发展问题，为市政府的发展决策提供规划咨询意见。研究咨询机构不是简单地收集信息、提供数据和作为旁观者进行咨询，而是作为城市规划实施过程的参与者，对城市发展战略和重大问题长期跟踪研究。城市发展信息的搜集和分析，对城市发展建设决策执行跟踪评估；针对城市发展的热点难点问题，判断城市发展的趋势，为城市政府决策提供咨询意见。咨询研究机构应按照现代智库的要求，逐渐发展为独立思想库，以思想影响决策，保持独立运行；决策咨询活动从为政府管理服务的职能向为政府决策的咨询、参谋等职能转变。[1]

（二）职能重构

1.赋予规划局综合协调职能与权力

城市规划要管理全市的空间资源，而空间资源关系到各个社会单位（机构和个人），因此，规划管理是涉及方方面面社会经济关系的事务，具有系统性、综合性、复杂性特点。在规划管理部门最困惑的一件事："规划到底要管什么？"如果仅仅是空间资源的分配，那么所有的规划管理工作是不是就可以不去管空间背后的事。实际上，我们很难把空间和空间背后的经济社会利益分开，即使一个很小的地块开发建设，也有很多空间之外的事情。而且规划的行政部门职权和所要管理的事情往往也不对等，担负综合协调的职能，却缺乏协调全局的权力和资源。

同时，政策制定需要进行充分的价值沟通和利益协调，而协调过程需要调动方方面面的资源，需要掌握利益调配的砝码，因此规划的综合协调权力需要提高。

如何明确规划事权范围，建立相应的责权对应的职能和权力是重要的机制优化问题。参照国内城市规划参谋作用发挥比较好的城市，以及国外的规划运行制度的设计，认为提升城市规划在全市行政组织架构中的行政地位的位置有利于发挥规划的统筹协调职能，提高规划职能部门的行政地位，成为综合协调的参谋部门，而不仅仅是执行部门。职能方面增加推进城市规划实施的政策制定，将城市规划研究和设计成果进行政策化、法规化，从而有效加强城市空间的管理力度，促进城市规划的实施。

推进城市规划成果的政策转化。城市规划管理部门不仅仅是把项目委托给研究设计单位，取得一个研究成果就完成任务了，而更大的任务是如何把研究成果转化为政策建议，影响政府决策，形成真正指导城市发展建设的政策文件。这个政策转化过程需要大量的工作，包括对规划过程的全程管理：规划编制阶段的政策议题的倡导，规划目标确认；到规划编制过程的部门协同，与各层面的思想沟通；成果阶段的宣传和社会传播，以及深度的价值沟通，争取更多的政策支持者，做好社会协同；最后影响到政策决策，出台政策文件。以宁波市《北仑全域城市化研究》课题为例展现这个过程。从项目启动开始，北仑规划分局就做了项目管理工作，首先根据宁波市委市政府推进全域都市化的战略要求，结合北仑城市化发展现状和趋势，准确提出北仑全域城市化的研究议题，取得区委领导的高度认可，引起书记的高度重视和大力支持，组织召开了全区各部门的

[1] 曹传新，张全，董黎明．我国城市规划编制地位提升过程分析及发展态势[J].经济地理，2005，(9):638-641.

思想动员大会，借势开展此项研究工作。第二，进一步发掘决策者的目标需求，在研究过程中，多次组织好规划研究咨询机构与领导对话，深入挖掘决策者的目标需求，把握和清晰化规划研究的任务，明确工作目标；第三，规划研究过程的社会协同工作。首先，加强与相关部门和专家的沟通，组织座谈会、研讨会等形式，使得研究机构获得更广泛的信息，提供更多的思想交流机会，特别是与区委政策研究室、区发改委、区农办等主要职能部门的对接和沟通，对成果内容的深化和政策有效起到很大作用。同时，在对接和交流过程中，也完成了规划的社会化协同过程，使相关部门参与到规划研究中，不是规划局一家做的咨询建议，这点对作为政策的规划来讲至关重要；在规划成果较为成熟的阶段，专题向书记、区长等领导做了多次汇报，听取主要领导的意见，修改完善研究成果。之后，组织召开专家论证会，听取市、区两级各方面专家的建议和意见，拓展研究成果的广度和高度，并且也是一次市区发展思想的协同；在部门协作，专家论证之后，研究成果内容完全成熟后，提交区委常务会议审议，获得认同后，进入社会层面的知识传播阶段。第四，规划成果社会分享阶段。相继向人大、政协进行了专题汇报。寻求更广泛的社会支持，进一步统一思想，同时也提高规划内容的认知度，为树立规划权威性奠定思想基础。第五，影响决策，形成政策阶段。进过一系列社会传播和协同工作后，全域城市化的规划思想和策略建议已经深入人心，各级领导和各部门都自觉把全域城市化作为工作目标和主要任务，在 2013 年全区工作任务大会上，区长做了《深入推进北仑全域城市化的实施意见》报告，把研究成果主要内容都转化为政府的施政目标和行动任务，做到有目标有项目有计划有考核，发挥了规划决策咨询影响决策的参谋作用。

2. 设置具有独立参与决策权的政策倡导者职位

政策议题的提出、政策建议的宣传和价值沟通行动和政策决策前的协同，都需要政策倡导者。政策议题需要把握好政策机会窗口，传播规划思想需要把握好传播时机，价值沟通需要技能和技巧。政策倡导者自身需要积极推广研究成果。更好地了解不同沟通对象的需求，针对不同的对象组织不同的规划内容和表达方式，针对政府决策者、行政部门、技术专家、普通市民，都需要调整规划汇报的内容和侧重点，有效地传播规划思想。

而且，规划设计师与决策者之间的沟通交流也需要政策倡导者的中介。规划设计师提出的规划方案所考虑得更多是技术决策，而政府决策所要考虑得更多是政治因素，两者之间的对话也需要政策倡导者联络。这个过程中，规划咨询机构像是演员，政策倡导者更像是导演，导演最主要的作用是做好总体策划和具体每项工作的组织协调，可以说没有政策倡导者的双向沟通和中介，规划师和决策者不可能实现完美的对话，顺利达成一致意见。因此，政策倡导者对于规划从技术到政策的转化具有不可或缺的作用。

为了更好地发挥政策倡导者的作用，有必要赋予政策倡导者较高的行政地位和综合协调权力。政策倡导者这个职能不是一般的行政领导和技术人员能够担当的。对政策倡导者的综合素质要求极高，既有专家技术权威，对城市发展规律具有很深的研究，是一个资深专家。又要有一定行政地位，保持独立于行政体制之外的独立发言人身份，借鉴新加坡的经验，可以定位为市政府的城市总规划师，具有较高的行政待遇和综合协调权力，但是又相对独立，不受行政权力的直接干涉和制约，处于体制边缘，能与市委书记和市长直接对话与沟通，发挥技术专家和思想权威的综合影响力。

政策倡导者平时工作在规划决策咨询研究机构，持续对城市发展问题进行跟踪研究，兼任咨询研究机构的负责人。这样的身份地位既可以保持城市发展问题的专家权威，又可以协调调动其他的信息和资源，履行综合协调职能。

6.3 机制与制度

6.3.1 建立沟通互动的规划决策咨询社会协同程序

城市规划是全体社会成员对城市发展未来的共同选择。城市规划从项目咨询开始，到最后转化为公共政策的过程是作为政策的城市规划的运行全过程。城市规划并非是超脱于社会经济现实的艺术创作，城市规划必须切实解决在现实社会经济条件下的城市发展问题。这要求我们必须改变传统物质空间规划的思维模式和工作方法，适应新时代的发展特征，由技术型工作走向社会型工作。[1] 面向决策的规划咨询需要改变传统的“结果导向”的规划模型，建构一个“需求导向”的全过程管理模型。

1. 建构一个“需求导向”的规划决策咨询全过程管理模型

从制定公共政策的目标，实现从规划设计到公共政策的完整的规划咨询过程管理，建构一个“需求导向”的全过程决策咨询控制模型。面向决策深度挖掘规划目标，规划咨询活动从内向的产品生产为核心转向面向决策的需求导向为核心，管理好过程中关键人物和关键环节，建立一个基于社会协同目标的“6C 规划决策咨询全过程管理模型”。[2]

需求导向的核心理念：这个理论模型最主要理念是转变了规划师以自我为中心，以输出产品为核心的主体地位，而去关注顾客，关注需求，站在顾客立场去解决问题。规划师要关注每个参与规划过程的主体的需求，包括政府决策者、企业利益团体、市民公众，深入挖掘他们的价值目标和行动目标。确立规划目标是规划决策咨询成功的关键。规划师不再将自己看成与其他决策者的对立方，而是为持有不同价值观的参与者构建思想交流的平台，通过这个平台，各利益主体对其他主体的价值观有了更为深刻的理解，同时反思自己的价值观和判断，通过协商、妥协进行思想意见的会聚，最终达成共识。

关键人物：对于规划项目关系人的管理也是规划决策咨询过程管理的关键内容。关键人物包

[1] 张京祥. 论中国城市规划的制度环境及其创新 [J]. 城市规划，2001（9）：21-24.

[2] 6C 分别指：Customer（顾客）、cost（成本）、Co-opration（合作）、Core-person（核心人物）、Connection（联络）、Communication（沟通）。

括顾客和核心人物。顾客指规划咨询任务的雇主，决策咨询活动的委托方一般是城市决策者；核心人物指政策转化过程中项目管理的关键人物，如政策倡导者，项目负责人、技术专家等。

关键行动能力：规划的社会协同工作需要合作、联络和沟通，这三项能力是政策转化过程中最关键的能力。首先，在规划项目编制过程中需要技术团队内部的合作，以及与部门和专家的合作，合作是规划师的核心能力。规划从技术文件转化为政策的过程是利益交换的过程，政策参与者为了得到更多的利益，合作也是最好的博弈策略。联络和沟通能力是社会协同过程的重要能力，政策倡导者要积极做与好决策者及其他政策参与者的沟通，对彼此的认识、了解需要联络和沟通行动，这也是规划师在促进政策转化过程中的核心行动。思想价值观念的统一也需要价值沟通行动，价值沟通是多元价值观社会必要的过程，规划决策的思想基础，决定成效的关键之举。

互动行为规律：指政策制定过程中参与主体之间的交往行为的基本规律，按照制度经济学理论，了解他们的行动逻辑，参与规划决策的各参与者的行动都会关注各自的成本，进行独立的价值判断，这是符合经济学原理的行为逻辑；各参与者行为依据各自的交易成本进行互动，交易成本是每个人的行为的基本依据。因此，在规划决策咨询过程中，时刻关注成本的核算，通过交易成本理论去理解每位主体的价值判断和个体决策，以及他们采取的权力转移和利益交换行动，交易成本理论也是分析主体间的政策联盟关系的理论工具，政策倡导者可以利用交易成本理论去管理政策网络，做好政策同盟的工作，更有效地完成社会协同过程。

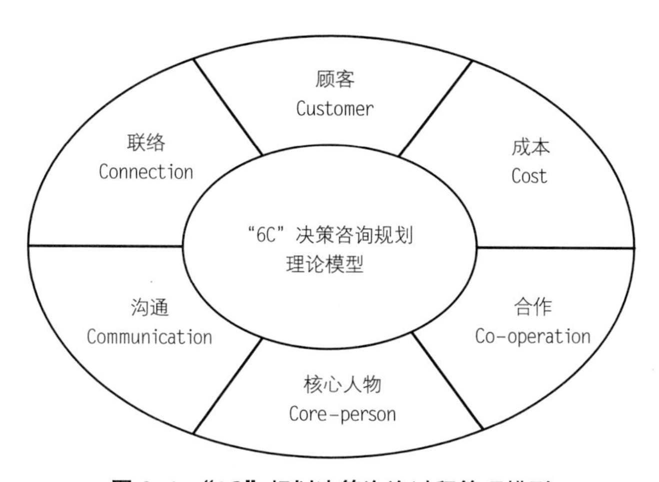

图 6-1 "6C"规划决策咨询过程管理模型

2. 建立开放互动的技术决策程序

基于多元主义和平等交往的哲学，建立更为开放的平等互动程序，多元社会文化需要使用更加广泛的规划语言。[1] 为了提高规划成果的社会可接受度，必须建立开放的编制程序，在规划编

[1] 孙施文，殷悦．西方城市规划中公众参与的理论基础及其发展 [J]. 国外城市规划，2004（2）: 233-239.

制的各个阶段都需要与不同主体进行沟通协商。在规划编制过程中建议增加三个不可缺失的协调沟通环节，有利于协调各主体利益，做好社会协同。

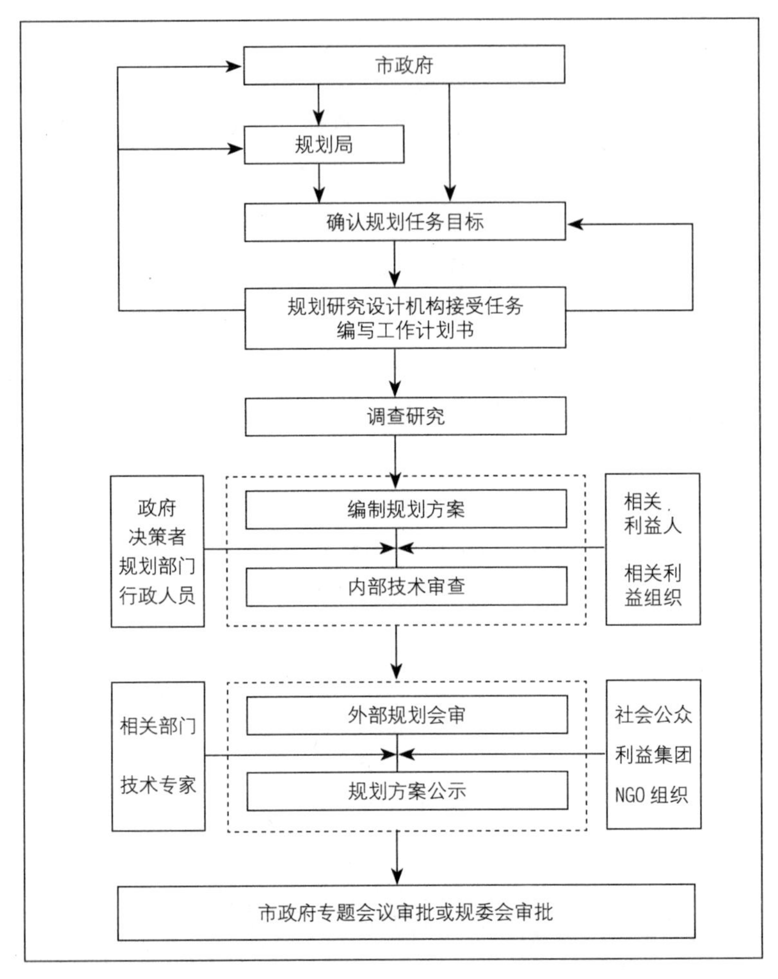

图 6-2　多元主体互动的开放编制程序

第一环节（任务目标确认阶段）：

工作计划阶段明确规划的任务目标。改变被动接受行政指令的任务承接方式，规划师需要和任务指令发出者进行沟通，弄明白决策者的真正需求，通过规划需要解决什么问题，要实现什么样的目标。任何决策都必须确立目标，没有目标不需要决策，对规划任务目标的确认需要程序保障。

第二环节（方案编制阶段）：

规划初步方案编制阶段必须做好利益整合。规划方案编制过程是不同利益主体达成一致的协调过程，不同利益主体围绕土地使用方案进行利益博弈，规划方案编制过程的利益整合非常重要。

规划师必须改变“闭门造车”式的规划编制，引入多个利益相关主体参与规划编制的过程。城市决策者比较容易进入编制程序，通过向规划管理部门发布行政指令介入规划编制。而普通市民、相关企业缺少表达意见的途径，因此，需要建立程序保障其他主体的有机会表达意见和利益诉求。规划师不仅成为决策者意志的执行者，还要成为决策者与其他主体之间的利益协调的中介者，规划师需要为弱势群体提供专业技术帮助和指导，以及提供规划编制信息。

第三环节（方案会审阶段）：

规划方案会审阶段做好利益协调。规划方案经过内部规划行政和技术人员的技术决策之后，必须与外部的相关行政部门进行沟通协调，也需要接受外部规划专家的审查论证。与规划决策密切相关的政府部门有发改委、国土局、建设局、交通局、环保局，还有一些根据不同规划类型涉及的专业部门，如文化、教育、卫生、体育、民政等部门，以及水利、电力、消防、交通警察等专业部门。规划审查阶段听取和吸收各专业部门的意见，有利于各部门充分表达建议，进行规划思想的沟通，有利于达成共识，规划方案正式获得决策审批之前，获得相关专业部门同意是必要前提条件。同时，随着民主意识的增强，公众意见也是影响规划决策重要的因素，必须认真听取并慎重处理公众意见，对公众意见采纳情况要给予说明。

规划编制过程的法制化是保障规划制度创新的关键，把规划编制过程中的主体互动、沟通、协调纳入城市规划编制法律程序，制定相应的法律实施细则，规范约束规划师和相关参与人的行为，使城市规划编制过程成为政策转化的一项重要前提工作。

6.3.2　构建多元主体参与规划决策的新型治理关系

随着社会治理结构的改变和治理水平的提升，参与决策的社会主体日益扩大，增强政府与公民之间的“回应”成为现代行政学的诉求。[1] 政府对于公共事务的管理方式发生改变，发展民主，尊重民意，现代服务型政府开始重视市场和社会力量，与之共同管理社会事务，提高公共政策的决策水平和政策满意度。新型治理关系主要体现在政府与参与规划决策的其他主体的决策权力关系协调。

1. 政府内部行政部门之间的权力协调

在现有的体制下，改进规划决策的机制首先在于政府内部横向权力的协调。建立参与城市规划决策的行政部门之间横向的协调制度，作为对规划部门综合协调管理权的补充。[2] 这种协调制度不是各部门简单的行政协助制度，而是建立在法律规范之下的协作制度。政府授权城市规划部门具有综合协调权力，在规定的时间、人员和议事规则的前提下组织有关城市发展重大问题的讨论，其他部门要根据职责密切配合，行政部门之间做好权力协调是优化规

[1]　梁仲明，王建军．论中国行政决策机制的改革和完善 [J]. 西北大学学报（哲学社会科学版），2003，33（3）: 90-95.

[2]　蔡泰成．我国城市规划机构设置及职能研究 [D]. 广州：华南理工大学，2011.

划决策的基础。

2. 加强与非政府机构的合作

非政府组织和社会公众组织包括各种知识背景的组成人员，拥有法律保障和资金。组成人员有技术人员、法律专家、规划师和志愿者等，这使得这些机构有能力承担规划救助等社会职能，如村庄规划编制的技术指导和实施过程的指导工作。政府提高社会治理能力需要建立开放的工作机制，积极同社会上的非政府组织、社会团体合作，为这些机构参与规划事务提供渠道和机会。[1]规划管理部门要加强对相关社会组织的联系，同时，有意识地培养提升社会组织对规划的正确认知，寻求社会组织对规划社会职能的理解与谅解。

3. 发挥基层社区组织承上启下的作用

规划行政管理部门可以利用现有的社会管理组织机构，发挥基层社会管理机构的作用，加强同街道办事处、居民委员会的联系，收集民意，传达规划，开展联镇带村，联街道带社区的规划下基层工作。在社区层面征求居民的意愿，对城市规划的建议等，在城市规划基础调研和规划实施反馈工作中发挥社区的作用。这些机构具有承上启下的组织基础，其自身属于基层社会行政管理机构，同时又密切联系群众，对上对下都能有效传播信息，沟通思想，基层社区的发展培育和参政能力也是完善社会治理结构的主要方向。

4. 引导社会公众积极参与规划

城市规划社会属性凸显是城市规划转型最为重要的方向，公众参与规划将成为常态。规划师的社会角色将从工程技术人员逐渐转型为社会工作者，大部分的时间和精力将分配到规划协调工作，担当起向社会公众宣传、解释、利益协调、组织谈判的任务。合理引导社会公众关心规划、参与规划，扩大规划知识共享的人群范围，认识到公众是不可忽视的决策参与力量，与公众建立对话沟通机制，将成为规划工作的重要内容。

6.3.3 完善公共权力部分让渡的规划决策制度

城市规划决策质量的提高，取决于决策制度的完善，通过制定科学合理的规划决策制度，设计相应的决策程序，明确各参与决策主体的责任和权利，提高城市规划决策的质量。[2]

我国地方政府层面的城市规划决策模式有 3 种类型：一种是行政首长决策制，第二种是行政首长领导下的会议决策制，第三种是城市规划委员会制。行政首长决策和行政首长领导下的会议决策制度，政府在决策中占有绝对力量，在最终决策环节就是行政首长拍板。委员会制度的决策机制有所改进，非公务人员参与规划决策，部分社会代表的参与一定程度上实现了决策权力让渡，但是规委会主任一般是书记或者市长担任，规划决策权力的核心仍然是政府决策者，城市规划的

[1] 王伟，赵俊．浅析转型时期我国地方政府城市规划行为的不足——基于城市规划基本属性的视角 [J]. 国际城市规划，2007，22（2）：93-96.

[2] 彭阳．完善政府职能 提高城市规划决策质量 [J]. 中外建筑，2006（11）：84-86.

决策权力仍然在党政领导手上。[1] 大多数城市的城乡规划委员会只是审议机构，并无决策权；专家和公众参与大多还流于形式，决策权力的约束机制有待完善。

1. 授予规划委员会决策权力

规划委员会的决策权力必须明确，通过人大授权规委会行使决策权，市委书记或者市长可以担任规委会主任的职位，主任的一票和委员的一票具有同等效力；同时规定，城乡规划委员会上没有通过的项目不能到市长办公会议决策通过。制定规委会的决策程序细则，如规定主任委员不能抢先发言，引导其他委员意见等。通过强化城乡规划委员会决策权力，完善委员会决策细则，提高规划决策的民主性和科学性。

2. 制定明确清晰的行政决策程序法

决策程序是否合法决定了决策行为的合法性，程序公正是保证实体公平的基础。借鉴西方国家的做法，制定《行政决策程序法》，以法律形式规范决策程序，对行政决策整个过程的步骤、顺序、形式和时间都做出制度性规定，再对每个步骤做出具体操作性的规定。[2] 如会前准备工作，材料报送时间，项目讨论的顺序，有效表决的委员人数比例等等，清晰的行政程序也是保证决策公平的必要条件。

3. 制定可执行的公众参与制度

将公众参与纳入规划运作体系，明确公众参与规划的法定程序，公众参与规划的权力通过法律保障得以实现。[3] 约翰·克莱顿·托马斯教授在《公共决策中的公民参与》一书中，反复思考并解释公共管理者在不同的决策情况下，应以怎样的标准选择不同范围、不同深度的公民参与形式这一核心问题，并给出了公民参与有效决策的理论模型。提出三种公众参与的三个目标："一是与公众分享公共决策权力；二是以获取信息为目标的公民参与；三是以增进政策接受性为目标的公众参与。"[4] 这也是社会公共治理水平的三个层次。真正达到公共治理的目标，就要做到真正的公众参与，以提高政策可接受性为目标，必须对参与程序中所表达的公众意见给予足够尊重，实际上，这正是公众参与动力得以持续保持，规划的公共属性得以保证的客观要求，关键要看管理者是否重视公众对规划决策影响这一正当需求，并提供一定的激励手段（如让公众产生对影响规划决策的预期）。在社会转型的大背景下，转变政府治理方式，适度的分享和让渡部分权力给民众，是建立和谐社会，尊重和保障人权的需要，也是政策决策合法化的目标。

制定可执行的公众参与制度，深化细化公众参与的具体工作内容和程序。一是界定利益主体。按照公平的原则，参与的公众应包括一切与城市规划工作有关的机构、组织、群体和个人。根据不同的法定规划类型、每个城市规划研究的区域、主题不同，其所涉及的直接或间接利益主体都

[1] 曹春华 . 转型期城市规划运行机制研究——以重庆市都市区为例 [D]. 重庆：重庆大学，2005.

[2] 梁仲明，王建军 . 论中国行政决策机制的改革和完善 [J]. 西北大学学报（哲学社会科学版），2003，33（3）：91-95.

[3] 孙铁铭 . 城市规划 & 公众参与 [J]. 城市，2004，（5）：41-42.

[4] [美] 约翰 . 克莱顿 . 托马斯，孙柏瑛等译 . 公共决策中的公民参与 [M]. 北京：中国人民大学出版社 .2010.

不尽相同。[1] 明确利益主体的界定机制，按相应的程序和规则选举公众代表。二是明确公众在规划编制的哪个阶段参与，以及参与的具体形式，并明确将公众参与作为规划编制流程的必要环节。三是建立“参与—反馈—再参与”的良性循环，要求规划编制和实施方（政府）在倾听公众的意见后，必须对意见进行梳理答复，有利于鼓励参与行为的积极性，使公众对政府建立信任感。

4. 进一步健全规划决策权力约束和责任追溯机制

政府在决策中权力过大是我国规划决策的主要问题，需要建立对政府决策权力的约束机制。对政府决策权力的约束通过建立决策效果评估制度、决策责任追溯制度和规划听证制度来实现。当前对决策失误没有任何追究机制，不用负责的决策自然随意做出。建立对决策执行情况的评估，建立决策执行的信息反馈是现代城市规划科学决策的客观要求，通过决策咨询机构对政策执行进行跟踪分析，评价政策执行情况，建立政策的正反馈机制，有利于政策的变迁和修正，为下一次的科学决策奠定基础。同时，规划决策涉及集体和个人切身利益，政府单方面的决策并不一定能够代表公共利益，特别是利益情况复杂的情况下，给予相关利益主体参与决策的机会，设立公开听证制度是最好的保障公平性的办法。在规划决策的程序当中，保证有利害关系的组织和个人拥有公开听证的渠道，给他们提供申诉的机会[2]；在组织机构方面，需要设立规划上诉委员会，对审议结果和审议程序不满者有机会继续争取权益。[3]

6.4 素质与技能

（一）个人素质

围绕当好政府规划决策参谋的角色目标，规划师群体和个体都需要改变思维方式，认同社会角色转型，为更好地承担城市规划社会职能而提高素质和技能。

1. 改变思想方法

思想是行动的指南，要改变规划工作方法，先要改变思想方法。从思想层面实现三个转变：

一是自身角色定位的转变，从被动为城市经济社会发展项目落实空间的工程技师转向主动为城市发展出谋划策的参谋军师。积极发挥主观能动性，从为城市发展负责的态度去提出政策议题和咨询建议，积极想办法去参与决策；树立责任心，从为市民谋福祉、让城市可持续发展、本届政府执政目标可实现的角度提出咨询建议，主动前瞻思维，积极思想沟通，努力争取和获得决策者及社会认同。

[1] 邹兵，范军，张永宾，王桂林．从咨询公众到共同决策——深圳市城市总体规划全过程公众参与的实践与启示 [J]. 城市规划，2011，35（8）: 91-96.

[2] 李晨等．探讨法定图则公众参与的实践过程和发展途径——以深圳市蛇口地区法定图则公众意见处理为例 [J]. 城市规划，2010，34（8）: 73-78.

[3] 殷成志．我国法定图则的实践分析与发展方向 [J]. 城市问题，2003,（4）: 19-23.

二是工作思维转变，从重视规划咨询产品结果为主转向重视规划决策主体需求，即以客户为核心目标。重视规划结果转变为重视过程管理，要实现从技术文件到政策文件的转化，需要建立规划决策咨询的全过程管理模型。

三是对工作对象认识转变，从传统以物质空间规划为全部工作对象转向研究城市公共政策制定的全过程规划，随着城市规划的政策属性和社会属性加强，规划对社会问题需要进行关注和回应，不仅在编制决策咨询技术报告过程，而且在成果的政策转化过程，都需要加强社会协同的思想和工作方法，做好规划的全过程社会协同管理。

2. 树立正确的职业价值观

城市规划是政府对城市空间资源的调整和再分配，涉及方方面面的利益诉求，城市规划师承担巨大社会责任，城市规划追求的核心价值观是公共利益的增加，这是规划师在任何时候必须秉持的立场。在具体工作中必须努力追求社会的公正和公平。[1] 规划职业价值观教育是规划师必修的基础课，规划师需要树立正确的职业价值观，把为人民服务作为一切工作的出发点和落脚点。

规划师要遵守职业道德，坚持基本理念，尊重城市发展的客观规律，独立客观地开展规划咨询研究；保持思想独立性，不盲从、不跟风，为决策者提供有价值、有思想的决策咨询建议；要本着对历史负责的精神，潜心对城市发展问题的研究，所提出的决策建议要经得起历史的检验。

3. 完善知识结构

城市规划学科与经济社会的发展阶段和需求密切相关。我国进入了“经济、社会、文化、政治、生态”五位一体的全面协调发展阶段，国家转型发展对城市规划技术体系转型提出新要求，主要做好以下三个层面的创新。

第一，过程控制层面：做好“规划的规划”，即对全过程规划决策咨询的所有流程进行设计，包括政策议题的提出，需求目标的确定，编制方案过程的开放互动环节，规划结果的知识传播，与规划决策者的价值沟通行动，多主体参与决策的行政环节。从主体互动的角度，针对政府决策者，加强“事前、事中、事后”三个环节的汇报沟通，提高规划咨询的决策影响力。针对社会公众，加强公众参与的社会组织工作，提供规划技术帮助，设计公众参与的具体程序，包括参与人、参与环节和内容，参与结果意见的吸收和处理反馈细则。

第二，核心技术层面：推动规划核心技术的创新。即建立在建筑、地理学基础上的相关新技术的运用，如 GIS 空间分析技术、遥感技术、低碳规划相关技术、虚拟现实技术等。运用大数据分析评价规划方案和实施结果，智能模拟规划，可持续发展城市规划模型等新技术。

第三，工作机制层面：完善多元协同创新的工作方法和框架。城市规划研究的多学科综合性要求建立多学科、多主体、多技术协同工作机制，特别在知识信息时代，要保持规划学科开放的

[1] 徐岚，段德罡 . 城市规划专业基础教学中的公共政策素质培养 [J]. 城市规划，2010，34 (9): 28-31.

知识体系，不仅吸收经济学、生态学、社会学、政治学、管理学等学科融合到规划中来；还需要借助移动社交网络、大数据等研究手段和方法；吸纳媒体、非政府组织、企业等非专业领域的社会主体参与规划制定过程，建立规划师总牵头协调，多学科专业人员和社会人员共同参与的多元协同工作机制。

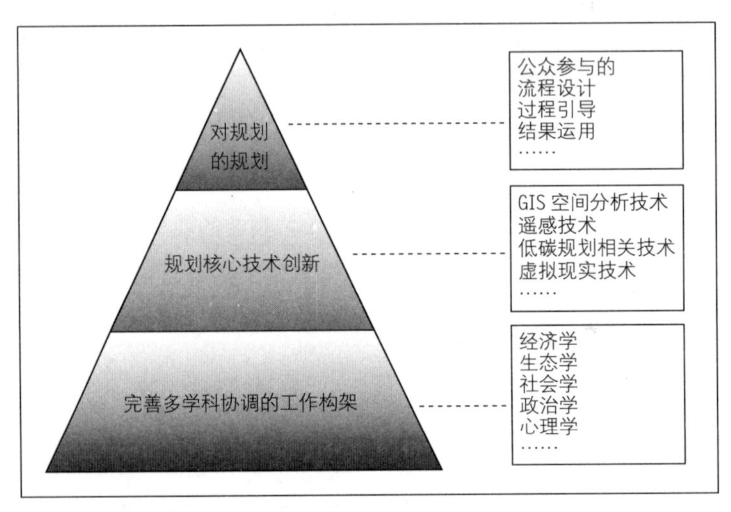

图 6-3　规划技术创新的层次与框架

（二）技能与能力

规划参谋地位的确立还需要有效的工作方法和技能，既要“想干事，能干事”，还要“会干事”。从政策制定过程中需要完成的任务看，规划决策参谋需要具有以下几项能力：

1. 关键问题识别能力

敏锐发现政策议题的能力是政策倡导者的独特本领。发现问题是成功的开端，某种意义上讲发现问题比解决问题还重要。政策倡导者应该具有未来学家的胸怀和眼光，前瞻性认知城市发展问题，积极倡导公共议题进入政治家视野。规划师要加强把握全球战略方向，领会国家大政方针，要善于捕捉其中与城市建设发展相关的要义，密切关注区域发展动态，准确判断本市发展趋势，前瞻性的提出政策议题，并且时刻关心本市的政治时事和热点，把握好提出政策议题的窗口期。[1]这是规划参谋提高政策议题准确性和有效性的关键能力。

2. 政治参与能力

规划师应充分了解政策决策过程的政治特性，认识政治因素对城市规划公共政策制定的影响力，熟悉行政行为的基本特征，各级政府运作的规则和政务运行的程序，不再将决策仅仅看作是

[1] 尤国盘 . 政策分析家的角色定位 [J]. 科学决策，2004，(1): 41-43.

静态的结果，而应看到决策是政治力量的角逐，主动分析公共政策制定过程的权力博弈关系，理解决策结果是各种力量平衡和妥协的结果，及时做好影响决策的行动策划。应当具有政治敏锐性，将决策咨询研究的过程向政策设计延伸，对整个政策制定的过程做好政策设计，要求参谋者在准确提出政策议题的基础上，做好政策研究的过程管理，分析各个参与主体的目标和行动逻辑，找准关键决策者和关键环节，全面考虑影响政策的外部社会环境，制定有效的政策设计活动框架。[1]

3. 价值沟通能力

城市规划师还需要具有价值沟通能力，需要与决策者、相关部门、社会公众媒体进行不懈的价值沟通，传播规划思想和知识，协同其他社会主体的价值目标。在这个过程中需要考虑各种影响因素，调动一切可利用的资源。首先要求研究人员将专业语言转换成行政语言，能够把规划专业文本转译为政策文件，需要具有把专业技术语言转化为不同系统的可理解语言，要懂得并学会使用决策者、普通市民同一的语汇体系，增进沟通的有效性；其次是语言表达与价值沟通能力，在决策者日益重视决策研究，主动参与研究的情况下，说服能力成为决策研究成功的必备因素。规划师要能够随时在正式及非正式场合清晰、明确地表达规划咨询建议的理念与思想，使听众对规划建议有正确的理解，沟通必须从听众关心的角度和话题切入；此外，规划师要善于倾听，抓住别人讲话的主旨，做好引导和补充，恰当而有效地进行价值沟通，规划的价值沟通将不再依靠雄辩，而更加依靠说理和讨论中明辨事理，使思想价值观在辩论中达成一致认识。

4. 组织协调能力

在规划编制过程和规划思想的传播过程都需要高超的组织协调能力。规划编制阶段需要规划师出色的组织协调能力，无论是技术小组内部的工作组织和技术讨论，评审过程的专家参与，还是公众参与的沟通协调过程，为保证这些交流的有效，要求事先做好交流内容和形式的计划，找准适合的单位和专家，需要与专家深入沟通，获得专家支持，确保课题达到目标要求。

传播过程的组织协调能力作用更加突出，随着一部分决策者直接参与规划决策咨询研究，以及决策咨询向政策转化的要求，使得咨询研究者需要更好的项目管理能力。[2] 同时，由于社会民主化改革要求，普通市民和利益集团参与规划决策机会增加，规划师要承担联络者的功能，即为沟通协商搭建平台，寻找关键人物或关键部门，组织社区居民会议，促成大家坐到谈判桌前协商；以及处理好与媒体的关系，与社区组织的关系等等。这都要求规划师有一定的社会事务管理能力和组织协调能力。

[1] 刘欣葵 . 规划决策研究方式的探索 [J]. 城市规划 .2006，(5): 73-75.

[2] 刘欣葵 . 规划决策研究方式的探索 [J]. 城市规划 .2006，(5): 73-75.

第 7 章　结论与展望

7.1　研究结论

本书以城市规划决策咨询活动为研究对象，从政策过程理论视角考察作为政策的城市规划有效运行的机制。在相关理论研究和事实研究的基础上构建了“四要素”的理论分析框架；又运用政策网络理论工具分析归纳出城市规划决策咨询的“三种模式”，并讨论了不同模式的适应性；相应地选择社会主义市场经济改革以后不同时期、不同地区的典型案例进行实证，并从历史视角解释不同时期城市规划决策咨询有效运行的要素演进趋势；最后提出优化城市规划决策咨询有效运行机制设计的建议。

本书的主要观点和研究结论如下：

1. 城市规划决策咨询有效运行的影响要素

把城市规划活动看作一项政策活动，从政策视角考察城市规划决策咨询的运行过程，探究影响政策转化过程的关键影响因素有哪些？通过比较研究的方法选择若干城市规划决策咨询的有效和失效案例，并从技术基础、知识共享、沟通协调、社会协同和外部环境 5 个层面 27 项要素，系统分析评价决策咨询运行的相关要素影响力。研究发现，规划技术基础和知识共享是社会协同的基础，沟通协调是社会协同过程的关键活动，外部环境的整合度对社会协同结果的影响也很大。城市规划决策咨询有效运行的关键在于社会协同效果，从决策咨询有效影响决策的结果来看，沟通协调的影响力甚至大于技术基础要素。成功的决策咨询案例共同的特点是沟通协调工作做的有效，取得较好的社会协同效果；相反，失效的案例都是在这些环节出现问题。而外部社会环境也是重要的影响因素，特别与决策者及参与决策的部门协调和行政协作的开放度密切相关。在技术基础和知识共享方面，成功与失效案例的绩效差距不是很大。

2. 城市规划社会协同过程的“四要素”理论解析框架

作为政策的合理性基础是达成价值共识，合法性基础是社会协同。从政策合法化过程的角度分析，城市规划决策咨询最终能否转化为政策就取决于社会协同的结果。社会协同的思想基础是价值共识，达到价值共识需要进行价值沟通，参与规划决策的多元主体的价值观通过规划师的协调沟通来缩小分歧，达成妥协和谅解，形成政策协商网络，最终通过决策权力互动实现决策。因此，知识传播是社会协同的信息基础，价值沟通是社会协同的核心行动，协商网络是社会协同的政治结构，公共治理是社会协同的制度基础。作为政策的城市规划是以“价值共识”为目标，以“价值沟通”为核心行动的社会协同过程，影响社会协同效果的关键要素有 4 项：知识传播、价值沟通、协商网络和公共治理。

（1）知识传播：社会协同的信息基础。将研究成果转化为政策有 3 个阶段：生成政策、交流扩散、知识运用。知识运用能力很重要，能够解释政策倡导效果的差异。倡导能力由思想开发能力、知识编码能力、知识传播能力三个维度来评价。

（2）价值沟通：社会协同的核心行动。价值沟通首先由于价值目标的冲突引起，价值共识有自上而下和自下而上两种模式。价值沟通最关键的是效果，影响效果的因素有很多，通过研究发现，包括参谋者的地位、威信、与决策者的信任关系，传播的时机、形式和途径等等都影响沟通结果。

（3）协商网络：社会协同的政治结构。多元化的公共管理主体依靠自己的优势和资源，通过对话树立共同目标，增进理解和相互信任，最终建立一种共同承担风险的公共事务管理联合体，协商网络的建立要求行动者培育相互信任。

（4）公共治理：社会协同的制度基础 。规划公共决策的模式取决于公共治理结构，最基本的就是规划部门在政府行政组织架构中的位置和统筹协调的权力。同时，理清决策过程中的权力结构：决策层、核心参与层和边缘层的互动关系。完善规划决策的法规和制度是提高治理水平的关键。

3. 城市规划决策咨询的“三模式”

政策都是通过一定社会 - 政治程序制定的，政策制定过程主要是不同政策参与主体权力博弈的结果，政策过程中的参与主体根据利益目标和行动能力的差距，形成不同的政策网络，这是城市规划决策咨询有效运行的内在政治结构。运用政策网络理论模型分析城市规划决策过程，规划决策参与的主体一般包括政府、部门、企业、市民、非政府组织、专家、规划师等，随着社会治理结构的发展与转变，决策权力的力量发生偏移，决策主体间相互关系发生变化，形成了不同的政策网络结构。通过对决策主体、决策权力分配和规划决策模式的研究，发现城市规划决策咨询模式基本有 3 种，政府一元决策的单极说服模式；专家、部门参与决策的多极协商模式；社会主体参与决策的多元网络治理模式。并从知识压力、权力压力、行政压力和舆论压力 4 个方面对这些模式的适用条件进行了讨论。政策倡导者和规划师就是要利用好四种压力，管理好政策网络，促进决策权力的转移和调整，形成有利于提高决策影响力的政策网络结构。

4. 提高价值沟通效果的途径

参与规划决策的主体多元必然导致价值观多元化，集体选择行动的思想基础是价值共识，而共识来自于价值沟通，达成规划决策的过程实际是一个价值观认同过程，由于价值观差异，规划的共识过程必然充斥着一系列的价值判断和选择，价值沟通就是通过有效的话语沟通和交往行动，消除价值差异，促进达成思想共识和行动共识。

政策倡导者和规划师要关注价值沟通的效果问题，关注规划决策链的关键人物和关键环节。研究城市规划政策制定过程“政策议题——方案编制——方案选择——决策前协同——政策决策”的决策链，发现政策倡导者是规划政策转化过程的关键人物，从政策议题的提出到决策前的协同，都有政策倡导者起到的关键作用。研究还发现，我国正式决策前的协同环节非常重要，往往对正式决策结果起到决定性作用。此外，还需要把握好沟通时机和途径，选择好恰当的媒介载体，尽可能减少信息在传播过程中的衰减、谬传、被屏蔽，提高沟通有效性。价值沟通效果还存在时间累积效应，价值观的改变需要受众自我反馈的过程，达成价值共识需要时间累积。参谋者与决策者之间的信任累积也是影响沟通效果的关键因素。

5. 规划决策咨询活动“四要素”的历史演变特征

实证研究深入剖析三个不同历史时期的决策咨询案例的政策转化过程。运用“四要素”理论解释框架分析，咨询研究转化为政策都需要知识传播、价值沟通、政策协商以及公共治理四个要素的作用。同时从历史的视角来看待，更进一步地看清规划决策咨询活动四要素的历史发展演变趋势：知识传播在社会人群中的特征不断发生变化，由单向的灌输到学习共同体，进而发展到社会学习共同体；政策协商网络也呈现由单极到多极网络的复杂化过程，社会公共治理结构的发展趋势由集权封闭统治的模式发展为多元参与决策的网络均衡治理模式。但是变化的形式背后的本质没有变，社会协同活动还必须依赖知识传播过程和价值沟通行动，政策协商网络和社会治理结构也是影响社会协同效果的关键因素。

6. 公共治理结构的提升是城市规划社会协同的基础

公共治理结构反映了政府力、市场力与社会力的整合规则，是公共决策的社会制度基础。实证研究发现，有效的城市规划决策咨询都是建立在良好的社会政治文化基础上，具有完善的决策制度保障，走向法治化、制度化的规划决策才能够超越个人精英决策的狭隘。作为公共事务的城市规划决策必须转型为公共决策，政府职能转型的结果是把规划决策的一部分权力让渡给社会公众，公共治理水平的提升需要制度保障，包括建立沟通互动的决策咨询社会协同程序，多元主体参与规划决策的新型治理关系和规划决策法规制度的完善。

7.2 研究创新点

尽管本研究开启了从政策过程理论窥探规划决策咨询活动的全新视角，但研究之力绵薄，仅仅涉足了广袤研究领域的一角，在以下几方面做了一些探索。

一是系统构建了以社会协同为目标的“四要素”理论解析框架。

本研究用于解释规划决策咨询有效运行的理论工具来源于政策学、管理学、传播学和规划学，把这些相关理论进行了系统整合，集成创新。在理论研究和事实经验研究的基础上，系统构建了以社会协同为目标的“四要素”理论解析框架。研究发现，城市规划决策咨询最终能否转化为政策取决于社会协同的结果，作为政策的城市规划是以“价值共识”为目标，以“价值沟通”为核心行动的社会协同过程。将四要素统一纳入“社会协同”的框架下，较为系统地构建了“四要素”理论解析框架。

二是研究发现影响决策咨询有效运行的关键“四要素”和“三模式”。

研究发现，城市规划社会协同过程的“四个关键要素”和城市规划决策咨询的“三个基本模式”。四要素:知识传播、价值沟通、协商网络和公共治理。其中,知识传播是社会协同的信息基础,价值沟通是社会协同的核心行动，协商网络是社会协同的政治结构，公共治理是社会协同的制度基础。

城市规划决策咨询模式基本有三种，政府一元决策的单极说服模式；专家、部门参与决策的多极协商模式；社会主体参与决策的多元网络治理模式。

三是总结了影响城市规划决策咨询有效运行的多项要素，建立基本量化评估指标。

对多个决策咨询案例进行准量化评估，将模糊的定性判断用定量理性的方法检验，初步建立 5 个层面 27 个要素的评估指标体系，获得更具说服力的客观结果，以便提炼出影响规划决策咨询有效运行的核心要素。

四是研究深度有所突破，运用质性研究方法破解决策咨询的密码。

凭借大量一手资料和自身工作实践的基础，突破了以往规划公共政策研究所达到的深度，将城市规划公共政策的静态属性研究延伸到动态机制研究，开创性地研究了规划决策链中关键的“人”和“事”，对规划决策咨询事件做出有实据的、丰富的描绘，用时间流程看出前后事件的联系，展现复杂的多变量图景，对决策结果引出恰当的解释。

7.3　进一步研究的设想和展望

本书还有很多可以延展的研究方向和深化的内容，有待进一步探索。

第一，从政策过程全周期角度提出的研究设想。一个完整闭合的政策周期不仅包括从政策议题到政策产生的前阶段，还包括政策生成之后的政策执行和评估直到政策终止的后阶段。本书重点研究了政策议题设立到形成政策文件的前阶段过程，对后阶段没有涉及。实际上，政策形成后的延续性及稳定性同样非常重要，否则就造成了围绕不同决策者政策偏好的前馈循环，而不稳定的城市发展政策对城市发展十分不利，就像目前存在的“换一任市长就换一版规划”的现象，实际上对社会资源造成极大的浪费。因此，政策执行和政策评估的研究也具有重要意义，从政策制定到政策执行再到政策评估的闭合循环才形成公共政策的闭合逻辑，政策效果评估和政策追溯阶段的工作更需要制度的保证，甚至要上升到法律层面。希望今后的研究者去探索政策周期后阶段的运行机制。

第二,从未来社会发展角度提出的研究展望。中国社会治理结构发展的总体趋势将更为开放,社会治理能力大为提高，国家法制体系更为完善。社会民主化改革进程持续推进，市民社会正在逐步形成，网络媒体的舆论影响力日益强大，公众参与规划意识不断加强，城市决策者个人素质不断提高，对城市规划的重视与尊重将成为社会发展趋势……城市规划决策咨询活动的内外部环境都趋向更为开放、包容和民主。对规划决策咨询工作成果的期待也越来越高，随着国家转型发展目标的提出，社会从单纯追求经济发展转向更为关注社会公平和生态保护，以及弱势群体利益的保障。政府管理公共事务的手段和方法也将发生改变，城市规划作为政府一项重要的社会公共职能，其工作目标和主要任务也将面临转型要求，思想方法和工作方法也将适应转型发展的需要进行改变：从封闭的专业知识共同体向开放的社会共同体转变，城市规划部门作为城市发展的参谋部，需要积极主动地提出咨询建议，参与规划决策，影响规划决策；其次，引导广大公众参与到城市规划编制和决策中来，让全社会都来关心规划事务，做好城市规划的社会协同工作。只有这样，城市规划决策咨询才能实现合理、合法的目标，城市规划的社会地位才能得到社会的认可，城市规划的社会职能才能发挥得更好，更好地服务于社会发展，引领城市科学发展。为了适应城市规划工作转型的需要，作为决策咨询的城市规划未来如何协同社会发展，如何做好社会协同过程的管理，此领域将会出现很多值得深入探讨的理论研究课题和实践经验，有待研究者们去探索发现。

附录 A　决策参谋角色认知与规划决策咨询要素

通过与多位规划局长、不同层面的决策者、资深规划师的访谈，对规划部门如何担当参谋部职责，规划师个人如何当好决策参谋的问题有了一个框架性的认知。采用质性研究方法的语义分析法，把多位被访者录音访谈记录进行全文誊录，将相关语句段落进行摘录，根据同意句段的汇总，语段的主旨随着语句段数量增加逐渐清晰，笔者做了保持原意的概括（即分类标题列），分类填入表格。并经过 20 位参与研究者（资深规划师）的独立判断、归纳，再提炼成为发挥规划参谋职能的基本要素及辅助要素，并根据他（她）们认为的要素重要度进行排序，得出综合值，经过这个共同研究过程，形成对规划决策参谋角色认知的“心理地图”。FT01 代表访谈记录，WJ01 代表问卷，JH01 代表公开讲话稿。

问题 1：决策咨询参谋什么内容？咨询建议考虑哪些要素？

决策咨询参谋内容主旨研究第一步：原意语句梳理　　表 1-1

参谋内容	访谈原意语句
规划师为决策者提出城市发展的咨询参谋建议，应该包括哪些内容？	寻找城市发展原动力，包括经济、社会、文化、生态环境等（FT03）
	决策咨询是决策者需要做什么就做什么，为决策提供咨询意见（FT01）
	决策咨询包括城市发展的大问题，比发展战略更宏观的东西（FT01）
	规划咨询影响的不是一个空间布局，是城市长远发展的可持续能力（FT03）
	规划应该考虑老百姓生活，应该为城市发展服务（FT02）
	城市发展决策咨询，要跳出物质规划，不仅是物质的，更是城市长远发展角度，考虑怎么提高城市发展的机遇、动力、发展可能性（FT01）
	城市发展单从物质形态是勾画不出来的，一定要考虑战略的，长远的，城市真正缺什么（FT03）
	研究城市问题，而不单单是规划问题。规划研究的目标不是城市空间而是城市发展。城市规划不仅仅只是设计，城市最主要的因素是人，最重要的是城市发展。城市是人类的聚居地，城市要可持续发展，让人们在其中安居乐业（FT04）

决策咨询参谋内容主旨提炼研究第二步：参与研究者共同归纳　　表 1-2

主旨归纳	标准化	问卷调查原始句段
战略：长远、整体、综合、宏观、系统	战略①、文化	物质规划、战略长远、社会文化（WJ01）
	战略①、前瞻、可持续发展②	城市战略 前瞻性 城市可持续发展（WJ02）
	战略①、系统、综合	决策咨询是战略层面的，不是战术层面的（WJ02） 决策咨询应该系统综合，超越物质规划

续表

主旨归纳	标准化	问卷调查原始句段
战略：长远、整体、综合、宏观、系统	可持续发展②、战略①	可持续发展，战略（WJ02）
	战略①、多维、长远	决策咨询是为城市长远发展考虑，不局限于物质规划范畴，还包括城市发展的多元要素，是战略性、长远性的建议（WJ02）
	宏观、战略①	宏观、战略、发展服务（WJ02）
可持续发展：经济发展、社会、文化多维平衡协调	可持续发展②	城市可持续发展（WJ02）
	长远、可行	考虑城市发展长远，可行性，跳出物质规划（WJ02）
决策者需求：近期目标清晰，可行，可实施	针对性、重点突出	针对问题，无须大而全（WJ02）
	发展动力、决策者需求③	为城市长远考虑，提高城市发展的机遇和动力，为城市近期考虑，决策者需要什么，提供咨询意见
	整体、历史、决策者需求③、择优	了解城市的特性、优点和问题。始终有一个世纪的，有历史维度的整体观念，解决探讨当前决策者关心的问题。不一定能完全解决，但可避免最坏影响（WJ02）

根据访谈原意的语句梳理和参与研究者的二次概括和归纳，得出规划师对于城市发展决策咨询参谋内容的共同认知。

第一，城市发展决策咨询内容应该关乎战略，关于城市发展的宏观层面的综合系统研究和谋划，要有历史的思维和整体思维，寻找城市发展的“元”动力，分析城市发展真正缺乏的东西。

第二，考虑城市可持续发展要求。决策咨询工作内容应是超越物质规划内容的，需要考虑经济、社会、文化、生态环境多维需求，特别是人的可持续发展。城市经济总量提升了，并不一定就代表城市发展好了，而应是多维目标的协调平衡发展。城市的幸福指数内涵远超越经济发展单维指标，城市根本目标是宜居，本地居住人口增加，在旅游者心目中有好的印象，领导和老百姓都对城市发展建设结果表示满意，城市可持续发展的评价维度可以简化为三个满意：本地老百姓满意、外地游客满意、领导满意。

第三，满足决策需求。决策是有目标的行动，决策是为了执行的，所以城市规划决策咨询必须具有近期可实施性，以及城市能力的可支持性。一个不能实施的咨询建议无价值可言。

问题2：咨询建议要考虑哪些要素？

咨询建议的考虑要素提炼研究第一步：原意语句梳理 **表2-1**

咨询建议的考虑要素	访谈原意语句
规划师为决策者提出城市发展的咨询参谋建议，应该考虑哪些要素？	一切发展都是为了人的安居乐业，以人为本（FT02）
	要考虑老百姓，考虑生活，城市最好的岸线应该留给人（FT02）
	考虑城市可持续发展（FT02）
	考虑到决策者层面思考的这些因素，反过来修正我们的方案（FT07）
	不是单一追求技术理性，而要综合考虑决策的方方面面因素（FT07）

咨询建议的考虑要素提炼研究第二步：参与研究者共同归纳　　表 2-2

主旨归纳	标准化	问卷调查原始句段
综合全面： 决策考虑多重要素	综合考虑①、方方面面、为人民服务	综合考虑决策的方方面面，考虑百姓生活
	综合考虑①、方方面面	综合考虑决策的政治、经济、社会风险
	综合考虑①、为人服务	综合考虑，为人服务
	综合考虑①、以人为本	咨询建议应以人为本，综合考虑决策的多重因素，部门利益平衡、老百姓接受度
	综合考虑	政绩考核、利益平衡
可持续发展 多目标均衡	以人为本②、可持续	以人为本、可持续发展
	以人为本②、可持续②	以人为本、可持续发展
	以人为本②多目标、城市竞争力	多目标均衡　人的需求　城市竞争力
	以人为本②决策、可持续发展	以人为本、决策修正、可持续
公共利益： 保障公共利益、长远利益	公共利益③	决策咨询的出发点是保障公共利益 公众反响
	公共利益③	公共利益优先
	长远利益、决策者因素③	首先考虑群众长远利益，其次决策者的问题

根据研究归纳，得出决策咨询建议应该考虑的要素是公共利益，可持续发展，以及决策者关注的综合因素。

问题 3：规划决策咨询方案的技术方法要注意哪些问题？

咨询方案的技术方法提炼研究第一步：原意语句梳理　　表 3-1

咨询方案的技术方法	访谈原意语句
规划师为决策者提出城市发展的咨询参谋建议，咨询方案需要那些方法？	说服别人要说理，功课做够，像样的论证，大量的论据，严密的论证过程（FT02）
	拿出有数据、有案例、有理有据的汇报材料（FT03）
	你说的这个东西是要有非常的理由让他信服的。而且事后是可以经受住验证的（FT06）
	不要就规划论规划，其实对城市发展的很多要素都应该进行分析（FT01）
	城市发展的参谋意见，要能说清楚缘由，空说不行。你要把的很准，非常的准，那就是要有很扎实的基础（FT02）
	每一个城市有不同的条件，要针对城市的个性提建议（FT02）
	城市规划的第一步其实是调查研究。没有调研就没有发言权（FT01）
	我们要在扎实的研究基础上，多学科知识的综合集成上提出经得起考验的建议，讲公理、讲规律（FT07）
	最好能够想两三个方案出来，两三个方案可以给决策者挑选（FT06）
	思路要很清楚，而且想的东西周到，要经得起历史的考验（FT06）

咨询方案的技术方法提炼研究第二步：参与研究者共同归纳 **表 3-2**

<table>
<tr><th>主旨归纳</th><th>标准化</th><th>问卷调查原始句段</th></tr>
<tr><td rowspan="4">调查研究</td><td>调查研究①</td><td>扎实分析基础上，针对性建议，对现状调研扎实</td></tr>
<tr><td>调查研究①、分析透策</td><td>基本的信息量要有，类似案例最好能分析透</td></tr>
<tr><td>调查研究①、多方案②</td><td>咨询方案应强调其科学性，要基于扎实的调查研究，运用学科的分析方法，进行严密的推理过程，其方案才能让人信服。同时，考虑到城市发展的多元要素和实际情况，可提出多方案比选供决策者选择</td></tr>
<tr><td>基础研究①、论证充分</td><td>论证、验证、考证、比选、基础研究</td></tr>
<tr><td rowspan="3">多方案比较</td><td>科学理性③、多方案②</td><td>科学理性，情景分析</td></tr>
<tr><td>多方案②</td><td>基础分析，多方案比较</td></tr>
<tr><td>多学科②</td><td>个性、多学科</td></tr>
<tr><td rowspan="5">有理有据
科学理性，论证充分</td><td>客观说理③</td><td>实事求是，对政府发展意向论证</td></tr>
<tr><td>针对性</td><td>针对城市的个性提建议</td></tr>
<tr><td>说理③</td><td>决策咨询就是向决策者讲述真理</td></tr>
<tr><td>有理有据③</td><td>综合多学科，以案例和详实数据为基础，提供参谋意见</td></tr>
<tr><td>有理有据③</td><td>针对实施、有理有据</td></tr>
</table>

根据研究归纳，得出咨询方案的技术方法是：调查研究、多方案比较、有理有据。

问题 4：如何增强规划咨询建议的可实施性?

增强可实施性建议提炼研究第一步：原意语句梳理 **表 4-1**

<table>
<tr><th>增强可实施性建议</th><th>访谈原意语句</th></tr>
<tr><td rowspan="4">规划师为决策者提出城市发展的咨询参谋建议，如何增强建议可实施性?</td><td>不能只是分析，要贯彻到执行层面（FT03）</td></tr>
<tr><td>我们不仅要提供参谋意见，还应该有实施计划，执行这种参谋意见到达目标的手段、方法、措施（FT03）</td></tr>
<tr><td>从物质空间规划上升到城市健康可持续发展，精明增长的理念（FT02）</td></tr>
<tr><td>领导知道你说的很重要，心里很清楚，但是他没办法按你说的去做。我们的建议停留在理论阶段（FT05）</td></tr>
</table>

增强可实施性建议提炼研究第二步：参与研究者共同归纳 **表 4-2**

<table>
<tr><th>主旨归纳</th><th>标准化</th><th>问卷调查原始句段</th></tr>
<tr><td rowspan="5">实施计划
实施策略、途径、方法、手段</td><td>实施手段</td><td>有具体实施手段</td></tr>
<tr><td>实施策略</td><td>对可行的建议提出实施策略</td></tr>
<tr><td>实施策略</td><td>执行、方法、实施</td></tr>
<tr><td>实施计划</td><td>了解具体实施的难度和瓶颈，从实施角度做规划。</td></tr>
<tr><td>实施途径方法</td><td>实施途径、方法</td></tr>
</table>

续表

主旨归纳	标准化	问卷调查原始句段
实施计划 实施策略、途径、方法、手段	实施计划	参谋意见与初步实施计划同时提出
	实施计划	实施计划
	实施计划	制定实施计划
可执行 执行目标	可执行，实施手段、实施计划	决策建议应突出其可行性和可操作性，从理论层面落实到执行层面，对实施计划、手段方法等进行细致的研究，而不仅仅停留在物资空间规划的层面。
	可执行	决策咨询做得好，关键在于可操作性
	可执行	执行层面
	执行目标	目标执行、精明增长

根据研究归纳，得出咨询方案增强可实施性的建议需要落实到执行层面，制定实施计划，包括方法、手段、途径。

问题5：参谋者应具备什么样的工作态度与思维方法？

参谋者工作态度与思维方法提炼研究第一步：原意语句梳理　　表5-1

工作态度与思维方法	访谈原意语句
规划师为决策者提出城市发展的咨询参谋建议，要有什么样的工作态度与思维方法	你为什么没走到领导前面呢？超前想到，提前想到城市发展的下一步（FT03）
	你有没有主动地宣传、主动地汇报工作（FT03）
	规划师要有超前思维，看到领导一有思想苗头就收集资料（FT03）
	规划师要有超前思维，甚至你要比领导看得远，他来问你了，你就可以提出建议（FT06）
	你有没有立即把国内国外案例研究主动递上（FT03）
	当参谋是要有责任心（FT06）
	眼光要放长远，有预见性（FT02）
	应该站得更高，看得更远（FT02）
	研究是站在长远的，科学发展观的角度来考虑（FT03）
	规划管理部门的集体角色定位是参谋吗？以及规划师个人的角色定位和工作态度怎么样（FT07）

参谋者工作态度与思维方法提炼研究第二步：参与研究者共同归纳　　表5-2

主旨归纳	标准化	问卷调查原始句段
前瞻性 超前、长远	超前①、积累	平时有意识积累，收集资料，有超前思维
	超前①	超前
	超前①、长远	超前、看得远
	超前①、主动②	主动汇报、提前思维
	超前①、责任心	超前思维和责任心
	超前①、沟通	超前思维、沟通汇报

续表

主旨归纳	标准化	问卷调查原始句段
主动性 服务意识、责任心	超前①、预见性、主动②	规划师应站在城市发展的长远角度思考城市发展的方向，对城市发展的问题要有预见性和超前意识，主动承担决策参谋者作用，而不是被动地等待决策者的咨询
	超前①、主动②、责任、长远	超前、主动、责任、长远
	主动②、服务	积极主动参与决策咨询，为决策者服务
	主动②、系统性	主动、系统性看待问题
	——	高屋建瓴、综合规划，多听多问，谨慎决策
	——	不认可规划部门是参谋，规划管理是其核心的职能

根据研究归纳，参谋者工作态度与思维方法应是具有前瞻性、主动性。

问题 6：参谋思考问题应从什么角度出发?

参谋思考问题的角度提炼研究第一步：原意语句梳理　　表 6-1

思考问题的角度	访谈原意语句
规划师为决策者提出城市发展的咨询参谋建议，要以什么角度思考问题?	决策参谋站在司令员的角度去思考问题，光站在你参谋画图的角度，不能解决司令的问题（FT02）
	你要抓住这个地方的环境条件，天时地利，还要看领导层面的意识（FT06）
	要从规划的角度怎么能帮他实现想法，又不违背规划，这是上策（FT06）

参谋思考问题的角度提炼研究第二步：参与研究者共同归纳　　表 6-2

主旨归纳	标准化	问卷调查原始句段
领导层面	领导层面①	把握领导意识，又不违背规划
	领导层面①、天时地利③	天时地利、领导层意识
	领导层面①、现实	领导层面意识、现实想法
	领导层面①	领导层面
换位思考	换位思考②、科学规划	要从决策者的角度出发思考问题，同时兼顾规划的科学性，才能真正发挥规划的决策参谋作用
	换位思考②	从决策者角度，从实施者角度考虑
	换位思考②、因势利导③	换位思考、因势利导
	换位思考② 领导，专家	角色转换，领导思维和专家思维并重
	换位思考②	换位思考，站在决策者的角度提出参谋意见
天时地利	公众利益	关注公众利益
	因势利导③	参谋需要借势
	天时地利③	天时、地利、全局高度

根据研究归纳，参谋者思考问题的角度应要换位思考，站在领导层面考虑问题，也需要考虑天时地利。

问题7：参谋者应具备哪些个人素质？

参谋者个人素质提炼研究第一步：原意语句梳理　　表7-1

参谋者个人素质	访谈原意语句
规划师为决策者提出城市发展的咨询参谋建议，参谋者个人应该有哪些素质？	有智谋，有智慧（FT02）
	抓住主要矛盾，把握关键（FT02）
	眼光比较长远（FT03）
	勤于思考，善于思考（FT03）
	综合素质比较好的（FT03）
	当参谋是要有责任心（FT06）
	知识面很重要，看问题就能看得越清楚你要有社会发展，经济地理，交通配套（FT06）
	认识到了城市发展的客观规律，看到了城市的未来，是决策参谋者的能力（FT05）
	参谋素质最大的储备是实践，你知道结果。你信心最大的来源来自经历过实践过（FT05）

参谋者个人素质提炼研究第一步：参与研究者共同归纳　　表7-2

主旨归纳	标准化	问卷调查原始句段
发现问题 抓住主要矛盾、抓住关键	发现问题①、思考	抓住主要矛盾，勤于思考
	发现问题①、眼光长远②、知识面③	主要矛盾，眼光长远、知识面
	发现问题①、关键	抓住主要矛盾，把握关键
	发现问题①、综合知识、沟通能力	把握主要矛盾能力，综合知识能力，善于沟通表达
综合素质 眼光长远、善于思考、知识面广、善于沟通	综合素质①、实践经历②、知识面③	智慧、把握关键、眼光长远、善于思考、综合素质、知识面、实践经历
	综合素质①	参谋者需要综合素质
	综合素质①、关键	把握关键、综合素质
	综合素质①、实践经历②、知识面③	参谋者应具备多种综合分析思考的能力：包括长远的发展眼光、对问题本质的敏锐把控、系统的知识储备、扎实的实践经历等等
实践经验 经验丰富、实践经历	思考、知识面③	思考、实践、知识面
	眼光长远②、经验②	经验丰富 眼光长远 专业过硬
	沟通	学习能力，抓重点，说服力
	眼光长远②	认识发展客观规律、预见未来

根据研究归纳，参谋者个人素质应要综合素质高，发现问题能力高，沟通能力强，眼光长远，善于思考，知识面要广，具有丰富的实践经验。

问题 8：参谋者认为的决策者决策时考虑的要素？

参谋者揣测的决策者的心理提炼研究第一步：原意语句梳理　　表 8-1

决策者的心理	访谈原意语句
规划师为决策者提出咨询参谋建议，认为决策者有哪些心理？	运行机制上，因为领导有的时候很难决策的，有的时候他想决策他又不愿意挑担子（FT06）
	他决策压力也是很大的啊，出了事他没有办法交代的，还有关系到他的政治前途（FT06）
	他如果没有这个方面的知识，往往是先入为主，受到先听到的建议影响（FT06）
	考虑的就是近期操作层面多一点，他毕竟是五年一届，建议必须要有可操作性（FT06）
	决策者是很在意老百姓和舆论反应的，担心政治风险（FT08）
	决策受到政绩考核的影响很大（FT08）
	决策受考虑可操作性，一定要能实施才决策、反对意见最少才决策（FT08）

参谋者揣测的决策者心理提炼研究第二步：参与研究者共同归纳　　表 8-2

主旨归纳	标准化	问卷调查原始句段
政治前途	政治前途①	政治前途，权衡多方利益
	政治前途①	政治前途
	政治前途①政绩②	政治前途、政绩
政绩	政绩②	领导任期内的业绩
	政绩②	考虑近期因素
	政绩②、规避风险	注重短期效益和政绩；避免担责
	政绩②、实施后果	决策者在决策时的心态：决策后果的影响、不同参谋者提供的信息、近期成效的考虑等
	体制因素	参谋要洞悉体制因素
可操作	客观规律	认识发展客观规律、预见未来
	政治前途① 决策压力④、可操作③	压力、政治前途、近期操作
决策压力	可操作③	可操作
	政治前途①可操作③决策压力④	决策压力、政治前途、先入为主、近期操作

根据研究归纳，参谋者揣测的决策者心理是考虑政治风险放在第一位，考虑政治前途，希望出政绩，同时也有很大的决策压力，担心可操作性和实施后果。

问题 9：参谋者与决策者如何取得共鸣？

参谋者与决策者取得共鸣提炼研究第一步：原意语句梳理　　表 9-1

取得共鸣	访谈原意语句
规划师为决策者提出咨询参谋建议，如何取得共鸣？	决策的角度，和领导的共鸣（FT01）
	要站在老百姓的立场上，把全城的老百姓调动起来（FT03）

续表

取得共鸣	访谈原意语句
规划师为决策者提出咨询参谋建议，如何取得共鸣?	做咨询做参谋的，就要去想怎么引导决策者（FT06）
	理解领导讲的每一句话，思考和规划的关系（FT06）
	规划局要有政治敏锐性，了解决策者关心的事情（FT06）
	决策者把城市发展起来是主要的政绩，也不是简单的为形象，也关乎老百姓的生活改善（FT05）

参谋者与决策者取得共鸣提炼研究第二步：参与研究者共同归纳　　表9-2

主旨归纳	标准化	问卷调查原始句段
决策者关注点	决策者关注点①	政治敏锐性，了解决策者关心的事
	决策者关注点①	决策者关心的事
	决策者关注点①	了解决策者焦点
服务百姓	服务百姓②	共鸣、百姓立场、引导决策、政绩
	服务百姓②	引导决策者，引起共鸣，服务百姓
	服务百姓②、决策者关注点①	符合领导政绩和民生改善双重标准
换位思考	换位思考③	要站在决策者角度
	换位思考③	站在决策者的立场提建议
	换位思考③	度己及人，多听
	换位思考③	决策者角度思考
政治敏感	服务百姓②换位思考政治敏感	要取得决策的共鸣，不仅要有政治敏锐性，从决策者的思维角度了解决策者关心的问题，进而对决策者进行意见引导；同时要从市民的角度出发，让城市发展有利于人民生活的改善
	决策者关注点①、政治敏感	政治敏锐性、决策者关心的事情

根据研究归纳，参谋者与决策者取得共鸣需要具有政治敏锐性，了解决策者关心的事，换位去思考和沟通，满足为老百姓服务也容易取得共鸣。

问题10：参谋者和决策者怎样才能建立信任关系?

参谋者和决策者建立信任提炼研究第一步：原意语句梳理　　表10-1

建立信任	访谈原意语句
规划师为决策者提出城市发展的咨询参谋建议，怎么建立信任?	经常给他出好主意（FT02）
	信任是一点一点建立的，良性循环（JH02）
	说真话，干实事，通过实际事情建立信任（FT06）
	一开始我们也有矛盾的。后来几件事以后他觉得我确实是有眼光，对这个事是很尽心的，那他就放心了（FT06）

参谋者和决策者建立信任提炼研究第二步：参与研究者共同归纳　　表 10-2

主旨归纳	标准化	问卷调查原始句段
干实事 说真话、干实事、有实效	干实事①	说真话，干实事，通过实际事情建立信任
	干实事①	干实事
	干实事①、信任积累②	实事，一点一点
	信任积累②	一点一点建立
	干实事①信任积累②	信任是一点一点的实际成绩建立起来的
	信任积累②	与决策者建立信任感是一个信任逐步累加的良性循环过程
	干实事① 实效	实干精神，参谋取得实效
	干实事①	实干，承认劣势和直面问题；敢担责任，关键问题敢说话；从决策者立场思考
信任积累 多出好建议，良性循环	好建议①	多提出好的决策建议
	好建议①信任积累②	提供建议效果可见、信任建立、良性循环
	好建议①	好主意
	好建议①信任积累②	好主意、良性循环、有眼光、尽心尽力

根据研究归纳，参谋者与决策者建立信任首先在于参谋实干，要说真话、干实事、有实效，然后与决策者积累信任，多出好主意之后形成良性循环。

问题 11：决策咨询建议怎么才能有效传播？

决策咨询建议有效传播提炼研究第一步：原意语句梳理　　表 11-1

有效传播	访谈原意语句
规划师为决策者提出城市发展的咨询参谋建议，如何有效传播？	提高沟通技能，减少规划咨询建议在传播过程中的信息衰减，缪读，干扰等等（FT07）
	征求更多人的意见，误差就小一点了，领导在规划的决策过程中发扬民主（FT06）
	借助专家的力量，真正的专家有很强的专业素养，看问题还是能看到本质，看到不同（FT06）
	因为你没有决策权，规划局就是研究、执行，决策不是你。那你就要想办法把你的这个意图说服决策者（FT06）
	要讲策略，讲方法，方法很重要的（FT06）
	说服领导要从他关心的事情切入（FT02）
	当时的书记是从美国回来的一个博士，所以我就把美国规划师协会的会长请过来了做咨询（FT03）
	你在政府规划决策的什么环节去影响决策最有效（FT06）

决策咨询建议有效传播提炼研究第二步：参与研究者共同归纳　　表 11-2

主旨归纳	标准化	问卷调查原始句段
策略方法	策略①	讲策略，讲方法，决策环节最为重要
	策略①	讲策略
	策略①借力②	提高决策的有效传播要讲究策略和方法，可借助专家的力量，进行广泛意见征集，提高规划咨询的技术层次

续表

主旨归纳	标准化	问卷调查原始句段
借力	策略①、借力②	沟通技巧、策略方法对于决策咨询的采纳非常重要，也可以通过专家咨询的方式，通过专家之口说服决策者
	借力②	了解决策者的想法；借助专家权威
	借力②	借助于其他力量，专家，民众
沟通	沟通④	注重沟通的方式方法
	沟通④	提高沟通技能
	沟通④	有主题，有正能量，解决实际问题
	沟通④	说服决策者
减少干扰	借力② 减少干扰③	减少信息衰减、谬读、干扰等；意见征求；专家意见；说服决策；影响决策
	减少干扰③	方法，减少干扰

根据研究归纳，决策咨询建议有效传播需要参谋者讲究策略方法，加强与决策者的沟通，还需要借助专家、市民、媒体等外力，并且减少信息传播受到的干扰。

问题12：影响决策咨询效力发挥的外部环境有哪些？

决策的外部环境提炼研究第一步：原意语句梳理　　表12-1

决策的外部环境	访谈原意语句
规划师为决策者提出城市发展的咨询参谋建议，决策的外部环境怎么样？	决策层面对规划建议是否重视，是否赋予规划的综合协调权力，规划在政府行政序列中的地位（FT07）
	行政、政治学、社会管理学知识。政府的架构，政府的决策模式，运作程序了解（FT06）
	规划的决策除了技术上的一面，它在政治层面、社会层面有很多内容和影响因素（FT06）

决策咨询的外部环境提炼研究第二步：参与研究者共同归纳　　表12-2

主旨归纳	标准化	问卷调查原始句段
政治机制	政治机制①	政治经济因素
	政治机制①	政治层面
	政治机制①、地位②	地位，政治层面的影响
地位 行政架构中的地位、职权	地位②	决策层是否重视规划
	地位②	行政架构及运作机制
	地位②	规划职能有限，但在专业领域大有可为
	地位②	规划部门在政府领导心目中的地位
	地位②	规划的决策不仅是技术型问题，也涉及政治、社会层面的影响。规划建议的作用取决于规划在政府行政序列中的地位

续表

主旨归纳	标准化	问卷调查原始句段
决策机制	决策机制③	决策重视、决策模式、影响因素（技术、社会、政治）
	地位②决策机制③	政府的架构，决策模式
	决策机制③	需要了解政府的决策程序

根据研究归纳，决策咨询的外部环境主要影响因素包括政治制度、地位和决策机制。其中地位指行政架构中规划部门的序列及政府对规划职能权力的安排。

附录 B　日照市城市总体规划（1994 年）案例

1. 编制过程大事记

【1991 年 2 月 20 日】市政府组织动员大会

【1991 年 6 月 3 日】城市规划建设专题会议，研究问题之一是总体规划方案修订意见。

【1991 年 7 月 1 日】建委办公会议，提出准备总体规划修订完善工作必需的地形图。

【1991 年 7 月 12 日】市府三楼会议室，规委会全体会议。邀请合肥人大陈副主任和四川省规院颜总做总体规划修订注意问题的咨询。

【1991 年 7 月 13 日】建委机关全体人员大会，昝主任布置下半年主要任务是总体规划要开始修订。

【1991 年 9 月 13 日】中国规划院总工顾问室洽谈日照总体规划修编工作内容，中规院要求提供地形图、现状图、水文地质图，环境地质评价。重点研究区域问题、城市中心选址、海岸带、工业布局以及城市文化，工程基础设施规划及竖向规划。

【1991 年 10 月 9 日】中规院到日照现场踏勘。

【1991 年 10 月 10 日】日照总体规划修订研讨会。

【1991 年 11 月 29 日】中规院与石臼港务局座谈。石臼港陆域 12 平方公里，水域 42 平方公里。1980 年开始建设，86 年底正式验收运营。港口吞吐量逐年上升，从 1986 年的 240 万吨，发展到 1991 年突破 1000 万吨。

【1991 年 12 月 6 日】总体规划会议。编制总体规划是市政府的大事，调动各部门的积极性。准备召开总体规划编制的动员大会。市级各部门主要领导参加，王市长讲话，会议主要内容是明确总体规划要解决什么问题，给各单位的提纲，请各单位谈谈情况。

【1991 年 12 月 10 日】城市总体规划修编工作会。C 市长主持并讲话，要求各单位积极协助，主动提供情况，把总规修编当作本部门的事情。

【1991 年 12 月 11 日】中规院与计委、经委、重点办的座谈会。

【1991 年 12 月 12 日】专门讨论奎山南四大工厂（大钢厂、首钢船厂、电厂、木浆厂）的布局方案。中规院周杰民介绍了 3 个方案，并建议钢厂是否可以向北移，可以减少土方量。电厂放在西边比较合适，付疃河口将可建设污水处理厂，要考虑电厂的吹灰场。木浆厂向南放，横向摆布以减少占用港口用地。造船厂污染严重，应考虑对养殖的影响，做个环境评价。

【1991 年 12 月 14 日】中规院对总体规划修编工作思路的初步汇报。

【1991 年 12 月 15 日】中规院向王市长汇报总体规划修编设想。

2. 总体规划的专家审查过程

（1）前期咨询

【1991 年 7 月 12 日】市府三楼会议室，规委会全体会议。

邀请合肥人大陈副主任和四川省规院颜总做规划讲座，重点对总体规划修编要注意的问题给了几点建议：

一是眼光视野要放大，目前日照没带县，区域太小，对区域规划的论证还有很多的工作。二是要有长远观点，远期考虑比 20 年还长的时间段。三是要有全局观点。岸线如何合理分配，工业布局要考虑风向，对城市环境的影响。四是要尊重自然、历史、文化，把自然生态环境保留好，历史文化保留好。五是城市规划要综合协调各部门之间的关系，合理利用土地空间。

【1991 年 10 月 10 日】日照总体规划修订研讨会

安总：有山有海的城市多了，但有如此长的沙滩松林的确难能可贵，要很好的保留。关于铁路问题，一个城市没有铁路不行。规划布局如何搞，规划要予以考虑。要争取带县，在总体规划中考虑带县，这样飞机场的选址就可以范围比较大。应设区，否则出口加工区和岚山的问题不好管理。

（2）中期审查

【1994 年 4 月 11-13 日】日照总体规划专家审查会

根据省政府的要求，省建委牵头，会同省经委、交通厅、水利厅、土地局、环保局、经济研究中心、济南铁路局的有关负责同志在日照市召开了日照市城市总体规划技术审查会，日照市委、市政府及市直有关部门的领导参加了会议。

专家们认为，该规划指导思想明确，空间布局比较合理，资料详实，内容较全面，能够满足日照市社会经济发展的要求，达到了国家《城市规划编制办法》的标准和要求，基本符合日照市的实际，可作为日照市城市发展建设的依据。

专家们还提出了以下建议：

①要深化完善城镇体系规划，把岚山作为日照市城市总体规划的重要组成部分，抓好其总体规划的编制和审批。

②日照市作为欧亚大陆桥桥头堡之一，在强调全市政治、经济、文化中心的同时，要突出国际性城市的地位，调整中心区的布局，明确城市商务中心区，强化中心区职能，加速文教区建设，探索形成花园式海滨城市的独特风貌。

③进一步加深对城市用地的研究，贯彻节约用地、合理用地的原则，优化用地结构，编制城市土地使用权出让规划和计划，进行土地分等定级，满足以地招商的需要。

④深化和完善专业规划。搞好各种对外交通方式的衔接，规划的高速公路是国家规划的同江至三亚公路主骨架的一部分，应遵循“近城不进城”的原则，线型尽量顺直。机场的建设要进一步论证。进一步落实好水资源，综合考虑工农业用水平衡，要强调防洪措施。对海陆域环境要高标准、严要求，突出以防为主的原则。要实现污水资源化，科学利用海水资源。

⑤矿石码头宜与钢铁厂建设相衔接，以加快西港区的建设步伐。

⑥加强规划管理，坚持“规划一张图，审批一支笔，建设一盘棋”，把开发区、港区统一纳入城市规划管理，对城市总体规划的实施要提出切实可行的措施。

3. 1994版日照城市总体规划实施效果评价

1）日照20年建设实绩今昔对比

这版规划成为指导日照城市建设20年的规划，形成11任市长，1本规划的佳话。距离1991年启动编制总体规划，时间已过去了20年，现代化滨海花园城市的框架在这版总体规划的指导已经基本建成。日照从一个不到10万人口的小县城发展成为全国知名的海滨旅游中等城市，生态环境优良，百姓安居乐业。日照在2009年10月获得“联合国人居奖”，这个奖项是对一个城市生活水平和居住环境等方面的综合性考核。

“经过20年的发展，越来越多低矮简陋的平房变成了鳞次栉比的高楼大厦，昔日狭窄不平的蜿蜒土路被条条宽阔平整的柏油大道替代，曾经杂草丛生、淤泥堆积的海边滩涂幻变为环境优美的海滨生态景区，曾经高低不平的废弃石塘摇身变成为景色怡人的公园。”[1]

日照城市获得部分荣誉称号

称号名称	获得时间（年）	称号名称	获得时间（年）
国家园林城市	2005	中国人居环境奖	2007
国家节水型城市	2009	全国循环经济示范市	2004
国家卫生城市	2006	国家可持续发展示范区	2008
全国绿化模范城市	2008	中国最美海滨城市	2011
联合国人居奖[2]	2009	最具活力旅游目的地[3]	2011

①宜居幸福指数提升，人口持续稳定增长。

日照市2010年年末全市户籍总人口287.92万人，（与第五次人口普查，全市总人口268.59万人相比，10年增加18.33万人。与第四次人口普查1990年7月1日0时的258.51万人相比，20年共增加了28.42万人。中心城区人口与规划预测的目标也十分吻合。

②城市化健康有序推进，城市功能品质提升。

全市城镇化率达到47.08%，城市建成区面积89.8平方公里，全年完成城建投资36.1亿元，年末城市居民家庭人均住房建筑面积30.31平方米，农村居民人均住房使用面积37平方米。投入80多亿元，建成了世帆赛基地、灯塔广场、万平口生态广场等一大批重点工程，万平口奥林

[1] 摘自日照市民博客，网址：http://blog.sina.com.cn/s/blog_477cbe5c0100feg1.html。

[2] 2009年获得联合国人居奖，是当年获此殊荣的唯一中国城市。

[3] 在全球500个参与评选的旅游城市中，经过网络大众评选，日照是山东省唯一获此殊荣的城市。

匹克公园地区持续重点打造，阳光海岸梦幻海滩建成开放，城市商务中心区建设积极推进，城市服务功能进一步增强。

③市民安居乐业，体育名城品牌打响。

城市居民人均可支配收入 17558 元，比上年增长 11.2%。全年农村居民人均纯收入 7504 元。成功举办了 2010 年中国水上运动会、中日韩国际帆船赛等重大赛事，在第十六届广州亚运会上，夺得 1 金、1 银、1 铜的优异成绩，在澳大利亚帆船世界杯赛中获得金牌 1 枚；在新西兰世界赛艇锦标赛中获得铜牌 1 枚。

④城市基础设施建设成效显著。

建设了迎宾路、青岛路、山东路等数百公里城市道路。对旧城区污水河、垃圾沟进行了彻底治理，使昔日黑水泛流的“龙须沟”——营子河，变成了今天两岸杨柳依依、河内清水涟涟的“玉带河”；使市区几处沉寂多年的废石坑，变成了游人如织、鸟语花香的开放公园。运用市场化手段，加快公用事业的发展，在市区新建垃圾中转站 20 座，新建、改建公共厕所 170 座，二类以上厕所达到了 54.1%。

⑤旅游产业强势发展，旅游名城初见效益。

城市公园绿地面积 1306 公顷，人均公园绿地面积 20.92 平方米，建成区绿化覆盖率 40.61%，建成区绿地率 37.87%。全年市区空气质量功能区达标率为 100%；空气质量优良天数 349 天，占 95.6%。全年共接待境内外游客 2052.9 万人次，比上年增长 17.9％。其中，国内游客 2031.42 万人次，增长 17.9％；入境游客 21.52 万人次，增长 19.4％。

2）总体规划主要技术内容评价

《日照市城市总体规划》于 1994 年 9 月经省政府正式批复实施，是日照市十余年来城市建设和发展的纲领性文件。规划确定城市性质为：山东省对外开放的重点城市；以港口、工业、贸易、旅游为主的现代化花园式海滨城市。规划确定日照、石臼两街道办事处和丝山乡、奎山乡所辖傅疃河以北 41 平方公里，共 294 平方公里为日照市城市规划区。城市用地结构采用集中成片的组团式布置，共分为五个组团：西区（现日照街道办事处）、北区（市中心区）、南区（现石臼街道办事处）、刘家寨区（现为奎山街道办事处驻地）、张家台区。规划有效地指导了城市建设。十几年来，日照市严格按照 1994 年版城市总体规划指导建设，较好地处理了旧城与新区、海滨环境保护与工业及港口发展之间的关系。

1994 版总体规划核心指标规划实施对比

总规核心指标	规划指标值（2000 年）	规划指标值（2010 年）	实际指标值（2000 年）	实际指标值（2004 年）	偏差度（%）
人口规模	25-30	50-60	36.02	61	+1%
用地规模	48	127	–	74	-40%

注：1994 版总体规划的主城区指日照老县城和石臼区，因此实际指标值引用数据不包括岚山区。

1999-2004 年城区常住人口统计

年份（年）	1999	2000	2001	2002	2003	2004
日照主城区城市常住人口（万人）	35.64	36.02	36.53	37.30	42.38	44.08
岚山区城市常住人口（万人）	6.82	6.83	6.80	6.86	8.27	10.90
日照市区城市常住人口（万人）	42.46	42.85	43.33	44.16	50.65	54.98

注：1999-2003 年人口资料来源于 2000-2004 年《日照统计年鉴》。暂缺 2005 年《日照统计年鉴》，2004 年人口资料来源于各派出所人口存档和日照市统计局编写的《日照统计手册》。

总之，1992 年编制的日照总体规划的实施尽管也存在一些不尽人意的地方，比如城市用地规模框架较大，当时还没有施行严格的控制城市规模的国土开发战略，海滨道路也没有完全按照规划意图实施。但是，其中一些有价值的规划思想和理念还是熠熠生辉，日照城市建设在科学发展的规划理念指导下健康发展，证明了规划决策咨询影响城市发展的重要作用。

附录 C　宁波 2001 年和 2010 年两轮战略规划的比较研究

2001 年，宁波经济总量完成积累，步入城镇化快速发展的阶段，大都市发展格局呼之欲出，在此形势下，启动编制了首轮战略规划。战略规划重点解决城市发展战略目标问题，为纷繁复杂环境中的地方政府找到城市发展的正确方向。战略规划经过分析研究，提出“做大经济总量，拉大城市框架”的战略方向和目标，针对产业、港口、城镇化、城市空间结构方面问题提出积极主动地战略。顺应引导了城市的发展，起到很好的作用。首轮战略规划对宁波城市发展起到一定的引领作用，城市建设实施效果的后评估可以反映这个作用结果，参见宁波城市发展基本情况 2000 年和 2010 年对比表。宁波 2001 版战略规划的“做大经济总量，拉大城市框架的”总目标基本实现。大部分策略建议也得到实施。表现为城市经济从单一制造业向综合多元方向发展，服务业得到快速发展，集装箱枢纽港地位稳固上升，宁波－舟山港实施一体化发展，宁波大都市区框架逐渐形成，东部新城、南部新城战略崛起。

2010 年，宁波启动编制了第二轮战略规划。根据新时期国家要求沿海城市率先转型，以及宁波在长三角地区经济地位和中心地位下降的背景，本次战略规划着重研究宁波转型发展面临的矛盾；国际国内新形势下港口城市发展的方向以及适应全域都市化发展的空间结构。提出引导城市“从量的扩张走向质的提升”。全面提高经济竞争力，全面提高生活质量，确保城市环境品质。目标定位为“亚太国际门户、山海宜居名城”。从工业主导转向服务业、工业并举，形成新型、绿色产业结构；港区规模扩张转向功能提升，大力发展贸易物流功能；推进全域都市化战略，空间战略提出构建活力高效的市域经济发展空间和打造品质优良的城市生活空间。近期重点实施中心提升、港口功能提升、港湾优化发展、历史文化弘扬、产业创新提升、宜居生活、村镇提升、交通畅通、智慧城市建设、城市形象营销等十大行动；对战略的实施保障机制也提出了建议。

宁波两轮战略规划的主要内容比较　　**表 1**

	第一轮战略规划（2001 年）	第二轮战略规划（2010 年）
研究背景	宁波处于工业化中期阶段；城镇化严重滞后于工业化；杭州湾大通道建设在即，上海洋山港建设已经启动；民营经济处在从做活到做大的阶段	宁波处于工业化后期阶段；城镇化水平大幅提高（但质量不高）；民营经济优势不再，产业创新滞后；生态资源环境压力凸显，转型发展需求迫切
研究目标	总的指导思想是“做大经济总量，做强经济能级，拉大城市框架”	三大核心任务是“全面提高经济竞争力，全面提高生活质量，确保城市环境品质”

续表

	第一轮战略规划（2001 年）	第二轮战略规划（2010 年）
战略定位	长三角南翼经济中心城市 现代化国际港口城市	亚太国际门户 山海宜居名城
产业战略	“求专、求大、求新”，优化提升工业经济为主的产业结构	从工业主导转向服务业、工业并举，形成新型、绿色产业结构
港口战略	营造集装箱枢纽港，建立区域物流中心	港区规模扩张转向功能提升，大力发展贸易物流功能
城镇化战略	“强化、极化、优化”，打造余慈副中心为重要城镇化载体；建议经济增长从工业化推动型向城市化推动型转移	全域都市化战略。从非农社会转向市民社会，营造宜居乐业的多元城镇化载体
空间战略	拓展空间、拉开城市框架：构筑面向杭州湾的开放式市域城镇空间结构；港城分离，构筑中心城区特大城市框架等	从空间拓展到品质提升：打造山水宜居、品质突出的城市生活空间，强调网络效应与聚集经济，市域空间形成“一核两翼网络化”结构
行动策略	重战略、轻策略，行动策略建议相对较少	提出了具体的 10 项行动计划和 6 项政策响应策略，可操作性显著增强

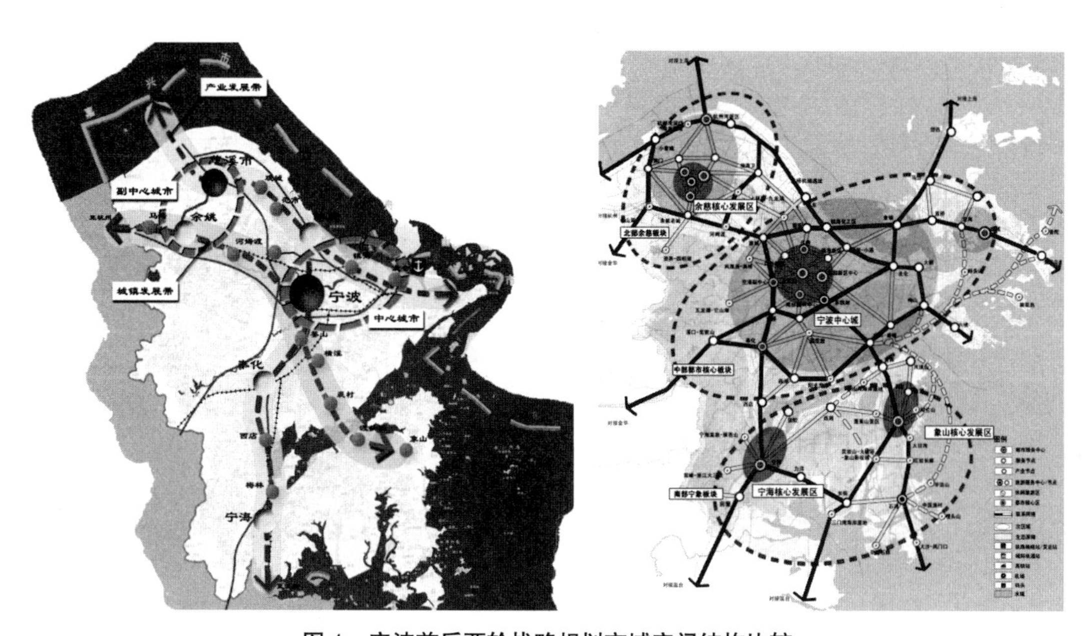

图 1　宁波前后两轮战略规划市域空间结构比较

宁波城市发展基本情况 2000 年和 2010 年对比　　表 2

指标分类	评价指标	2000 年	2010 年	2010 年原规划目标
经济指标	GDP 总量（亿元）	1191.5	5125.8	4300
	人均 GDP（元）	22078	68162	61400
	三次产业结构	8.2 : 56.2 : 35.8	4.2 : 55.6 : 40.2	3.5 : 53.5 : 43

续表

指标分类	评价指标	2000 年	2010 年	2010 年原规划目标
经济指标	三产占 GDP 比重（%）	31.7	40.2	43
	港口货物吞吐量（亿吨）	1.15	4.1	3.6
	集装箱吞吐量（万标箱）	90.2	1300.4	1000
社会指标	市域总人口（万人）	586.2	760	730
	中心城人口规模（万人）	144.2	265.9	220
	城镇化水平（%）	51.2	65	65
	高中教育入学率（%）	–	99	98
	千人拥有医疗床位数（张）	3.0	4.78	4.3
	万人公交车标台	–	4144	3400
	人均居住面积（m^2）	13.49	20.6	31.6
	人均公园绿地（m^2）	7.14	10.36	12
	人均公共服务设施用地面积（m^2）	12.9	9.1	12.2
环境指标	绿化覆盖率（%）	33.52	37.83	37
	城市污水集中处理率（%）	37.32	66.2	70
	大气环境质量	I-II 级标准	II 级标准	II 二级标准
	噪声达标区覆盖率（%）	–	夜间超标	90%

附录 D 日照市万平口地区的规划建设历程

1.初定为钢厂厂址

1990 年，首都钢铁厂计划搬迁，在全国范围内选址，日照因为良好的港口条件成为重点考察对象，做过几个选址方案。根据《日照市城市总体规划》(1994 年版)附件四的阐述，钢厂年产 600 万吨，用地需要 12 平方公里，年产 1000 万吨，用地 18 平方公里。冶金部北京钢铁设计研究总院于 1986 年提出《厂址选择报告》，在 5 个厂址比较中推荐了林家滩厂址方案 (具体图上位置)。1990 年山东省计委提出了《建厂条件论证报告》，报告中厂址初选方案在万平口。

2.总规中确立为海滨公园

1994 年版总体规划提出钢铁厂另行择址，将这里规划为滨海休闲公园的方案。当时总体规划编制领导小组组长陈晓丽副市长亲自参与规划编制，极力保护这片宝地，她当时从城市发展和环境保护角度提出如下几点理由：

"第一,万平口泻湖风景好，环境好，是日照市区内唯一的风景生活岸线。如果作为钢铁厂，将使日照市靠海而不见海，城市失去了沿海风光之利。第二，日照市作为亚欧大陆桥桥头堡之一和鲁南地区中心城市之一，城市要在各方面、各领域全面发展，并不仅仅是港口和钢铁。其发展目标是贸、工、港并重。而作为一个全面发展、综合性的大城市，没有一个好的环境是实现不了的。青岛、烟台、威海、连云港都有较好的环境，如果万平口岸线为城市所用，环境将超过上述城市，否则将无法与之竞争。"(摘自《日照市城市总体规划》1994 版 108 页)

"现在各地城市开发以环境优美为号召，万平口对日照建设成为一个全面发展的花园式滨海城市十分有利。"(摘自《日照市城市总体规划》1994 版 108 页)

总体规划明确提出万平口区域作为城市海滨公园，先控制预留起来，待条件时机成熟再高水平开发。根据海岸线规划，万平口地区作为风景旅游岸线，当时规划的风景旅游岸线全长有 24 公里，分为 3 部分，北部两城镇岸线长 8 公里，中部泻湖风景旅游岸线长 13 公里，为日照大型海滨公园和海滨浴场，是全市风景旅游区的重点。南部岚山区旅游岸线为 3 公里。（摘自《日照市城市总体规划》1994 版 77 页）

在绿化系统规划里进一步定性为大型海滨公园，北至张家台，西至两石公路，东达海滨沙滩，面积将近 13 平方公里，公园内部包含有约 3 平方公里的泻湖，南部公园约 7.6 平方公里，为大型泻湖综合公园，北部公园约 5 平方公里，设大型游乐场。（当时没预见到建奥林匹克公园，但是作为海滨公园的基本定位是相当有前瞻性的。）在总体规划中把万平口作为海滨公园确立下来，为后来的规划控制奠定了有力的法律保障。

3. 海滨公园建设历程

万平口这块宝地一直按照规划目标控制着，等待着开发的时机与机遇。直到 2003 年 6 月，借助世帆赛的机遇，建设才全面启动，2004 年 8 月建成日照帆赛基地，2004 年 11 月被国家体育总局批准为“国家水上运动训练基地”。 基地港池面积 41 万平方米，港池内有 6 条浮动码头，320 个停船泊位，整个浮桥码头随潮起潮落而升降。基地港池、陆域的设施功能完全符合国际帆联关于承办大型国际水上赛事的标准要求。2004 年至今，已经成功举办了 2004 年全国帆船锦标赛、2005 年全国翻波板锦标赛、全国青少年帆板锦标赛，2005 年欧洲级帆船世界锦标赛、2006 年 470 级帆船世界锦标赛，世界帆板精英赛及国际游艇展览交易会，2008 年奥运会帆船帆板热身赛和第 11 届全运会的水上比赛，2004 年全国沙滩排球巡回赛、2005 年和 2006 年全国沙滩排球比赛。2006 年启动建设奥林匹克水上运动公园和日照游泳馆，2008 年建成奥林匹克公园。这使其成为全国唯一一个可以在同一城市承办所有水上运动项目比赛的城市，2007 年和 2010 年，首届和第二届中国水上运动会均在日照举办。“水上运动之都”成为日照独具特色的城市名片。

4. 规划理想的十年坚守

“第二轮城市总体规划编制起点高，执行的比较好，对城市建设发展发挥了重要的指导调控作用，涌现出一些城市建设的精品和亮点。万平口地区得到了很好的规划控制（1992-2003 年），没有进行低水平的开发建设，为城市留出了发展空间和余地，为日照人民留下了一笔宝贵的财富。”（市规划委员会 [2003] 第 1 号纪要）。

这份 2003 年市规委的 1 号纪要充分肯定了万平口地区的规划和规划控制。这样一个区位资源优势绝好的地段，的确很吸引各种类型开发者的眼球，即使总体规划确定下来作为海滨公园，仍然会有很多不同设想的开发动议出现，规划管理部门是怎么坚持按总体规划执行，在开发条件不成熟时，坚持了规划控制，守住了这片宝地，为城市未来的发展保有了高水平发展的空间。下面 3 个典型的案例反映了规划十年坚守的艰辛。

案例 1：顶住上级机关的权力压力

1991 年 6 月 5 日，C 市长专题开会讨论省人大疗养院在万平口建设的问题。

万平口地区风景资源优美，生态环境优良，很容易想到在这里建设疗养度假基地或者会议培训中心。尽管对地区的生态环境不是破坏性开发，但是，万平口的规划初衷是为老百姓提供的公共海滨公园，不是为少数人服务的疗养院或会议中心。而且，过早启动万平口的建设，凭当时的理念和建设水平，恐难达到理想的开发状态。

但是这个项目是省人大来投资的，地方人大肯定有压力，但是，市人大有关人员来到建委办公室，对 C 市长讲："这地方怎么就不能建培训中心了？这可是省里来的投资，这说明省里对我们重视，帮我们搞城市建设还不欢迎？" C 市长回道："总体规划明确这里为城市海滨公园，在公园绿地里是不能建设培训中心项目的，这是违法的，你们人大是立法机关，更应该做出守法的表率啊！省人大来日照投资，我们是热烈欢迎的，我们可以帮助他们选择一块更合适的地方建设。找到一个两全其美的方法！"

后来，规划部门做了细致的选址工作，把省人大培训中心的项目落实到了万平口以北的海滨地段。

案例 2：妥善解决控制区内保留村庄的经济发展

万平口海滨公园控制了 7.4 平方公里土地，这个范围内有 2 个渔村（苗家村和董家滩），规划严格控制村民建房、建厂，宅基地的扩建等等都不允许，因此，规划部门面对原住农民的扩大生产、生活用地的压力也是非常之大。其中，董家滩就在这里悄悄地建了一座水泥预制品厂、缝纫厂，尽管项目对环境也没有太大的污染，只是占用了大片土地。C 市长在视察城市建设时发现了这家厂，认为必须坚决制止，因为这个厂如果默许开出来，那么下一个厂就会接着建起来，另外一个村也会要求在此开厂，那么万平口的就会失控。因此，通过与村领导的再三沟通，达成一致认识，一起做企业的思想工作，帮助他们另外在城市工业区里去办厂，妥善解决了村企业的违章建设。这个案例也是很好的宣传，以后杜绝了同类项目的违章建设，保住了这块公园用地。

案例 3：拒绝房地产项目的利益诱惑

C 市长离开日照回北京后，继往分管城建的副市长来自于电力系统。对城市建设也是热情高涨，特别是赶上"经营城市"的热潮，万平口这么宝贵的土地一直在那空着，很让一些房地产开发商垂涎。其中，山东鲁能集团通过分管市长的老关系，提出高价买下这块地搞开发，用卖这块地的钱还可以进行城市道路、绿化等基础设施建设，这一计划似乎也很完美，即开发了万平口地区，又带动了城市建设。城建市长极力主张这一开发计划，已经讨论了很多次，最终的项目通报会上大家也基本一致同意开发计划，最后市建委规划处在事先不知情的情况下，严肃地说："这块地在省政府批准的总体规划是城市滨海公园绿地，不能搞住宅开发的，住宅建设应在规划的居住用地去搞。如果在公园绿地里搞住宅开发，是违反总体规划，是违法的，几年前，省人大要来建培训中心，都没有同意的。"

这样一来，分管市长说，那就请专家来论证一下吧。之后，市规划处委托省建设厅代为邀请了 10 位专家，开了一次论证会，会议上，全体专家一致反对在万平口搞住宅开发，迫于专家压力，城建市长无奈地打消了这个开发计划。为日照人民保留下了这块宝地，为 2005 年启动建设成为奥林匹克体育公园奠定基础。

附录 E　宁波市政府行政组织关系架构

序号	属类	归口单位
1	市委	中共宁波市委、中共宁波市委办公厅
2	市人大	市人大常委会、市人大常委会办公厅、研究室、各工作委员会
3	市政府	宁波市人民政府、市人民政府办公厅
4	市政协	市政协、市政协办公厅、研究室、各专门委员会
5	市纪委、监察局	市纪委、监察局
6	党群口	市委巡视组、市委巡视工作办公室、市委组织部、市委人才办、市直属机关党工委、市委政策研究室、市委党校（市行政学院、市社会主义学院）、市委老干部局、市档案局、市委党史研究室、市信访局、市机构编制委员会办公室、市总工会、共青团宁波市委、市关心下一代工作委员会、市妇女联合会、市社科院、市慈善总会、市科学技术协会、市文学艺术界联合会
7	宣传口	市委宣传部、市精神文明建设指导委员会办公室、市教育局、市体育局、市人口和计划生育委员会、市文化广电新闻出版局、市卫生局、市红十字会、宁波大学、浙江大学宁波理工学院、浙江万里学院、宁波工程学院、公安海警学院、宁波教育学院、宁波广播电视大学、宁波职业技术学院、浙江工商职业技术学院、浙江医药高等专科学校、浙江纺织服装职业技术学院、宁波大红鹰学院、宁波卫生职业技术学院、宁波城市职业技术学院、浙江省万里教育集团、宁波日报报业集团、宁波晚报、东南商报、中国宁波网、宁波出版发行集团、宁波广播电视集团、新华社浙江分社、人民日报社浙江分社、中央人民广播电台宁波记者站、人民日报海外版宁波记者站、经济日报宁波记者站、浙江日报社宁波分社、浙江广播电视集团宁波记者站、人民政协报宁波记者站、中国企业报（中国企业新闻网宁波频道（站））、今日信息报宁波记者站、中国海洋报浙江记者站
8	统战口	市委统战部、市委台湾工作办公室、市民族宗教事务局、市政府侨务办公室、市归国华侨联合会、宁波甬港联谊会、民革宁波委员会、民盟宁波委员会、民建宁波委员会、民进宁波委员会、农工党宁波委员会、致公党宁波市委会、九三学社宁波市委员会、市工商业联合会（商会）
9	政法口	市委政法委、市委维稳办、市公安局、市国家安全局、市司法局、市中级人民法院、市人民检察院、宁波海事法院、市公安局交通警察局、浙江省公安厅高速公路交警总队宁波支队、市公安局巡特警支队、市公安消防支队、市委警卫局、市公安边防支队、武警宁波支队、宁波边防检查站、北仑边防检查站、宁波机场边防检查站、大榭边防检查站、海警第二支队、市劳动教养管理所、市望春监狱、市黄湖监狱、市法学会
10	发改口	宁波市发展和改革委员会、市财政局、市国家税务局、市国有资产监督管理委员会、市属国有企业监事会、市统计局、国家统计局宁波调查队、财政部驻宁波专员办、市发展规划研究院、宁波开发投资集团有限公司、宁波市热力有限公司

续表

序号	属类	归口单位
11	交通口	市交通运输委员会（港口管理局）、宁波海事局、宁波市无线电管理局、宁波港集团有限公司、中国电信股份有限公司宁波分公司、宁波市专用通信局、宁波长途电信传输局、市邮政局、市公路管理局、市道路运输管理处、杭州湾跨海大桥管理局、市轨道交通工程建设指挥部（市轨道交通集团有限公司）、市机场迁建工程指挥部、市高等级公路建设指挥部、宁波市现代物流规划研究院、市铁路建设指挥部、民航宁波空管站、宁波机场与物流发展集团公司、萧甬铁路有限责任公司、上海铁路局宁波车务段、上海铁路局宁波工务段、中国移动宁波分公司、中国联合网络通信有限公司宁波市分公司、中国铁通集团有限公司宁波分公司、宁波海运集团有限公司、宁波公运集团股份有限公司、宁波交通投资控股有限公司
12	经委口	市经济和信息化委员会、市智慧城市规划标准发展研究院、宁波电业局、市食品药品监督管理局、市质量技术监督局、宁波工业投资集团有限公司、宁波和丰创意广场投资经营有限公司、市中小企业信用担保有限公司、宁波电子信息集团有限公司、宁波富邦控股集团有限公司、维科控股集团股份有限公司、宁波银亿集团有限公司、宁波中策动力机电集团有限公司、中国兵器科学研究院宁波分院、中国科学院宁波材料技术与工程研究所
13	农业口	市委农村工作办公室、市农业局、市水利局、市林业局、市气象局、市海洋与渔业局、市农业机械化管理局、市扶贫基金会、市农业科学研究院
14	外经贸口	市对外贸易经济合作局、宁波海关、宁波出入境检验检疫局、宁兴集团有限公司、中国国际贸易促进委员会宁波市分会、市国际贸易投资发展有限公司、中基宁波集团股份有限公司、中化宁波集团有限公司、远大物产集团有限公司、浙江前程投资股份有限公司、宁波市慈溪进出口股份有限公司、宁兴房产集团、宁波海田国际贸易有限公司、宁波市工艺品进出口有限公司、浙江中外运有限公司
15	城建口	市东部新城开发建设指挥部、市住房和城乡建设委员会、市住房公积金管理中心、市规划局、市城乡规划研究中心、市城市管理局（城市管理执法局）、市环境保护局、市人民防空办公室、市市政（排水）管理处、市园林管理局、市市容环境卫生管理处、市公用事业监管中心、市城区内河管理处、市市政管理行政执法支队直属大队、市公共交通总公司、市自来水总公司、市城市排水有限公司、宁波兴光燃气集团公司、宁波城建投资控股有限公司
16	财贸口	市贸易局、市工商行政管理局、市烟草专卖局、市粮食局、市旅游局、市供销合作社、市商贸集团有限公司、中信宁波集团公司、中国人民银行宁波市中心支行、宁波银监局、宁波证监局、宁波保监局、中国工商银行宁波市分行、中国农业银行宁波市分行、中国银行宁波市分行、中国建设银行宁波市分行等银行分支机构、中国人民财产保险股份有限公司宁波市分公司等保险公司的宁波分公司
17	综合口	市政府发展研究中心、市人民政府咨询委员会、市科学技术局、市人力资源和社会保障局、市民政局、市口岸打私办、市人民政府外事办公室、市审计局、市国土资源局、市人民政府国内经济合作办公室、市级机关事务管理局、市残疾人联合会、市人民政府法制办公室、市安全生产监督管理局、市东部行政区建设指挥部、市政府应急办、市外来务工人员服务管理工作领导小组办公室、市会展办、市委、市政府接待办、市政府金融工作办公室、市行政审批管理办公室（市公共资源交易工作管理委员会办公室）、市人民政府驻京办事处、市政府驻上海办、市政府驻杭州办

附录 F　规划决策咨询运行要素评价方法及评分标准

以规划决策咨询建议是否被决策采纳作为评判有效与否的标准。本课题选择了 6 个案例，日照市城市总体规划（1992 年编制）、日照市万平口海滨公园规划控制及实施（1992–2005 年）、宁波轨道交通线网规划及实施（2001–2008 年）、宁波第一次战略规划（2001 年）；宁波第二次战略规划（2010 年）、宁波三江口公园及新江桥规划咨询（2011 年）。为了更为深入地评析各影响要素的作用，进行了准定量的描述与分析，能够获得较为客观的研究结果，以便归纳提炼出影响城市规划决策咨询有效运行的核心要素。

评价过程分为 3 个步骤：

1. 选定评价指标

从 5 个层面评价规划咨询活动的运行过程，分别为技术基础、知识共享、沟通协调、社会协同、外部环境。把这 5 个层面作为一级指标；分别在 5 个层面下选择了一些可量化的二级指标，如评审会议次数、评审专家和项目负责人员职称、部门参与技术协调会议、公众参与次数和规模等。

为了消除各项指标之间量纲不一致的影响，对原始数据进行标准化评分，得出相对客观的比较结果。

规划决策咨询运行要素指标体系及评分标准

一级指标	二级指标	评分标准（0–10 分）					
		9–8 分	7–6 分	5–4 分	3–2 分	1 分	0 分
外部环境（X_1）	社会政治文化开放度（X_{11}）	极好	很好	好	良	一般	不开放
	政府部门协同度（X_{12}）	极好	很好	好	良	一般	不协同
	决策者更迭次数（X_{13}）	0 次	1 次	2 次	3 次	4 次	5 次
	决策者参与规划讨论次数（X_{14}）	大于 10 次	5–10 次	3–5 次	2–3 次	1 次	0 次
	参与规划地方最高领导（X_{15}）	市委书记	市长	副市长	区县主管	部门主管	
社会协同（X_2）	规划编制思想动员会效度（X_{21}）	极好	很好	好	良	一般	不好
	参与规划编制部门数量（X_{22}）	大于 10 个	5–10 个	5 个	3–5 个	3 个以下	0 个
	部门参与的技术联系会议次数（X_{23}）	5 次	4 次	3 次	2 次	1 次	0 次
	规划公众参与次数（X_{24}）	5 次	4 次	3 次	2 次	1 次	0 次
	公众参与人数当量（X_{25}）	5 万人以上	5 万人以下	1 万以下	1 千人以下	1 百人以下	0 人
	规划项目技术协调会议（X_{26}）	大于 10 次	5–10 次	3–5 次	2–3 次	1 次	0 次

续表

一级指标	二级指标	评分标准（0–10 分）					
		9–8 分	7–6 分	5–4 分	3–2 分	1 分	0 分
沟通协调（X_3）	正式规划汇报会议次数（X_{31}）	大于 5 次	4 次	3 次	2 次	1 次	0 次
	非正式与决策者沟通（X_{32}）	大于 5 次	4 次	3 次	2 次	1 次	0 次
	有无政策倡导者（X_{33}）						
	政策倡导者行政级别（X_{34}）	国家级	部级	省级	市级	县区级及以下	
	政策倡导者专家资本规模（X_{35}）	国际国内专家 30 名	国内专家 20 名	国内专家 10 名	省内专家 10 名	市内专家	
	政策倡导者行政资本规模（X_{36}）	国家级	部级	省级	市级	县区级及以下	
知识共享（X_4）	专家技术报告会（X_{41}）	大于 10 次	5–10 次	3–5 次	2–3 次	1 次	0 次
	项目专家研讨会（X_{42}）	大于 10 次	5–10 次	3–5 次	2–3 次	1 次	0 次
	规划成果宣传会议次数（X_{43}）	大于 10 次	5–10 次	3–5 次	2–3 次	1 次	0 次
	规划成果宣传受众规模（X_{44}）	全市范围	中心城区范围	区级范围	街道范围	社区范围	
	参与规划学习会议的领导行政级别（X_{45}）	市委书记	市长	副市长	区县主管	部门主管	
技术基础（X_5）	评审专家知名度（X_{51}）	院士领衔	国内知名专家 5 人以上	国内专家领衔省市专家	省内知名专家 2 人	全部市内专家	
	专家评审会次数（X_{52}）	5 次以上	4 次以上	3 次以上	2 次以上	1 次以上	
	项目组专业协作度（X_{53}）	极好	很好	好	良	一般	不协作
	项目负责人专业技术职级（X_{54}）	教授级高工	高级工程师	工程师	—	—	—
	编制单位业绩水平（X_{55}）	获同类项目国家级奖项大于 10 项	同类项目国家级奖项 5 项	同类项目省级获奖 5 项	同类项目市级获奖 5–10 项	同类项目市级获奖大于 5 项	—

根据评价指标和评分标准，对 6 个案例的 27 个指标进行逐一打分，评分结果如下：

规划决策咨询案例比较评分

一级指标	二级指标	A1 日照总规	A2 日照万平口规划	A3 宁波轨道交通规划	A4 宁波第一次战略规划	B1 宁波第二次战略规划	B2 宁波三江口规划
外部环境（X_1）	社会政治文化开放度（X_{11}）	9	9	7	7	5	5
	政府部门协同度（X_{12}）	9	8	6	7	2	2
	决策者更迭次数（X_{13}）	9	9	9	9	3	1
	决策者参与规划讨论次数（X_{14}）	7	5	7	8	5	4
	参与规划地方最高领导（X_{15}）	9	7	9	9	5	5

续表

一级指标	二级指标	A1 日照总规	A2 日照万平口规划	A3 宁波轨道交通规划	A4 宁波第一次战略规划	B1 宁波第二次战略规划	B2 宁波三江口规划
社会协同（X_2）	规划编制思想动员会效度（X_{21}）	9	5	8	9	3	3
	参与规划编制部门数量（X_{22}）	9	3	3	9	7	3
	部门参与的技术联系会议次数（X_{23}）	8	6	7	9	8	6
	规划公众参与次数（X_{24}）	0	3	0	0	3	1
	公众参与人数当量（X_{25}）	0	5	0	0	3	5
	规划项目技术协调会议（X_{26}）	9	9	9	7	6	7
沟通协调（X3）	正式规划汇报会议次数（X_{31}）	9	5	4	6	5	5
	非正式与决策者沟通（X_{32}）	9	4	5	6	2	3
	有无政策倡导者（X_{33}）	1	0	1	1	0	0
	政策倡导者行政级别（X_{34}）	3	1	1	1	0	0
	政策倡导者专家资本规模（X_{35}）	9	6	7	7	0	0
	政策倡导者行政资本规模（X_{36}）	9	7	7	8	0	0
知识共享（X_4）	专家技术报告会（X_{41}）	8	4	8	7	5	3
	项目专家研讨会（X_{42}）	7	6	7	7	6	5
	规划成果宣传会议次数（X_{43}）	8	5	6	8	3	3
	规划成果宣传受众规模（X_{44}）	9	6	9	9	7	5
	参与规划学习会议的领导行政级别（X_{45}）	9	7	9	9	5	5
技术基础（X_5）	评审专家知名度（X_{51}）	7	6	8	8	8	8
	专家评审会次数（X_{52}）	7	7	7	6	5	7
	项目组专业协作度（X_{53}）	8	7	8	7	6	7
	项目负责人专业技术职级（X_{54}）	7	6	7	9	9	7
	编制单位业绩水平（X_{55}）	8	7	8	8	8	8

2. 权重计算

研究运用层次分析法进行权重计算：对 27 个二级指标进行分别成对明智比较，然后通过点数分配评分数量化得到权重。

规划决策咨询指标成对明智比较矩阵

一级指标	二级指标	X_{11}	X_{12}	X_{13}	X_{14}	X_{15}	X_{21}	X_{22}	X_{23}	X_{24}	X_{25}	X_{26}	X_{31}	X_{32}	X_{33}	X_{34}	X_{35}	X_{36}	X_{41}	X_{42}	X_{43}	X_{44}	X_{45}	X_{51}	X_{52}	X_{53}	X_{54}	X_{55}
外部环境（X_1）	社会政治文化开放度（X_{11}）	1.00	0.50	1.00	0.25	0.33	0.25	0.33	0.33	0.50	0.50	1.00	1.00	0.25	0.25	0.33	0.33	0.33	0.50	0.50	1.00	1.00	0.33	1.00	0.33	0.50	1.00	1.00
	政府部门协同度（X_{12}）	2.00	1.00	2.00	0.33	0.50	0.33	0.50	0.50	1.00	1.00	2.00	2.00	0.33	0.33	0.50	0.50	0.50	1.00	1.00	2.00	2.00	0.50	2.00	0.50	1.00	2.00	2.00
	决策者更迭次数（X_{13}）	1.00	0.50	1.00	0.25	0.33	0.25	0.33	0.33	0.50	0.50	1.00	1.00	0.25	0.25	0.33	0.33	0.33	0.50	0.50	1.00	1.00	0.33	1.00	0.33	0.50	1.00	1.00
	决策者参与规划讨论次数（X_{14}）	4.00	3.00	4.00	1.00	2.00	1.00	2.00	2.00	3.00	3.00	4.00	4.00	1.00	1.00	2.00	2.00	2.00	3.00	3.00	4.00	4.00	2.00	4.00	2.00	3.00	4.00	4.00
	参与规划地方最高领导（X_{15}）	3.00	2.00	3.00	0.50	1.00	0.50	1.00	1.00	2.00	2.00	3.00	3.00	0.50	0.50	1.00	1.00	1.00	2.00	2.00	3.00	3.00	1.00	3.00	1.00	2.00	3.00	3.00
社会协同（X_2）	规划编制思想动员会效度（X_{21}）	4.00	3.00	4.00	1.00	2.00	1.00	2.00	2.00	3.00	3.00	4.00	4.00	1.00	1.00	2.00	2.00	2.00	3.00	3.00	4.00	4.00	2.00	4.00	2.00	3.00	4.00	4.00
	参与规划编制部门数量（X_{22}）	3.00	2.00	3.00	0.50	1.00	0.50	1.00	1.00	2.00	2.00	3.00	3.00	0.50	0.50	1.00	1.00	1.00	2.00	2.00	3.00	3.00	1.00	3.00	1.00	2.00	3.00	3.00
	部门参与的技术联系会议次数（X_{23}）	3.00	2.00	3.00	0.50	1.00	0.50	1.00	1.00	2.00	2.00	3.00	3.00	0.50	0.50	1.00	1.00	1.00	2.00	2.00	3.00	3.00	1.00	3.00	1.00	2.00	3.00	3.00
	规划公众参与次数（X_{24}）	2.00	1.00	2.00	0.33	0.50	0.33	0.50	0.50	1.00	1.00	2.00	2.00	0.33	0.33	0.50	0.50	0.50	1.00	1.00	2.00	2.00	0.50	2.00	0.50	1.00	2.00	2.00
	公众参与人数当量（X_{25}）	2.00	1.00	2.00	0.33	0.50	0.33	0.50	0.50	1.00	1.00	2.00	2.00	0.33	0.33	0.50	0.50	0.50	1.00	1.00	2.00	2.00	0.50	2.00	0.50	1.00	2.00	2.00
	规划项目技术协调会议（X_{26}）	1.00	0.50	1.00	0.25	0.33	0.25	0.33	0.33	0.50	0.50	1.00	1.00	0.25	0.25	0.33	0.33	0.33	0.50	0.50	1.00	1.00	0.33	1.00	0.33	0.50	1.00	1.00
沟通协调（X_3）	正式规划汇报会议次数（X_{31}）	1.00	0.50	1.00	0.25	0.33	0.25	0.33	0.33	0.50	0.50	1.00	1.00	0.25	0.25	0.33	0.33	0.33	0.50	0.50	1.00	1.00	0.33	1.00	0.33	0.50	1.00	1.00
	非正式与决策者沟通（X_{32}）	4.00	3.00	4.00	1.00	2.00	1.00	2.00	2.00	3.00	3.00	4.00	4.00	1.00	1.00	2.00	2.00	2.00	3.00	3.00	4.00	4.00	2.00	4.00	2.00	3.00	4.00	4.00
	有无政策倡导者（X_{33}）	4.00	3.00	4.00	1.00	2.00	1.00	2.00	2.00	3.00	3.00	4.00	4.00	1.00	1.00	2.00	2.00	2.00	3.00	3.00	4.00	4.00	2.00	4.00	2.00	3.00	4.00	4.00
	政策倡导者行政级别（X_{34}）	3.00	2.00	3.00	0.50	1.00	0.50	1.00	1.00	2.00	2.00	3.00	3.00	0.50	0.50	1.00	1.00	1.00	2.00	2.00	3.00	3.00	1.00	3.00	1.00	2.00	3.00	3.00
	政策倡导者专家资本规模（X_{35}）	3.00	2.00	3.00	0.50	1.00	0.50	1.00	1.00	2.00	2.00	3.00	3.00	0.50	0.50	1.00	1.00	1.00	2.00	2.00	3.00	3.00	1.00	3.00	1.00	2.00	3.00	3.00
	政策倡导者行政资本规模（X_{36}）	3.00	2.00	3.00	0.50	1.00	0.50	1.00	1.00	2.00	2.00	3.00	3.00	0.50	0.50	1.00	1.00	1.00	2.00	2.00	3.00	3.00	1.00	3.00	1.00	2.00	3.00	3.00
知识共享（X_4）	专家技术报告会（X_{41}）	2.00	1.00	2.00	0.33	0.50	0.33	0.50	0.50	1.00	1.00	2.00	2.00	0.33	0.33	0.50	0.50	0.50	1.00	1.00	2.00	2.00	0.50	2.00	0.50	1.00	2.00	2.00
	项目专家研讨会（X_{42}）	2.00	1.00	2.00	0.33	0.50	0.33	0.50	0.50	1.00	1.00	2.00	2.00	0.33	0.33	0.50	0.50	0.50	1.00	1.00	2.00	2.00	0.50	2.00	0.50	1.00	2.00	2.00
	规划成果宣传会议次数（X_{43}）	1.00	0.50	1.00	0.25	0.33	0.25	0.33	0.33	0.50	0.50	1.00	1.00	0.25	0.25	0.33	0.33	0.33	0.50	0.50	1.00	1.00	0.33	1.00	0.33	0.50	1.00	1.00
	规划成果宣传受众规模（X_{44}）	1.00	0.50	1.00	0.25	0.33	0.25	0.33	0.33	0.50	0.50	1.00	1.00	0.25	0.25	0.33	0.33	0.33	0.50	0.50	1.00	1.00	0.33	1.00	0.33	0.50	1.00	1.00
	参与规划学习会议的领导行政级别（X_{45}）	3.00	2.00	3.00	0.50	1.00	0.50	1.00	1.00	2.00	2.00	3.00	3.00	0.50	0.50	1.00	1.00	1.00	2.00	2.00	3.00	3.00	1.00	3.00	1.00	2.00	3.00	3.00
技术基础（X_5）	评审专家知名度（X_{51}）	1.00	0.50	1.00	0.25	0.33	0.25	0.33	0.33	0.50	0.50	1.00	1.00	0.25	0.25	0.33	0.33	0.33	0.50	0.50	1.00	1.00	0.33	1.00	0.33	0.50	1.00	1.00
	专家评审会次数（X_{52}）	3.00	2.00	3.00	0.50	1.00	0.50	1.00	1.00	2.00	2.00	3.00	3.00	0.50	0.50	1.00	1.00	1.00	2.00	2.00	3.00	3.00	1.00	3.00	1.00	2.00	3.00	3.00
	项目组专业协作度（X_{53}）	2.00	1.00	2.00	0.33	0.50	0.33	0.50	0.50	1.00	1.00	2.00	2.00	0.33	0.33	0.50	0.50	0.50	1.00	1.00	2.00	2.00	0.50	2.00	0.50	1.00	2.00	2.00
	项目负责人专业技术职级（X_{54}）	1.00	0.50	1.00	0.25	0.33	0.25	0.33	0.33	0.50	0.50	1.00	1.00	0.25	0.25	0.33	0.33	0.33	0.50	0.50	1.00	1.00	0.33	1.00	0.33	0.50	1.00	1.00
	编制单位业绩水平（X_{55}）	1.00	0.50	1.00	0.25	0.33	0.25	0.33	0.33	0.50	0.50	1.00	1.00	0.25	0.25	0.33	0.33	0.33	0.50	0.50	1.00	1.00	0.33	1.00	0.33	0.50	1.00	1.00

根据成对明智比较矩阵，计算各指标权重如下：

规划决策咨询案例比较研究指标权重

一级指标	二级指标	权重（W）	小计
外部环境（X_1）	社会政治文化开放度（X_{11}）	0.016	0.185
	政府部门协同度（X_{12}）	0.027	
	决策者更迭次数（X_{13}）	0.016	
	决策者参与规划讨论次数（X_{14}）	0.078	
	参与规划地方最高领导（X_{15}）	0.047	
社会协同（X_2）	规划编制思想动员会效度（X_{21}）	0.078	0.244
	参与规划编制部门数量（X_{22}）	0.047	
	部门参与的技术联系会议次数（X_{23}）	0.047	
	规划公众参与次数（X_{24}）	0.027	
	公众参与人数当量（X_{25}）	0.027	
	规划项目技术协调会议（X_{26}）	0.016	
沟通协调（X_3）	正式规划汇报会议次数（X_{31}）	0.016	0.315
	非正式与决策者沟通（X_{32}）	0.078	
	有无政策倡导者（X_{33}）	0.078	
	政策倡导者行政级别（X_{34}）	0.047	
	政策倡导者专家资本规模（X_{35}）	0.047	
	政策倡导者行政资本规模（X_{36}）	0.047	
知识共享（X_4）	专家技术报告会（X_{41}）	0.027	0.134
	项目专家研讨会（X_{42}）	0.027	
	规划成果宣传会议次数（X_{43}）	0.016	
	规划成果宣传受众规模（X_{44}）	0.016	
	参与规划学习会议的领导行政级别（X_{45}）	0.047	
技术基础（X_5）	评审专家知名度（X_{51}）	0.016	0.123
	专家评审会次数（X_{52}）	0.047	
	项目组专业协作度（X_{53}）	0.027	
	项目负责人专业技术职级（X_{54}）	0.016	
	编制单位业绩水平（X_{55}）	0.016	

3. 计算综合得分

根据各案例指标评分及权重，计算案例总得分：

$F_i=\sum W_j X_{ij}$（i=A1，A2，A3，A4，B1，B2；j=11，12，…，55）

其中：F_i 表示第 i 个规划案例综合得分，得分越高说明该规划案例决策咨询效果越好；W_j 表示第 j 项评价指标权重；X_{ij} 表示第 i 个项目 j 项指标得分。

规划决策咨询案例比较结果

一级指标	二级指标	权重	A1 日照总规	A2 日照万平口规划	A3 宁波轨道交通规划	A4 宁波第一次战略规划	B1 宁波第二次战略规划	B2 宁波三江口规划
外部环境（X_1）	社会政治文化开放度（X_{11}）	0.0159	0.143	0.143	0.111	0.111	0.079	0.079
	政府部门协同度（X_{12}）	0.0275	0.247	0.220	0.165	0.192	0.055	0.055
	决策者更迭次数（X_{13}）	0.0159	0.143	0.143	0.143	0.143	0.048	0.016
	决策者参与规划讨论次数（X_{14}）	0.0782	0.547	0.391	0.547	0.626	0.391	0.313
	参与规划地方最高领导（X_{15}）	0.0475	0.427	0.332	0.427	0.427	0.237	0.237
外部环境（X_1）		0.1848	1.507	1.228	1.393	1.499	0.810	0.700
社会协同（X_2）	规划编制思想动员会效度（X_{21}）	0.0782	0.704	0.391	0.626	0.704	0.235	0.235
	参与规划编制部门数量（X_{22}）	0.0475	0.427	0.142	0.142	0.427	0.332	0.142
	部门参与的技术联系会议次数（X_{23}）	0.0475	0.380	0.285	0.332	0.427	0.380	0.285
	规划公众参与次数（X_{24}）	0.0275	0.000	0.082	0.000	0.000	0.082	0.027
	公众参与人数当量（X_{25}）	0.0275	0.000	0.137	0.000	0.000	0.082	0.137
	规划项目技术协调会议（X_{26}）	0.0159	0.143	0.143	0.143	0.111	0.095	0.111
社会协同（X_2）		0.2439	1.653	1.181	1.243	1.669	1.206	0.938
沟通协调（X_3）	正式规划汇报会议次数（X_{31}）	0.0159	0.143	0.079	0.063	0.095	0.079	0.079
	非正式与决策者沟通（X_{32}）	0.0782	0.704	0.313	0.391	0.469	0.156	0.235
	有无政策倡导者（X_{33}）	0.0782	0.078	0.000	0.078	0.078	0.000	0.000
	政策倡导者行政级别（X_{34}）	0.0475	0.142	0.047	0.047	0.047	0.000	0.000
	政策倡导者专家资本规模（X_{35}）	0.0475	0.427	0.285	0.332	0.332	0.000	0.000
	政策倡导者行政资本规模（X_{36}）	0.0475	0.427	0.332	0.332	0.380	0.000	0.000
沟通协调（X_3）		0.3146	1.921	1.056	1.244	1.402	0.236	0.314
知识共享（X_4）	专家技术报告会（X_{41}）	0.0275	0.220	0.110	0.220	0.192	0.137	0.082
	项目专家研讨会（X_{42}）	0.0275	0.192	0.165	0.192	0.192	0.165	0.137
	规划成果宣传会议次数（X_{43}）	0.0159	0.127	0.079	0.095	0.127	0.048	0.048
	规划成果宣传受众规模（X_{44}）	0.0159	0.143	0.095	0.143	0.143	0.111	0.079
	参与规划学习会议的领导行政级别（X_{45}）	0.0475	0.427	0.332	0.427	0.427	0.237	0.237
知识共享（X_4）		0.1341	1.109	0.781	1.077	1.081	0.698	0.584

续表

一级指标	二级指标	权重	A1 日照总规	A2 日照万平口规划	A3 宁波轨道交通规划	A4 宁波第一次战略规划	B1 宁波第二次战略规划	B2 宁波三江口规划
技术基础（X_5）	评审专家知名度（X_{51}）	0.0159	0.111	0.095	0.127	0.127	0.127	0.127
	专家评审会次数（X_{52}）	0.0475	0.332	0.332	0.332	0.285	0.237	0.332
	项目组专业协作度（X_{53}）	0.0275	0.220	0.192	0.220	0.192	0.165	0.192
	项目负责人专业技术职级（X_{54}）	0.0159	0.111	0.095	0.111	0.143	0.143	0.111
	编制单位业绩水平（X_{55}）	0.0159	0.127	0.111	0.127	0.127	0.127	0.127
技术基础（X_5）		0.1225	0.901	0.826	0.917	0.874	0.799	0.889
总计		1.0000	7.091	5.073	5.874	6.524	3.749	3.425

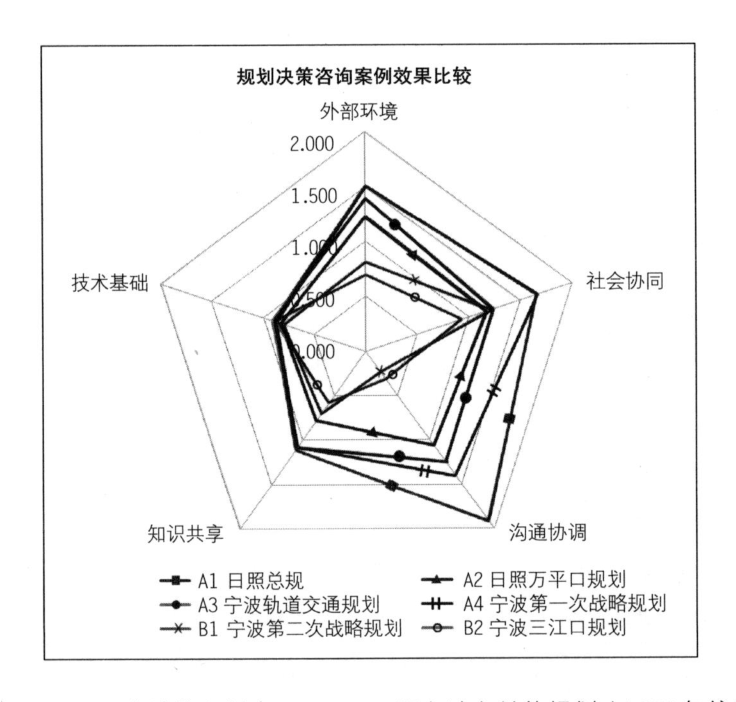

分析综合得分，可见有效的案例有 A1-A4：日照市城市总体规划（1992 年编制）、日照市万平口海滨公园规划控制及实施（1992-2005 年）、宁波轨道交通线网规划及实施（2001-2008 年）、宁波第一次战略规划（2001 年）；失效的案例有 B1-B2：宁波第二次战略规划（2010 年）、宁波三江口公园及新江桥规划咨询（2011 年）。通过同类案例比较和正反案例对比研究，比较容易辨别出决策咨询有效性的影响因素和关键环节。成功的决策咨询案例共同的特点是沟通协调工作做的有效，取得较好的社会协同效果；相反，失效的案例都是在这些环节出现问题。而外部社会环境也是重要的影响因素，特别是与决策者及参与决策的部门协调和行政协作的开放度密切相关。在技术基础和知识共享方面，成功与失效案例的绩效差距不是很大。通过 5 个一级指标的权重研究结果，也显示了沟通协调和社会协同环节的重要性。

附录 G　相关概念界定

下面对本书中提到的几个主要概念进行界定。

（1）决策：一般意义理解为决定的策略或办法。决策是管理学的重要核心概念，美国学者赫伯特·西蒙认为，“管理就是决策”，就是组织或个人为了到达一定目标，采用一定的科学方法和手段，从两个以上的方案中选择一个满意方案的分析判断过程。可见，决策是人们对行动目标和手段的一种选择和抉择，因此，其核心本质是选择，决策是十分复杂的选择行为，它包括决策前对信息的了解、调查、分析，拟定出几个计划，并在几个计划中做出一个最优的选择。

决策有三个特征，一是目标性，决策是为实现特定目标而进行的活动，决策必须有目标，没有目标就无从决策；二是实施性，决策的目的是付诸实施的，不准备实施的决策是多余的；三是选择性，决策具有选择性，只有一个方案，就无从优化，而不追求优化的决策毫无价值。

（2）城市规划决策：城市政府关于城市发展建设领域进行的规划方案择优过程和实施决定。城市规划决策具有多重特性：城市是复杂的巨系统，城市发展的未来有很大的不确定性，因此，城市规划问题的决策往往是不确定性决策，而且，城市建设需要经历很长一段时期才能实施完成，建成的物质空间环境也具有不可逆性，因此，城市规划的决策风险性很大，决策失误会造成巨大的资源浪费。从这个角度讲，城市规划决策都是风险型决策。

城市规划决策具有层次性，根据决策主体和决策结果影响范围的不同，可以分为政治决策、行政决策和技术决策。政治决策主要指由市委市政府做出的关于城市发展战略和重大项目的决策。规划决策在市政府或者规委会会议进行，决策权在市委书记、市长或者规委会主任。行政决策主要是规划行政管理部门关于城市建设行为管理的许可管理决策，决策在规划局内部进行，主要决策权在规划局长；技术决策是编制规划项目的技术研究过程和审查过程，规划编制和规划实施决策由分管副局长牵头，相关部门集体决策；分管局长不可以决策的事项，提交局长办公会，由局长牵头在局长办公会上集体决策；涉及宏观的、重大的、复杂的规划决策则由规委会进行决策。技术决策权在规划技术专家或者分管技术的规划局长。

（3）咨询：咨询是一项参谋服务性的社会活动，是辅助决策的重要手段。知识和经验以及各种信息综合的研究工作称为咨询。咨询是为决策者提供参考意见，为决策提供帮助与服务，咨询本身完成了决策前的大部分工作。咨询类型包括技术咨询、工程咨询、管理咨询和政策咨询（决策咨询）。当前大量的咨询活动存在于企业管理领域，很多著名的专门为企业提供咨询服务的管理咨询公司，如兰德、麦肯锡、罗兰.贝格、埃森哲、毕博、科尔尼等。世界著名的兰德公司是美国最重要的综合性战略研究机构，是美国政府最为信赖的决策咨询公司；还有斯坦福国际咨询研究所、英国伦敦国际战略研究所、德国的工业设备企业公司、日本的野村综合研究所、三菱综合研究所等都在国内外享有很高的声誉，对各国政府战略和政策的制定拥有很大影响力；在我国，也建立了一些智囊机构，如社科院、政府发展研究中心、政策研究室、社会咨询服务机构、科技情报研究机构，以及一些临时性智囊团或专家组等，这些机构在决策中也日益发挥着重要作用。

（4）城市规划咨询：具有丰富知识和经验的城市规划咨询专家个人或团队，经过深入广泛的城市发展情况调研，运用科学的城市规划技术研究方法，帮助城市决策者针对城市发展问题提出的解决方案和建议，是一项有组织的专业技术性的智力活动和社会活动。

我国城市规划咨询根据提供咨询建议的研究团队的性质可以分为隶属于政府内部的规划研究机构，如规划编研中心、规划设计研究院；独立于政府之外的事业单位性质的研究机构，如大学的规划设计院和教师研究团队；市场性质的咨询研究机构，如境外公司设在中国的城市设计公司、规划师个人建立的设计公司等。这些不同性质的研究机构有不同的工作方式和方法，本书主要研究对象为隶属于政府内的官方研究机构，即规划设计研究院和编研中心的政策咨询活动。

（5）决策咨询：决策咨询就是政策咨询，决策的主体主要是政府或掌握着公共权力的部门和机构，决策的客体即决策咨询研究的对象，往往是涉及公众利益的战略性、全局性、综合性问题，提出参谋建议并影响政府决策。

（6）城市规划决策咨询：决策咨询包括法定规划、非法定规划，如针对城市发展战略、重大专项问题或重点地段的开发建设等涉及公众利益的问题开展的规划研究工作；也包括规划思想和理念，如关于城市可持续发展和提升市民生活品质的建议，所有面向决策需要，提出的规划咨询建议都可以理解为城市规划决策咨询。

（7）技术文件：指按照国家城市规划技术标准规范编制的规划方案的技术成果，包括文本、说明、图纸，经过技术审查、行政审批之后具有法规效力，为城市规划管理的依据。

（8）政策文件：指市委、市政府按照政策决策程序规定，做出的指导城市建设行动的纲领性文件，成果形式为政策法规文件或行动策略决定。

（9）公共政策：《牛津英语词典》概括了政策的内涵："政党、政府、统治者和政治家等采取的任何有价值的系列活动。"可见，政策不仅仅是一个决定，也是一系列的行动。能够制定政策的那些掌握公共权力的组织和个人，它们做出的决定及其所选择的行动都属于公共政策。[1]

公共政策概念界定主要有四种代表性表述。一种是公共政策包含目标、价值和战略的大型项目或规划，政策过程包括各种共识、需求和期望的规划、宣传与执行。这种界定强调了公共政策的系统性，即包含了公共政策的价值理性（目标和价值），又注意到了公共政策的工具理性（过程和策略）。第二种是戴维·伊斯顿认为的公共政策是有价社会资源的权威性分配。第三种是托马斯·戴伊认为的，公共政策是政府选择做与选择不做的事情。戴伊的定义突出了公共政策的行

[1] 陈水生．中国公共政策过程中利益集团的行动逻辑 [M]. 上海，复旦大学出版社 .2012.

为主体的行为选择，适合于公共政策形成过程的研究，而不适合对公共政策本身进行规范性的研究。第四种概念是美国学者安德森提出，认为公共政策是为处理特定社会事务，由不同行为者所采取的一种有目的的政府行为的过程。政策是个人、团体或政府有计划的活动及活动过程，但个人或团体有计划的活动过程只是个人或团体的活动策略，并不是公共政策，只有政党或政府为解决社会公共问题制定的政策，才是公共政策。

上述关于公共政策的四种界定方式，分别从不同侧面强调了公共政策及其形成过程的某一环节。也表明公共政策是由多维因素构成的统一体。综合上述界定方式，我们可以发现公共政策的三个特性。①目的性，公共政策是一种人们追求某一价值的有目的的行为；②选择性，公共政策是人们选择的结果；③价值性，公共政策的选择会依据不同时期和不同主体的价值观，不同的决策者可能做出不同的选择。从本质上说，公共政策是社会权威机构选择和制定的维护、分配与创造公共价值的行为准则和价值规范。[1]

我国的公共政策是一个范围非常广泛的领域，即包括法律、法规、规范、也包括各种决定、文件。

[1]　杨冠琼 . 公共政策学 [M]. 北京：北京师范大学出版集团 .2009.

参 考 文 献

[1] [德]尤尔根·哈贝马斯．合法化危机[M]. 刘北成，曹卫东译．上海：上海世纪出版集团，2009.

[2] [德]尤尔根·哈贝马斯．现代性的哲学话语[M]. 曹卫东译．南京：译林出版社，2011.

[3] [加]迈克尔·豪利特，M·拉米什．公共政策研究——政策循环与政策子系统[M]. 庞诗等译．北京：北京三联书店，2006.

[4] [美]埃文·赛德曼．质性研究中的访谈：教育与社会科学研究者指南[M]. 周海涛，主译．重庆：重庆大学出版社，2011.

[5] [美]哈罗德·D·拉斯韦尔，亚伯拉罕·卡普兰．权利与社会——一项政治研究的框架[M]. 王菲易译．上海：上海世纪出版集团，2012.

[6] [美]赫伯特·西蒙著．管理行为—管理组织决策过程的研究[M]. 杨砾、韩春立、徐立译．北京经济学院出版社，1988.

[7] [美]黄宗智．中国乡村研究（第四辑）[M]. 北京：社会科学文献出版社，2006.

[8] [美]刘易斯·芒福德著．城市发展史：起源、演变和前景．北京：中国建筑工业出版社，2005.

[9] [美]特里·L.库柏．行政伦理学：实现行政责任的途径[M].北京：中国人民大学出版社，2001.

[10] [美]威尔伯·施拉姆等著．传播学概论[M]. 何道宽译．北京：中国人民大学出版社：2010.

[11] [美]约翰·克莱顿·托马斯．公共决策中的公民参与[M]. 孙柏瑛等译．北京：中国人民大学出版社.2010.

[12] [美]詹姆斯·N·罗西瑙．没有政府的治理[M]. 张胜军，刘小林译．南昌：江西人民出版社，2001.

[13] [美]詹姆斯·E·安德森．公共政策制定[M]. 谢明等译．北京：中国人民大学出版社．2009.

[14] [英]戴维·赫尔德．民主的模式[M]. 燕继荣，译．北京：中央编译出版社，2004.

[15] Matthew B.Miles, A. Michael Huber man. 质性资料的分析（第二版）：方法与实践[M]. 张芬芳，译．重庆：重庆大学出版社，2008.

[16] 安东尼·奥罗姆著，政治社会学[M]. 张华青．孙嘉明等译．上海：上海人民出版社，1989.

[17] 保罗·A·萨巴蒂尔．政策过程理论[M]. 北京：北京三联出版社．2004.

[18] 蔡定剑．公众参与风险社会的制度建设[M]. 北京：法律出版社，2009.

[19] 蔡全胜．治理：合作网络的视野[D]. 厦门：厦门大学，2002.

[20] 蔡泰成．我国城市规划机构设置及职能研究[D]. 广州：华南理工大学，2011.

[21] 曹传新，张全，董黎明．我国城市规划编制地位提升过程分析及发展态势[J]. 经济地理，2005（9）：638-641

[22] 曹传新等．我国城市规划编制地位提升过程分析及发展态势[J]. 经济地理，2005，25（5）：638-641.

[23] 曹春华．转型期城市规划运行机制研究——以重庆市都市区为例[D].重庆：重庆大学，2005.

[24] 曹益民．谈公共决策咨询机制 [N]. 光明日报，2000-9-19 (B01)

[25] 陈浩，周晓路，张京祥．建构城乡规划的边界观—对实现国家治理现代化的回应 [J]. 规划师，2014 (4): 15-20.

[26] 陈秉钊．城市规划和建设体制改革述要 [J]. 规划师，1999，15 (4): 12-13.

[27] 陈秉钊．新世纪初中国城市规划的改革 [J]. 城市规划，2000，24 (1): 26-27.

[28] 陈昌海．城市政府领导者与城市规划决策 [J]. 市场周刊·理论研究，2006，(12): 112-113.

[29] 陈锋．城市规划理想主义和理性主义之辨 [J]. 城市规划，2007，31 (2): 9-18.

[30] 陈玲．官僚体系与协商网络：中国政策过程的理论建构和案例研究 [J]. 公共管理评论，2006，(12): 46-62.

[31] 陈水生．中国公共政策过程中利益集团的行动逻辑 [M]. 上海：复旦大学出版社．2012.

[32] 陈水生．当代中国公共政策过程中利益集团的行动逻辑——基于典型公共政策案例的分析 [D]. 上海：复旦大学，2010.

[33] 陈晓丽．社会主义市场经济条件下城市规划工作框架研究 [M]. 北京：中国建筑工业出版社 .2007.

[34] 陈莹，王颜，张佳，张友安．加拿大土地利用规划的启示 [J]. 中国土地科学，2003，17 (5): 59-62.

[35] 陈振明．政治与经济的整合研究——公共选择理论的方法论及其启示 [J]. 厦门大学学报 (哲学社会科学版), 2003 (2): 30-38.

[36] 陈振明．论作为一个独立学科的公共政策分析 [J]. 中国工商管理研究，2006 (10): 60-63.

[37] 陈振明．政策科学 [M]. 北京：中国人民大学出版社．2005.

[38] 程杞国．政策制定的机制分析 [J]. 南京社会科学，2000 (3): 39-43.

[39] 仇保兴．我国的城镇化与规划调控 [J]. 城市规划，2005.26 (9): 10-20.

[40] 传播学．百度百科，http: //baike.baidu.com/view/41084.htm?func=retitle.

[41] 戴维·贾奇等．城市政治学理论 [M]. 刘晔译．上海：上海世纪出版集团，2009.

[42] 戴小平，陈红春．城市规划的制度作用与制度创新 [J]. 城市规划，2001，25 (2): 22-25.

[43] 邓小兵，车乐．效能型规划管理制度设计 [M]. 广州：华南理工大学出版社．2013.

[44] 杜立柱，刘德明．基于心理分析的规划决策体制改革策略 [J]. 规划师，2008 (6): 74-76.

[45] 段险峰．城市规划的作用与规划师的作为 [J]. 城市规划，2004，(1): 31-33.

[46] 方少华．战略咨询——方法、工具与案例 (第二版) [M]. 北京：经济管理出版社，2008.

[47] 菲利普·伯克等．城市土地使用规划 (第五版) [M]. 吴志强译制组，译．北京：中国建筑工业出版社，2009.

[48] 费勒尔·海迪．比较公共行政 (第六版) [M]. 刘俊生，译．北京：中国人民大学出版社，2006.

[49] 冯华艳．我国政府与社会关系的重新定位 [J]. 中共郑州市委党校学报，2006 (12): 43-44.

[50] 冯现学．快速城市化进程中的城市规划管理 [M]. 北京：中国建筑工业出版社，2006.

[51] 冯雪峰．从目标规划到过程规划：城市规划的技术特征与政策特征 [J]. 城市发展研究，2003 (3): 26-33.

[52] 傅广宛．公共政策制定中的公民参与：量度、绩效与进度——基于中国地方政府政策制定的实证分析 [D]. 武汉：华中师范大学 .2008.

[53] 高中岗，张兵．对我国城市规划发展的若干思考和建议 [J]. 城市发展研究，2010，(2): 16-22.

[54] 高中岗．中国城市规划制度及其创新 [D]. 上海：同济大学，2007.

[55] 郭力君．国内外城市规划实施管理比较研究 [J]. 地域研究与开发，2007，26 (2): 66-70.

[56] 国际城市（县）管理协会，美国规划协会．地方政府规划实践 [M]. 张永刚，等译．北京：中国建筑工业出版社，2006.

[57] 韩平．福柯的权力观与法学研究 [J]. 长春理工大学学报（社会科学版），2004，17 (2): 37-39.

[58] 何修良．公共行政的生长——社会建构的公共行政理论研究 [D]. 北京：中央民族大学，2012.

[59] 何艳玲．城市的政治逻辑：国外城市权力结构研究评述 [J]. 中山大学学报（社会科学版），2008 (5): 182-191.

[60] 何雨鸿等．亚里士多德修辞学三要素在广告英语中的应用 [J]. 辽宁经济职业技术学院·辽宁经济管理干部学院学报，2008 (1): 116-117.

[61] 亨廷顿．导致变化的变化:现代化、发展和政治，西里尔·布莱克主编，比较现代化 [M]. 杨豫，陈祖洲译．上海：上海译文出版社，1996.

[62] 侯经川，赵蓉英．国外思想库的产生发展及其对政府决策的支持 [J]. 图书情报知识，2003，(5): 23-25.

[63] 侯丽．权力·决策·发展——21 世纪面向民主公开的中国城市规划 [J]. 城市规划，1999 (12): 40-43.

[64] 侯云．政策网络理论的回顾与反思 [J]. 河南社会科学，2012，20 (2): 75-78.

[65] 胡亮，田冬，殷洁．国际化城市的城市规划编制与管理研究 [J]. 规划师，2011 (2): 33-37.

[66] 胡娟，方可，亢德芝等．城市规划视野下公共决策研究 [J]. 城市规划，2012，36 (5): 51-55.

[67] 胡娟．旧城更新进程中的城市规划决策分析——以武汉汉正街为例 [D]. 武汉：华中科技大学，2010.

[68] 胡伟．政府过程 [M]. 杭州：浙江人民出版社，1998.

[69] 胡祥．近年来治理理论研究综述 [J]. 毛泽东邓小平理论研究，2005 (3): 25-30.

[70] 胡正昌．公共治理理论及其政府治理模式的转变 [J]. 前沿，2008 (5): 90-93.

[71] 华鲞婷．决策理论研究方法论的比较——基于西蒙和林德布洛姆决策理论的比较 [J]. 科技信息，2009 (5): 126-127.

[72] 黄凤兰．美国城市规划中的社区听证及我们的思考 [J]. 行政法学研究，2014 (1): 133-139.

[73] 黄力，詹德优．我国决策咨询研究述评 [J]. 情报理论与实践．2006，(4): 503-507.

[74] 季乃礼．个人主义、协商民主与中国的实践——以哈贝马斯的协商政治为例 [J]. 理论与改革，2010 (1): 40-43.

[75] 建设部城乡规划司编．城市规划决策概论 [M]. 北京：中国建筑工业出版社，2003.

[76] 蒋永甫．网络化治理：一种资源依赖的视角 [J]. 学习论坛，2012，28 (8): 51-56.

[77] 杰瑞·斯托克著，楼苏萍译．地方治理研究：范式、理论与启示 [J]. 浙江大学学报（人文社会科学版），2007，37 (2): 5-15.

[78] 井敏．公共行政的新思维——后现代公共行政理论的理论贡献 [J]. 行政论坛，2006，(5): 5-7.

[79] 孔德静．公共政策制定中的利益群体分析——以怒江水坝计划为例 [J]. 社会科学论坛，2011，(1): 206-215，246.

[80] 雷翔．走向制度化的城市规划决策 [M]. 北京：中国建筑工业出版社，2003.

[81] 李绍岩．芝加哥规划委员会制度探析及对我国的启示 [J].2014 年中国城市规划学会年会论文．

[82] 李彬．管理系统的协同机理及方法研究 [D]. 天津：天津大学，2008.

[83] 李晨等．探讨法定图则公众参与的实践过程和发展途径——以深圳市蛇口地区法定图则公众意见处理为例 [J]. 城市规划，2010，34（8）：73-78.

[84] 李建军，崔树义主编．世界各国智库研究 [M]. 北京：人民出版社，2010.

[85] 李婉．论公共选择理论中的两种市场观 [J]. 生产力研究，2003（16）：10-12.

[86] 李伟权．参与式回应型政府建设问题探讨 [J]. 学术研究，2010（6）：49-53.

[87] 李新焕．绩效沟通如何深入人心 [J]. 中国新时代，2007，（8）：100-102.

[88] 李兴山主编．现代管理学 [M]. 北京：中共中央党校出版社，2002.

[89] 李璇等．决策背景下的官僚主义与公共部门 [J]. 广东广播电视大学学报，2006，15（4）：39-43.

[90] 李彦伯，诸大建．城市历史街区发展中的“回应性决策主体”模型——以上海市田子坊为例 [J]. 城市规划，2014，（6）：66-71.

[91] 李昊，朱天．从物质性规划到社会性规划——西方规划转型回顾及其对我国的启示 [J].2014 年中国城市规划学会年会论文．

[92] 梁鹤年著．政策规划与评估方法 [M]. 丁进锋译．北京：中国人民大学出版社，2009.

[93] 梁睿．我国公共决策咨询机构的现状与发展途径 [J]. 中外企业家，2011（8）：24-27.

[94] 梁莹．公共政策过程中的“信任” [J]. 理论探讨，2005，（5）：122-125.

[95] 梁仲明，王建军．论中国行政决策机制的改革和完善 [J]. 西北大学学报（哲学社会科学版），2003，33（3）：90-95.

[96] 廖德明．话语交流中跨语境的共享内容：批判与捍卫 [J]. 中南大学学报（社会科学版），2011，17（2）：161-165.

[97] 廖晓明，贾清萍，黄毅峰．公共政策执行中的政治因素分析 [J]. 江汉论坛，2005，（11）：18-21.

[98] 林德布洛姆著．决策过程 [M]. 竺乾威，胡君芳译．上海：上海译文出版社，1988（12）.

[99] 林立伟，沈山．中国城市规划实施评估研究进展 [J]. 规划师，2010（3）：14-18.

[100] 刘保，肖峰．社会建构主义——一种新的哲学范式 [M]. 北京：中国社会科学出版社，2011.

[101] 刘保．作为一种范式的社会建构主义 [J]. 中国青年政治学院学报，2006（7）：49-54.

[102] 刘昌雄．改革开放前中国政策制定的模式分析 [J]. 理论探讨，2004（6）：104-107.

[103] 刘磊．浅谈城市倡导规划与生态城市规划的实现方法 [J]. 黑龙江科技信息，2009，（28）：封三．

[104] 刘欣葵．规划决策研究方式的探索 [J]. 城市规划．2006（5）：73-75.

[105] 刘子恒．非正式学习共同体知识共享机制研究 [D]. 武汉：华中师范大学，2012.

[106] 娄成武．行政管理学 [M]. 沈阳：东北大学出版社，2012.

[107] 陆非，陈锦富，多元共治的城市更新规划探究——基于中西方对比视角，2014 年中国城市规划学会年会论文．

[108] 路易斯·霍普金斯．都市发展——制定计划的逻辑[M]. 赖世刚译．北京：商务印书馆，2009.

[109] 罗小龙，张京祥．管治理念与中国城市规划的公众参与[J]. 城市规划汇刊，2001（3）：59-62.

[110] 罗依平．政府决策机制优化研究[D]. 苏州：苏州大学，2006.

[111] 孟丹等．公众参与城市规划评价体系研究[J]. 华南理工大学学报（社会科学版），2005，7（2）：39-43.

[112] 米切尔·黑尧．现代国家的政策过程[M]. 北京：中国青年出版社，2004.

[113] 莫茜．哈贝马斯的公共领域理论与协商民主[J]. 马克思主义与现实，2006（6）：144-146.

[114] 莫文竟．西方城市规划公众参与方式的分类研究——基于理论的视角[J]. 国际城市规划，2014（5）：76-82.

[115] 农贵新．决策咨询研究成果转化深化的方向和途径[J]. 三江论坛，2007（12）：18-19.

[116] 诺南·帕迪森．城市研究手册[M]. 郭爱军等译．上海：格致出版社，2009.

[117] 欧阳鹏．公共政策视角下城市规划评估模式与方法初探[J]. 城市规划，2008（12）：22-28.

[118] 彭觉勇．规划过程参与主体的行为取向分析——基于传统政治文化视角[D]. 武汉：武汉大学．2013.

[119] 彭觉勇．转型期城市规划咨询体系有效运行的策略研究[J]. 规划师，2011（6）：16-19.

[120] 彭阳．完善政府职能 提高城市规划决策质量[J]. 中外建筑，2006（11）：84-86.

[121] 彭震伟等．新世纪我国城市规划决策机制的思考[J]. 规划师，2001，17（4）：27-29.

[122] 朴贞子，金炯烈．政策形成论[M]. 济南：山东人民出版社，2005.

[123] 钱海梅．关于多元治理主体责任界限模糊性的思考[J]. 改革与战略，2007，（6）：44-47.

[124] 钱再见．公共政策学新编[M]. 上海：华东师范大学出版社，2006.

[125] 邱缤毅．论中国公共政策价值取向的发展变化及原因分析——以“三农”问题的分析为切入[D]. 重庆：重庆大学，2005.

[126] 任声策，陆铭，尤建新．公共治理理论述评[J]. 华东经济管理，2009（11）：134-137.

[127] 任雪冰．行政三分制背景下的城市规划决策研究[D]. 武汉：华中科技大学，2004.

[128] 任勇．多元主义、法团主义、网络主义：政策过程研究中的三个理论范式[J]. 哈尔滨市委党校学报，2007（1）：61-64.

[129] 任勇．中国城市转型政治：初步的研究框架[J]. 新政治学，2010（1）：1-8.

[130] 任致远．透视城市与城市规划[M]. 北京：中国电力出版社，2005.

[131] 邵峰．国外高层决策咨询机制及其启示[J]. 社会科学管理与评论，2005（1）：88-96.

[132] 申屠莉，夏远永．解读公共选择理论中的“经济人”范式[J]. 浙江学刊，2010（5）：171-177.

[133] 施源，周丽亚．现有制度框架下规划决策体制的渐进变革之路[J]. 城市规划学刊，2005（1）：35-39.

[134] 石楠．试论城市规划社会功能的影响因素兼析城市规划的社会地位[J]. 城市规划，2005，29（8）：9-18.

[135] 石佑启等．论我国行政组织结构的优化[J]. 湖北民族学院学报（哲学社会科学版），2010，28（1）：99-106.

[136] 史舸，吴志强，孙雅楠．城市规划理论类型划分的研究综述[J]. 国际城市规划，2009（1）：48-55

[137] 宋茵．我国政府决策机制优化研究[D]. 西安：长安大学，2012.

[138] 宋 彦，李超骕．美国规划师的角色与社会职责[J]. 规划师，2014（9）：5-10.

[139] 孙柏英，李卓青．政策网络治理：公共治理的新途径 [J]. 中国行政管理，2008（5）：106-109.

[140] 孙施文．城市规划哲学 [M]. 北京：中国建筑工业出版社 .1997.

[141] 孙施文，殷悦．西方城市规划中公众参与的理论基础及其发展 [J]. 国外城市规划，2004（2）：233-239.

[142] 孙施文．城市规划的实践与实效 [J]. 规划师，2000（2）：78-82.

[143] 孙施文，邓永成．城市规划的作用研究 [J]. 城市规划汇刊，1996，（5）：12-20.

[144] 孙施文．美国城市规划的实施 [J]. 国外城市规划，1999（4）：12-14.

[145] 孙施文．英国城市规划近年来的发展动态．国外城市规划 [J].2005（6）：11-15.

[146] 孙施文．有关城市规划实施的基础研究 [J]. 城市规划，2000，（7）：12-16.

[147] 孙施文等．现行政府管理体制对城市规划作用的影响 [J]. 城市规划学刊，2007，（5）：32-39.

[148] 孙铁铭．城市规划 & 公众参与 [J]. 城市，2004，（5）：41-42.

[149] 唐绍均．论我国城市规划审批决策体制的正义与效率 [J]. 城市规划，2008，32（2）：50-54.

[150] 唐子来．新加坡的城市规划体系．城市规划 [J].2000（1）：42-45.

[151] 唐子来．英国的城市规划体系．城市规划 [J].1999（8）：38-42.

[152] 田莉，吕传廷，沈体雁．城市总体规划实施评价的理论与实证研究——以广州市总体规划（2001-2010 年）为例 [J]. 城市规划学刊，2008（9）：90-96.

[153] 田莉．美国公众参与城市规划对我国的启示 [J]. 城市管理，2003（3）：27-30.

[154] 童明．城市政策研究思想模式的转型 [J]. 城市规划汇刊，2002（1）：4-8.

[155] 童明．政府视角的城市规划 [M]. 北京：中国建筑工业出版社 .2005.

[156] 汪水永．转型时期的城市规划——基于政府职能的研究 [D]. 厦门：厦门大学，2005.

[157] 王宝治．社会权力概念、属性及其作用的辨证思考——基于国家、社会、个人的三元架构 [J]. 法制与社会发展，2011（4）：141-147.

[158] 王德．日本城市规划咨询业 [J]. 国际城市规划，2001（4）：35-37.

[159] 王富海．从规划体系到规划制度——深圳城市规划历程剖析 [J]. 城市规划 2000（1）：28-33.

[160] 王建容等．我国公共政策制定中公民参与研究的现状及发展 [J]. 生产力研究，2010（6）：1-5.

[161] 王凯．从西方规划理论看我国规划理论建设之不足 [J]. 城市规划，2003（6）.

[162] 王伟，赵俊．浅析转型时期我国地方政府城市规划行为的不足——基于城市规划基本属性的视角 [J]. 国际城市规划，2007，22（2）：93-96.

[163] 王锡锌，章永乐．专家、大众与知识的运用——行政规则制定过程的一个分析框架 [J]. 中国社会科学，2003（3）：113-127.

[164] 王晓民，蔡晨风．美国研究机构及其取得成功的原因 [J]. 北京大学学报（哲学社会科学版），2001，38（1）：87-95.

[165] 王新越．新的城乡发展规划—论基层国民经济计划与城市规划的整合 [D]. 长春：东北师范大学，2004.

[166] 王英津．论智囊机构的现代角色及其在我国的发展．理论探讨 [J]. 2003（6）：85-87.

[167] 王郁，董黎黎，李烨洁．民主的价值与形式——规划决策听证制度的发展方向 [J]. 城市规划，2010，34（5）：40-45.

[168] 王振亮．上海市松江新城跨越式发展中的规划决策创新与探索 [J]. 城市规划汇刊，2004，（2）：29-32.

[169] 文超祥，马武定．博弈论对城市规划决策的若干启示 [J]. 规划师，2008，24（10）：52-56.

[170] 吴可人，华晨．城市规划中四类利益主体剖析 [J]. 城市规划，2005，29（11）：80-85.

[171] 吴良镛．城市世纪、城市问题、城市规划与市长的作用 [J]. 城市规划，2000.4

[172] 吴欣．城市规划中的公众参与机制研究 [D]. 西安：长安大学，2011.

[173] 吴志强，于泓．城市规划学科的发展方向 [J]. 城市规划学刊，2005，（6）：2-10.

[174] 吴志强．百年现代城市规划中不变的精神和责任 [J]. 城市规划，1999，（1）：27-32.

[175] 吴志强．德国城市规划的编制过程 [J]. 国外城市规划，1998，（2）：30-34.

[176] 吴志强．对规划原理的思考 [J]. 城市规划学刊，2007（6）：7-12.

[177] 吴志强．中国城市规划制度与世界接轨 [J]. 规划师，2001（1）：5-9.

[178] 伍玉明等．行政机关组织建设必须与政府职能的转变相适应 [J]. 行政论坛，2005，（4）：22-24.

[179] 肖铭．基于权力视野的城市规划实施过程研究 [D]. 武汉：华中科技大学，2008.

[180] 协同理论．MBA 管理百科，http：//www.yeewe.com/wiki.php?.

[181] 谢立中．社会现实的话语建构——以“罗斯福新政”为例 [M]. 北京：北京大学出版社，2012.

[182] 熊澄宇．传播学十大经典解读．百度文库，http：//wenku.baidu.com/view/ 908c1dc608a1284ac8504358.

[183] 熊澄宇．传播学十大经典解读 [J]. 清华大学学报（哲学社会科学版），2003，18（5）：23-37.

[184] 修彩霞．论我国地方政府决策过程中的专家咨询制度 [D]. 苏州：苏州大学．2007.

[185] 徐国超．权力的眼睛——马克思和福柯权力观比较研究 [D]. 长春：吉林大学，2013.

[186] 徐岚，段德罡，王侠．城市规划公共政策初步——城市规划思维训练环节 [J]. 建筑与文化，2009，（6）：52-53.

[187] 徐岚，段德罡．城市规划专业基础教学中的公共政策素质培养 [J]. 城市规划，2010，34（9）：28-31.

[188] 徐湘林．政治发展、政治变迁与政策过程——寻求研究中国政治改革的中层理论 [J]. 北京论坛（2004）文明的和谐与共同繁荣：“多元文明与公共政策”政治分论坛论文或摘要集，2004：124-134.

[189] 徐湘林．从政治发展理论到政策过程理论——中国政治改革研究的中层理论建构探讨 [J]. 中国社会科学 2004（3）：108-120.

[190] 许超．政府过程理论研究述评 [J]. 湖北社会科学，2010（1）：35-41.

[191] 许征．民主政治与社会资本——论罗伯特·帕特南的民主理论及其对政治学方法论的新突破 [J]. 复旦政治学评论，2003（1）：339-355.

[192] 薛澜，朱旭峰．中国思想库的社会职能——以政策过程为中心的改革之路 [J]. 管理世界 2009（4）：55-65，82.

[193] 权力的眼睛：福柯访谈录 [M]. 严锋译．上海：上海人民出版社，1997.

[194] 严荣．利益分析——公共政策研究的一个新视角 [J]. 理论探讨，2003，（2）：93-95.

[195] 严薇 . 市场经济下城市规划管理运行机制的研究 [D]. 重庆：重庆大学 .2005.

[196] 杨蓓蕾 . 面向发展质量的城市社区治理研究——以上海市相关社区为例 [D]. 上海：同济大学，2007.

[197] 杨冠琼 . 公共政策学 [M]. 北京：北京师范大学出版集团，2009.

[198] 杨弘 . 试论社会协商政治制度的构建——以政治制度化过程为视角 [J]. 内蒙古大学学报(哲学社会科学版)，2009，41 (1)：88-92.

[199] 杨守广 . 公众参与城市规划制度与实践——以公共治理为背景 [D]. 北京：中国政法大学，2011.

[200] 杨淑萍 . 行政分权视野下地方责任政府的构建 [D]. 北京：中央民族大学，2007.

[201] 杨晓峰 . 从公共管理社会化到公共的选择——基于高校后勤社会化进程中管理模式的探讨 [D]. 上海：华东师范大学，2004.

[202] 姚秀利，王红扬 . 转型时期中国城市规划所处的困境与出路 [J]. 城市规划学刊 . 2006 (1)：80-86.

[203] 姚昭晖 . 从目前的问题谈规划管理体制改革 [J]. 城市规划，2004，28 (7)：34-36.

[204] 殷成志 . 我国法定图则的实践分析与发展方向 [J]. 城市问题，2003，(4)：19-23.

[205] 尹强 . 冲突与协调：基于政府事权的城市总体规划体制改革思路 [J]. 城市规划，2004 (10)：58-61.

[206] 尤国盘 . 政策分析家的角色定位 [J]. 科学决策，2004 (1)：41-43.

[207] 詹姆斯·安德森，唐亮译 . 公共决策 [M]. 北京：华夏出版社，1990：19—20.

[208] 詹姆斯·布坎南 . 财产与自由 [M]. 北京：中国社会科学出版社，2002.

[209] 詹姆斯·布坎南 . 自由、市场与国家：20 世纪 80 年代的政治经济学 [M]. 北京经济学院出版社，1988.

[210] 詹姆斯·布坎南等 . 同意的计算：立宪民主的逻辑基础 [M]. 中国社会科学出版社，2000.

[211] 张兵 . 城市规划实效论 [M]. 北京：中国人民大学出版社，1998.

[212] 张聪林 . 基于公共政策的城市规划过程研究 [D]. 武汉：华中科技大学，2005.

[213] 张国庆 . 公共行政学 [M]. 北京：中国石化出版社，2011.

[214] 张海柱等 . 促进民主的公共政策：政策设计与社会建构理论述评 [J]. 甘肃理论学刊，2011，(1)：136-140

[215] 张京祥 . 论中国城市规划的制度环境及其创新 [J]. 城市规划，2001 (9)：21-25.

[216] 张俊 . 英国的规划得益制度及其借鉴 [J]. 城市规划，2005，(3)：49-54.

[217] 张敏 . 拉斯韦尔的路线：政策科学传统及其历史演进评述 [J]. 政治学研究，2010 (6)：113-125.

[218] 张庭伟 . 构筑规划师的工作平台：规划理论研究的一个中心问题 [J]. 城市规划，2002，26 (10)：18-23.

[219] 张庭伟 . 城市的竞争力以及城市规划的作用 [J]. 城市规划，2000 (11)：39-41.

[220] 张庭伟 . 城市发展决策及规划实施问题 [J]. 城市规划汇刊，2000 (3)：10-17，79.

[221] 张庭伟 . 从“向权力讲授真理”到“参与决策权力”——当前美国规划理论界的一个动向：“联络性规划”[J]. 城市规划，1999 (6)：33-36.

[222] 张庭伟 . 知识 . 技能 . 价值观：美国规划师的职业教育标准 [J]. 城市规划汇刊，2004，(2)：6-7.

[223] 张庭伟 . 中美注册规划师协会的交流：从日照市万平口地区概念性规划设计谈起 [J]. 规划师，2003 (3)：21-24.

[224] 张险峰．英国城乡规划督察制度的新发展 [J]. 国外城市规划．2006，(3): 25-27.

[225] 张亚楠．试论福柯的权力观 [J]. 和田师范专科学校学报，2011，(4): 13-15.

[226] 张莹，魏迎春．从十八大看改革开放以来中国核心价值观的变迁 [J]. 经济研究导刊，2013，(7): 227-230.

[227] 张云龙．交往与共识何以可能——论哈贝马斯与后现代主义的争论 [J]. 江苏社会科学，2009，(6): 45-49.

[228] 张若冰．公共权力的共享——澳门新城区总体规划的返璞归真 [J]. 城市规划，2014，(Z1): 75-79.

[229] 赵璃．试析上海城市规划编制中的公众参与 [D]. 上海：同济大学，2008.

[230] 赵艳莉．公共选择理论视角下的广州市“三旧”改造解析 [J]. 城市规划，2012，(6): 61-65.

[231] 赵艳莉，郑声轩，张卓如．从战略规划与总体规划关系探讨两者技术改革 [J]. 城市规划，2012 (8): 87-96.

[232] 郑国，秦波．论城市转型与城市规划转型——以深圳为例 [J]. 城市发展研究，2009，16 (3): 31-35，57.

[233] 郑金等．城市规划决策中的寻租分析及其防范 [J]. 华中建筑，2006，24: 112-123.

[234] 郑明媚，黎韶光等．美国城市发展与规划历程对我国的借鉴与启示 [J]. 城市发展研究，2010，(10): 67-70.

[235] 郑芸．城市政治学十年回望:进入路径和研究范式 [J]. 苏州大学学报 (哲学社会科学版)，2010 (4):7-10.

[236] 周红云．社会资本与社会治理——政府与公民社会的合作伙伴关系 [M]. 北京：中国社会出版社，2010.

[237] 周建军．转型期中国城市规划管理职能研究 [D]. 上海：同济大学，2008.

[238] 周江评，孙明洁．市规划和发展决策中的公众参与—西方有关文献及启示 [J]. 国外城市规划，2005 (4): 41-49

[239] 周劲．我国城市规划咨询体制的构建——兼谈深圳规划咨询体制 [J]. 规划师，2011 (6): 5-11.

[240] 周岚，何流．今日中国规划师的缺憾和误区 [J]. 规划师，2001，(3): 16-17.

[241] 周琴．走向法治化的城市规划决策 [D]. 武汉：华中科技大学，2005.

[242] 朱光磊．当代中国政府过程 [M]. 天津：天津人民出版社，1997.

[243] 朱圣明．抽样民主与代议民主的结合———种新型的基层民主形式 [J]. 中共南京市委党校学报，2009，(4): 49-57.

[244] 朱晓红．浅析社会治理体系的网络结构及其过渡形式 [J]. 学习论坛，2008，24 (12): 50-52.

[245] 朱旭峰等．“思想库”研究：西方研究综述 [J]. 国外社会科学，2007 (1): 60-69.

[246] 朱旭峰．政策变迁中的专家参与 [M]. 北京：中国人民大学出版社，2012.

[247] 朱志康．对术语“信息”的本质定义的探讨 [J]. 术语标准化与信息技术，2004 (4): 32-33.

[248] 邹兵，范军，张永宾，王桂林．从咨询公众到共同决策——深圳市城市总体规划全过程公众参与的实践与启示 [J]．城市规划，2011，35 (8): 91-96.

[249] 邹兵．探索城市总体规划的实施机制：深圳市城市总体规划检讨与对策 [J]. 城市规划汇刊，2003 (2): 21-27.

[250] 邹兵等．敢问路在何方？——由一个案例透视深圳法定图则的困境与出路 [J]. 城市规划，2003，27 (2): 61-67.

[251] 邹德慈．论城市规划的科学性与科学的城市规划 [J]. 城市规划，2003，27（2）: 77–79.

[252] B. Jonathan. Urban Design as a Public Policy. NewYork: Rutledge, 1978.

[253] Barry Cullingworth &Roger W. Caves, Planning in the USA: Policies, Issues, and Processes, Routeledge, 2009.

[254] C. Colling. Political Power and Corporate Managerialism in Local Government. The Organization of Executive Functions Environment and Planning, vol. 15 1997.

[255] Carol H. Weiss, and M. Buculavas, ed. Using Social Research in Public Policy Making. Lexington: Mass. D. C. Heath, 1997.

[256] Chadwick G. F., Systems View of Planning–Towards a Theory of the Urban and Regional Planning Process, Pergamon Press Limited, 1978.

[257] Chapin F S, Kaiser E L. Urban Land Use Planning. University of Illinois Press, 1979.

[258] Cherry, G. The Politics of Town Planning. Longman, 1982.

[259] Coaffee J. & Healey P. , 2003, My voice: My Place: Tracking Transformations in Urban Governance, Vol. 40, No. 10.

[260] David Harvey. Social Justice, Postmodernism, and the City. 1992. Richard T. LeGates& Frederic Stout (ed.), The City Reader (second edition) , Routledge Press, 2000. 199–200.

[261] Evonne Miller & Laurie Buys, Making a case for social impact assessment in urban development: Social impacts and legal disputes in Queensland, Australia, Procedia – Social and Behavioral Sciences 65 (2012) 285 - 292.

[262] Emery Roe, Narrative Policy Analysis: Theory and ractice, Durham, London: Duke University Press, 1994.

[263] Emmanouil Tranos and Andy Gillespie, The spatial distribution of internet backbone networks in europe, European Urban and Regional Studies, 2009, 16 (4) 423–437.

[264] Fainstein, S. S. , The City Builders: Property, Politics, and Planning in London and New York, Blackwell, 1994.

[265] Fainstein, Susan, Norman Faistein, Richard C. Hill, Denis Judd and Michael P. Smith, Restructuring the City: the political Economy of Urban Redevelopment. New York, NY: Longman, 1983.

[266] Foucault, M. , How is Power Exercised? In H. Dreyfusand P. Rabinow, Michel F oucault: Beyond Structuralism and hermeneutics (Afterword) , University of Chicago Press, 1983.

[267] Friedmann John. Planning in the Public Domain: Discourse and Praxis. Jounal Planning Education and Research, 8, 1989.

[268] Gallent N. & Kim KS. , 2001, Land Zoning and Local Discretion in the Korean Planning System, Land Use Policy, Vol. 18, No. 3.

[269] Greed. (ed.) , Implementing Town Planning: The Role of Town Planning In The Development Process, Longman, 1996.

[270] Guy CM. , 1998, Controlling New Retail Spaces: the Impress of Planning Policies in Western Europe, Urban Studies, Vol. 35.

[271] Hall, P. , Cities of Tomorrow: An Intellectual History of Urban Planning and Design In Twentieth Century, Basil Blackwell, 1988.

[272] Harvey, D., The Right to the City. International Journal of Urban and Regional Research, 2003, 27 (4): p. 939-941.

[273] Healey P. , 1991, Models of The Development Process: a Review, Journal of Property Research, Vol. 8, No. 3.

[274] Healey, P. , 1986, The Role of the Development Plans in the British Planning Systerm: An Empirical Assessment, Urban Law and Policy, Vol. 8, No. 1.

[275] Healey, P. , 1991, Researching planning Practice, Town Planning Review, Vol. 62, No. 4.

[276] Horst W. J. Rittle and Melvin M. Webber. Dilemmas in a General Theory of Planning. Policy Sciences 4, 1973, 155-169.

[277] J. Jacobs. The Death and Life of Great Cities. Random House, 1961.

[278] John Forester. Planning in the Face of Power. Berkley: University of California Press, 1989.

[279] John M. B. , 1988, A Strategic Planning Process for Public and Non-Profit Organizations, Long Range Planning, Vol. 21, No. 1.

[280] Jones AL. , Gordon SI. , 2000, From Plan to Practice: Implementing Watershed-Based Strategies into Local, State, and Federal Policy, Vol. 19, No. 4.

[281] Kevin Lynch. Good city form. . Cambridge, MA: The MIT Press, 1981.

[282] Kevin Lynch. The Image of the City. MIT Press, 1972.

[283] Kristen Day. New Urbanism and the Challenges of Designing for Diversity ournal design, 1990.

[284] Lasswell H D. A Pre-view of Policy Science. New York: American Elsevier, 1971: 27-33.

[285] Lasswell H D. The Decision Press: Seven Categories of Functional Analysis, College Park: University of aryland, 1956.

[286] Lasswell H D. The Emerging Conception of Policy Science. Policy Science, 1970, 1: 3-14.

[287] Lasswell H D. The Policy Orientension. in Lerner, Lasswell H D. The Policy Science. Standford: Standford University Press, 1951: 3-15.

[288] Lefebvre, H. The Production of Space. Oxford: Blackwell, 1991.

[289] Lewis-Mumford. The culture of cities. New York, Harcout, Brace and Company, 1938.

[290] Lichfield N, Kettle P, Whitbread M, Evaluation in the Planning Process, Pergamon Press, 1975.

[291] MeloukiSlimane, Role and relationship between leadership and sustainabledevelopment to release social, human, and ultural dimension ST W. J. RI. Procedia – Social and Behavioral Sciences 41 (2012) 92 - 99 TTE. L.

[292] Macgregor, B. &Ross, A. , 1995, Master or Servant?: The Changing Role of the Development Plans, Land Development Studies, Vol. 4, No. 2.

[293] Mc Connell, R. S. , 1987, The Implementation and The Future of Development Plans. Land Development Studies, Vol. 4, No. 2.

[294] Michael Hill. The Public Policy Process. London: Pearson Education Limited, Fourth edition published. 2005.

[295] Molotch, H. The city as a growth machine. American Journal of Sociology, 1976, 82: pp. 309–332.

[296] Morrison, N. , 1994, The Role of Planning in the Redevelopment Process of Glasgow' sCity Center, Planning Practice and Research, Vol. 9, No. 1.

[297] Mossberger, K. and Stoker, G. The Evolution of Urban Regime Theory: The Challenge of Conceptualization. Urban Affairs Reviews, 2001, 36 (6) : pp. 810 – 835.

[298] Nathan Caplan. The Two–Communities Theory and Knowledge Utilization. New York: American Behavioral Scientist , 1979: 459–470.

[299] Nelson AC, Dueker KJ, 1990, The Exurbanization of America and Its Planning Policy Implications Journal of Planning Education and Research, Vol. 9, No. 2.

[300] Newman P. , Urban Planning in Europe: International Competition, National Systems and Planning Projects, Routeledge, 2009.

[301] Peter Simmons, Challenges for Communicators in Future Australian LocalGovernment, Procedia – Social and Behavioral Sciences 155 (2014) 312–319.

[302] Patsy Healey, Collaborative Planning, Macmillan Press, 1997.

[303] Paul Cheshire, 1989, British Planning Policy and Access to Housing: Some Empirical Estimates, Urban Studies, Vol. 26, No. 5.

[304] Peter Hall. The City Theory. 1996. Richard T. LeGates &Frederic Stout (ed.) The City Reader (second edition) , Routledge Press, 2000. 362–374.

[305] Punter J. , 2007, Developing Urban Design as Public Policy: Best Practice Principles for Design Review and Development Management, Journal of Urban Design, Vol. 12, No. 2.

[306] Rackoff N. , Wiseman C. , Ullrich WA, 1985, Information Systems for Competitive Advantage: Implementation of a Planning Process, Vol. 9, No. 4.

[307] Ramsay M, Community, culture, and economic development: The social roots of local action, State University of New York, 1996.

[308] Rondinelli, Dennis A, Urban and Regional Development Planning: Policy and Administration, Cornell University Press, 1975.

[309] Schmidt S. & Buehler R. , 2007, the Planning Process in the US and Germany: a Comparative Analysis, International Planning Studies, Vol. 12, No. 1.

[310] Sherry Arnstein. A Ladder of Citizen Participation. 1969. Richard T. LeGates &Frederic Stout (ed.) The City Reader (second edition) , Routledge Press, 2000. 240-241.

[311] Stephanie Neilson. Knowledge Utilization and Public Policy Processes: A Literature Review. In IDRC-Supported Research and Its Influence on Public Policy: Interational Development Research Centre. 2001: 36.

[312] Stoker, G. Regime Theory and Urban Politics, In Judge, D. , Stoker, G. and Wolman, H. (eds.) Theories of urban Politics. London: Sage, 1995; Lauria, M. (Ed.) . Introduction: Reconstructing urban regime theory. Thousand Oaks: Sage, 1997.

[313] Taylor M. , Community Participation in the Real world: Opportunities and Pitfalls in New Governance Spaces. Vol. 44 no. 2.

[314] Taylor Nigel. Urban Planning Theory since 1945. Sage, 1998.

[315] Tewder-Jone, M. , 1994, The Development Plan in Policy Implementation, Environment and planning C: Government and Policy, Vol. 12.

[316] Viggo Nordvik and Lars Gulbrandsen, Regional patterns in vacabcies, exits and rental housing, European Urban and Regional Studies , 2009, 16 (4) : 397-408.

[317] Vitor Oliveira, Paulo Pinho, 2010, Evaluation in Urban Planning: Advances and Prospects, Planning Literature, Vol24. , No. 4.

[318] Wallbaum H. , Krank S. & Teloh R. , 2010, Prioritizing Sustainability Criteria in Urban Planning Processes: Methodology Application. , Journal of Urban Planning and Development, Vol. 137, No. 1.

[319] 日照市城市总体规划（1994-2000）. 日照市人民政府 . 1992.

[320] 日照市万平口地区总体概念规划 . 日照市人民政府 . 2003.

[321] 宁波市轨道交通线网规划 . 宁波市人民政府 . 2002.

[322] 宁波 2020 城市发展战略规划研究 . 宁波市人民政府 . 2001.

[323] 宁波 2030 城市发展战略规划研究 . 宁波市人民政府 . 2010.

[324] 宁波三江口核心区改造提升规划 . 宁波市人民政府 . 2012.

[325] 深圳市蛇口地区法定图则 . 深圳市规划局 . 2008.

后记一　相关问题的答辩

本书是在我的博士论文《城市规划决策咨询作用机制研究——作为政策的城市规划有效运行机制解析》的基础上修改完成。关于城市规划决策咨询问题一直是我的研究兴趣和工作实务。但是这种体验式的感悟始终停留在头脑中，直到遇到我的博士导师陈晓丽老师和吴志强老师，他们给我讲述分享了各自在规划职业生涯多年的经验和体会，并启发我思考探索其中或许可以称之为理论性的东西，搭建理论与实践的桥梁。忐忑与惶恐中确立了这个选题之后，我一直在思考怎么开展研究？在没有找到好的方法的那个时段里，我就按照吴老师的要求，先做底板研究，我做了大量的人物访谈，当时也不知道会得到什么，就先这么做了。在访谈了 20 多位资深规划师、规划管理者、政府决策者，获得近 500 个小时的访谈资料之后，我又去专研质性资料的处理与分析方法。在 4 年的研究过程中，我一直坚持做《研究日志》，记录下博士研究过程的心路历程，特别是研究设计阶段和研究设计实施过程的方法探索与点滴思考。博士论文交去盲审时，我仍然担心这样一篇没有“数学模型”和“高深理论”的论文能否通过，结果是顺利地通过了双盲审，并且在 2015 年 1 月 17 日全票通过答辩，还获得答辩老师推荐作为优秀博士论文。在答辩会上老师们提出了以下几个问题，我觉得非常具有科学启迪意义，对于在读的博士生同学们或许有所裨益和帮助。

问题 1：为什么选择日照、宁波、深圳 3 个案例？有什么典型性？

答：题目的缘起是来自于日照，但是，我从一开始作研究，就考虑理论解释的普适性问题，因此，先从理论研究入手，运用政策过程等理论，分析作为政策的城市规划应该怎么合法化。再从事实经验研究入手，通过访谈和问卷调查，将有效的经验进行挖掘梳理。在理论研究和事实经验研究的双重基础上，构建城市规决策咨询有效运行的理论解析框架。之后，选择案例进行实证，根据理论解析框架中公共治理的基础要求，遴选若干适当的案例。在我国统一的行政组织机制大背景下，不同地区有着地域文化的差异，影响社会政治环境、社会开放度和市场经济成熟度。因此，考虑不同地理区位的城市，在公共治理结构方面可能会有所微差：深圳市社会开放度最高，日照市社会文化相对保守，政府权力集中；宁波居于中间，市场经济发达，市场的力量强大。因此，选择日照、宁波和深圳三个城市作为不同社会政治环境和不同治理结构的典型代表。并且，为了检验不同规划类型的适用性，选择总体规划、重大专项规划和地段控规作为三种规划类型，希望从多角度验证理论的普适性。

问题 2：如何判定规划咨询自身失效和规划决策失效？科学性与有效性是什么关系？

答：规划决策咨询失效可以有多种理解，如规划咨询建议没有被决策采纳，或者决策咨询建议引发的城市建设实践出现不良后果。即城市规划决策咨询的直接作用结果和间接作用结果。咨询建议对城市建设活动产生的实质性影响是间接作用结果，影响城市建设结果的因素很多，既有建设主体意愿方面，也有建设机制方面，更受到时代环境的影响，间接作用结果的失效难以界定。因此，本研究将失效界定为直接作用结果，即规划决策咨询是否成功转化为公共决策。如果咨询建议没有被决策采纳，就界定为咨询失效。当然，规划咨询有效性的基础是科学性。但是，由于“什么是科学的城市规划？”是另一个重要而复杂的研究领域，本书不作讨论，在文中做了研究边界的界定。

问题 3：怎么看待影响中国规划决策咨询结果的多元力量的变化？

答：中国公共政策决策权力一直随着社会经济发展变化而变化。改革开放前，决策权力主要垄断在政府手中，社会力量难以影响政策过程。随着改革开放的深入，出现代表不同群体的利益集团，利益主体通过不同的途径影响政策决策，专家利用权威地位和专业知识取得更多的影响力，利益集团利用资本优势争取更多的话语权，或者进行权力寻租，与政府部门结成政策联盟。随着社会民主的发展，非政府组织和市民的力量壮大，与专家学者、利益集团一道参与到公共政策制定过程中。当然，法规和制度的完善是发展的根本趋势，走向法治化、制度化的规划决策才能够超越个人精英决策的狭隘。

问题 4：如何理解社会学质性研究方法运用的适用性和局限性？

答：质性研究方法可以对一个事件作出有实据的、丰富的描绘与解释。因为本书研究的是决策咨询活动，涉及规划事件中大量的人和事，所以社会学的质性研究方法有其适用性。对大量人物访谈和问卷资料，文中用了规范的质性研究方法进行研究设计，开展访谈工作，对质性资料进行分析。即选择合适的方法从质性资料中分析得出有效的结论。实证研究部分运用案例研究方法，凭借大量一手资料，对规划事件中关键的“人”和“事”进行挖掘，用时间流程显示前后事件的联系，展现复杂的多变量，引出适当的解释。当然，社会学研究方法也存在一定局限性，在本书中是根据研究对象和研究目标的需要而在一定范围内选择性使用。

后记二　致谢

本书是根据我的博士论文修改完成，减少了理论探索部分的内容，增加了工作实践中的感受和经验。握着沉甸甸的书稿，此时我的心情平静如水，与最初设想的欣喜若狂的情景全然不同，我是怀着恭敬和感恩的心情来写这段文字的。更多的是实现渴望已久梦想的满足，以及回望这一段时光的感慨。回想本科毕业时，为减轻家里负担选择直接工作，把继续读书求学的梦想压在了心底，于是后来在规划设计院工作期间读了在职工程硕士，当工作岗位换到城乡规划研究中心后，又下定决心攻读博士学位。

攻读博士的第一年，能够重返阔别十四年的校园，欣喜之余，更多是珍惜，十分珍惜在校脱产学习的一个学期，第一年就思踱着研究方向，开始与陈晓丽导师讨论论文选题。我是幸运的，陈晓丽导师有着极为丰富的决策咨询经验，这一方向又恰与我的研究兴趣契合，因此很快定下了研究方向。之后的研究过程可谓山重水复，终体会到做研究的“格物致知”状态，但什么时候能够悟道而不可知，开始时恍若在迷雾中摸索，今日刚觉有所渐进，明日又感误入歧途，所幸一路有吴志强导师的扶持陪伴，使得我坚定前行，对事物的认识也在“肯定－否定－再肯定”的过程中锤炼而得。在这个自我修炼过程中，收获颇多。首先，自己从抱着完成论文任务的想法转变为敬畏这个知识累积的过程，使得自己的专业思想体系得以发展，譬如期间我专门自学逻辑学教程，我为自己从一个逻辑欠缺的规划设计人员逐步锻炼成为一名基本合格的研究者而感到欣慰；第二，我阅读了大量相关门类的书籍，至今还留恋那些探索过程中走入旁门岔路的小确幸时光，所涉猎的知识都将成为我的宝藏，极大地丰富了我知识的广度和深度；第三，我深深觉得探索的过程比探索的结果更为重要，论文呈现的只是我探索所得，但探索的过程给我更多，让我坚信今后可以相对自如地承担其他课题的研究任务，期间我专门撰写了《研究日志》，记录每天的心得体会，作为博士论文的副产品，也是偏得。

感慨之余，更多感谢。我衷心感谢所有在我这次知识探索之旅中给予帮助的人们。首先感谢我的恩师陈晓丽导师和吴志强导师。还记得陈老师第一次指导选题时点明研究问题的敏锐，以及对晚辈严厉之下的殷殷关爱之情。吴老师孜孜不倦攀登学术高峰的精神令我敬佩，他高屋建瓴的点拨令我幡然悟道，这些都深深感召着我，伴我在求知的道路上披荆斩棘，丝毫不敢懈怠！其次，我要感谢日照市的李启铭老师，他多次接受我的访谈，还无私地为我提供工作笔记和大量的一手材料；感谢原日照市市长王家政先生，原人大主任王应先生，日照规划局张守元局长，张晓华副局长，建委郑承杰副主任，以及所有协助我调查的日照的朋友们；感谢接受我采访的原黄山规划局的汪日东局长，原宁波东钱湖旅游度假区的朱雪松副主任，原宁波市规划局北仑分局的吕迎泽局长；更要感谢宁波市城乡规划研究中心的领导和同事们，特别感谢郑声轩主任、鲍维科副主任、陈宜标副主任、朱青荣主任对我研究工作的支持和关心；以及在同济大学求学期间，赵民教授、孙施文教授、王德教授、杨贵庆教授等老师们对我的诸多指导。我还要特别感谢一些与我探讨及辩论的同学和朋友们：王兴平、于靓、王伟、彭雪辉、杨秀、陆大赞、陈锦清、仇勇懿、刘朝晖、杨斌、张能恭、王聿丽、沈静艳、赵国裕、罗明、赵伟、王先鹏、谢晖、邹婕妤、马威、林倩等；感谢孙书妍编辑对本书出版的策划与支持；感谢王建立、谢永尊帮忙本书图片编绘。最后，我要郑重感谢我的家人，你们的全力支持，一直激励我不断向前。回首往昔，颇多感慨，望眼前路，学无止境……

作者简介

赵艳莉，1974 年生于辽宁省开原市。1996 年 7 月毕业于武汉城市建设学院（现为华中科技大学）规建系城市规划专业，获得学士学位；2005 年获同济大学硕士学位，2010-2015年获同济大学建筑与规划学院城市规划设计方向攻读研究生，师从陈晓丽、吴志强两位导师，2015 年 3 月获得同济大学工学博士学位。现任宁波市城乡规划研究中心总规划师，入选宁波市领军和拔尖人才培养工程第一层次。中国城市规划学会区域规划与城市经济学术委员会委员，中国城市规划学会青年工作委员会委员。宁波市历史文化名城保护研究会副会长，常务理事。

自大学毕业后，一直从事城市规划设计和规划研究工作。2012 年 12 月，获得教授级高级城市规划师职业资格。擅长区域与城市发展战略、城市总体规划、综合交通规划领域规划决策咨询研究。主持和参与的项目多次获得国家、省、市级优秀城市规划设计奖，在城市规划国家级核心期刊上发表近 20 篇学术论文。